含泪远去的海岛

——碳中和的故事

蓝虹 著

中国环境出版集团 · 北京

图书在版编目（CIP）数据

含泪远去的海岛 : 碳中和的故事 / 蓝虹著.
-- 北京 : 中国环境出版集团, 2023.5
ISBN 978-7-5111-5508-5

Ⅰ. ①含… Ⅱ. ①蓝… Ⅲ. ①二氧化碳－节能减排－研究
－中国 Ⅳ. ①X511

中国国家版本馆CIP数据核字（2023）第082303号

出 版 人	武德凯
责任编辑	葛 莉 宾银平 曹 玮 董蓓蓓
封面设计	今亮后声

出版发行	中国环境出版集团 （100062 北京市东城区广渠门内大街 16 号） 网　　址：http：//www.cesp.com.cn 电子邮箱：bjgl@cesp.com.cn 联系电话：010-67112765（编辑管理部） 发行热线：010-67125803，010-67113405（传真）
印　　刷	玖龙（天津）印刷有限公司
经　　销	各地新华书店
版　　次	2023 年 5 月第 1 版
印　　次	2023 年 5 月第 1 次印刷
开　　本	787×1092 1/16
印　　张	27
字　　数	360千字
定　　价	98.00元

序

全球正经历的气候变化深刻影响着人类的生存和发展。联合国政府间气候变化专门委员会（IPCC）评估报告显示，人类活动引发的气候变化已经对自然和人类社会造成了广泛的不利影响以及严重损害，有33亿～36亿人生活在极易受到气候变化影响的环境中，全球减缓和适应气候变化的行动刻不容缓。

我国政府一直高度重视应对气候变化工作，坚定走绿色发展之路。近年来，在习近平新时代中国特色社会主义思想特别是习近平生态文明思想的指导下，我国构建新发展格局、推动高质量发展，实施积极应对气候变化国家战略，将碳达峰碳中和纳入生态文明建设整体布局和经济社会发展全局，将减污降碳协同增效作为经济社会发展全面绿色转型的总抓手，推动应对气候变化工作取得新进展。

2020年9月，习近平主席在第七十五届联合国大会一般性辩论上宣布，中国二氧化碳排放力争于2030年前达到峰值，努力争取2060年前实现碳中和。在同年12月的联合国纪念《巴黎协定》达成五周年的气候雄心峰会上，习近平主席进一步提出，到2030年，中国单位国内生产总值二氧化碳排放将比2005年下降65%以上，非化石能源占一次能源消费比重将达到25%左右，森林蓄积量将比2005年增加60亿立方米，风电、太阳能发电总装机容量将达到12亿千瓦以上。目前，碳达峰碳中和“1+N”政策体系已经基本建立，各行各业、社会各界都已经积极行动起来，加速推动绿色低碳转型创新。我们言必信、行必果，百分之百落实习近平主席对外宣布的目标。

实现碳达峰碳中和是一场广泛而深刻的经济社会系统性变革，既是我们国家实现可持续发展的内在要求，也体现了我们应对全球气候变化挑战负责任大国的担当，既是我们发展面对的挑战，也为我们发展创造了机遇，它让我们重新思考人与自然的关系、重新认识我们的生产方式和生活方式。实现碳达峰碳中和，需要社会各界的广泛支持，需要全民的共同行动。因此，低碳科普教育十分重要，运用生动有趣且通俗易懂的方式让广大民众了解相关知识，成为应对气候变化、促进全社会绿色低碳转型的重要举措。

蓝虹教授的《含泪远去的海岛——碳中和的故事》一书，以一种创新的模式开展低碳科普教育，用生动有趣的方式讲述碳中和的故事，用通俗易懂的语言传播低碳知识，激发公众的阅读兴趣，引导全民加入气候行动。本书将碳中和这样一个具有高度专业性的问题，通过一个个小故事展现在了读者面前，让读者在轻松愉快的阅读中，丰富了碳中和的知识，了解了碳中和的前世今生、碳基能源与地球生命演进、碳中和平衡被打破带来的种种危害。它提醒大家，在全球气候危机面前，我们不能等待、不能犹豫，我们必须行动、必须合作。在书中，我们还看到实现碳中和的各种积极行动，如北京冬奥会的碳中和样板、绿氢微火火炬和绿氢能源的广泛运用、森林碳汇、绿电、碳金融助力碳中和等，这些碳中和的成功实践都向我们展示了实现碳中和不是咫尺天涯的想象，而是已经在我们眼前徐徐展开的美丽图景。

应对全球气候变化、推进绿色低碳可持续发展，不仅需要落实在国家层面，更需要深深植根于每一位公民的责任和意识之中。让我们一起为全世界和子孙后代福祉而努力，实现人与自然和谐共生，共同保护我们赖以生存的地球家园。

中国气候变化事务特使
诺贝尔可持续发展特别贡献奖得主 解振华

2023年6月5日

推荐语

◆ 蓝虹教授凭借深厚的专业功底，长期从事生态环境保护的亲身经历，运用优美的文笔，向我们娓娓道来一个个鲜活的碳中和故事，让我们警醒，认识到碳中和的重要性，也向我们展示了碳中和的行动，使我们对人类实现碳中和充满了希望。蓝虹教授在书中不断呼吁，气候危机已经使我们退无可退，所以我们要以永不言败的精神实现碳中和。我们每个人都要积极行动起来，从我做起，从现在做起，从生活的点滴做起，让碳中和融入生活的方方面面，让我们的地球更美更绿。

——王金南　中国工程院院士　第十四届全国政协常委
农工民主党中央副主席

◆ 碳中和是人类共同应对气候变化危机必须面对的紧迫问题。针对这一议题，蓝虹教授站在著名生态环保学者与散文家的双重角度，以讲故事的科普方法，讲述了碳中和的前世今生，我们为什么要实现碳中和，我们应该怎样实现碳中和，娓娓道来。书中记录了她作为生态环保专家亲身经历的那些令人深思的气候危机事件、人们永不言败的碳中和探索之路，以散文的优美语言，却又饱含着她的深刻思考与学术探究。她作为一名畲族女教授，对故乡山水、风土民情的深情眷恋使她拥有一种独特的情感和视角，在看待全球化的碳中和问题时多了一份情感流露和人文精神，这正是她本人和本书的独特与难能可贵之处。

——沙祖康　联合国前副秘书长

◆ 对于我国而言，提出“双碳”目标不仅是国内经济发展战略的重大调整，也是对外开放的一个重要方面。在《含泪远去的海岛——碳中和的故事》这本科普散文中，蓝虹教授以其丰富的知识和独特的视角，生动地展现了气候变化所带来的严峻挑战以及我们应对这些挑战的必要性。从“‘哭泣’的地球”到“碳中和的‘前世今生’”，再到“碳中和我们在行动”，每一部分都用细腻的笔触描绘出碳中和的过去、现在和未来，使得碳中和这一抽象的概念变得立体生动，贴近我们的生活。这部作品不仅是一部科普散文，更是一份呈现在我们眼前的碳中和行动清单——从北京冬奥会的碳中和实践，到绿色金融的探索，再到全球各地的生态保护实践，每一个案例都是人类助力碳中和目标实现的证明。我衷心推荐大家阅读蓝虹教授著的《含泪远去的海岛——碳中和的故事》这本书，让我们共同努力，为保护我们共有的地球做出属于自己的一份贡献。

——龙永图　中国复关及入世首席谈判代表

原国家外经贸部副部长

◆ 碳中和既是目标，也是情怀，既是理性的，也是感性的。本书特色是通过大量历史事件和现实故事，通过作者所见所闻的内心感悟，阐释了时代长河中碳中和的真实内涵，各界读者都将由此而获益。

——刘世锦　国务院发展研究中心原副主任

◆ 蓝虹教授对碳中和和绿色金融领域的研究与实践工作极富热情，我和她的相识，就是在江西抚州生态产品价值实现的研讨会上，她用丰富的实践，展示了绿色金融如何为减碳固碳项目的生态价值提供市场化、资本化的实现路径，具体而又生动。没想到她在精于专业的同时，还有很高的文学天赋。《含泪远去的海岛——碳中和的故事》正是蓝虹教授将专业性与文学性相结合，并且融合自身环保经历所著的一部既具有专业深度又具有文学趣味的科普散文集。在她的笔下，碳中和的故事变得生动而感人，令读者在享受文学之美的同时，认识到环境保护的迫切性。“当很多的鸟类都安然欢唱的时候，飞鸟之路，我们人类的生命播撒之路，就这样在地球蔓延。”蓝虹教授以温情的笔触，让我们看到了解决地球气候危机问题的希望所在。这是一本能够引导读者思考与行动的佳作，值得细细品味，让我们携手共进，为实现碳中和的美好明天而努力。

——朱虹　江西省原省委常委、副省长

◆ 蓝虹教授的《含泪远去的海岛——碳中和的故事》将碳中和这样一个高度专业性的问题，通过一个个小故事展现在了我们面前，让我们在轻松愉快的阅读中，既享受了优美的文字、清新的细节，又丰富了碳中和的知识，了解了碳中和的前世今生、碳基能源与地球生命的演进，以及碳中和平衡被打破带来的种种危害。因为海平面升高而不得不举国移民的图瓦卢等岛屿国家、汤加火山爆发、干旱饥饿的非洲、生物多样性被破坏等，都呐喊着我们必须积极行动起来解决气候危机给人类带来的挑战；在书中我们还看到实现碳中和的各种积极行动，北京冬奥会的碳中和样板、绿氢微火火炬和绿氢能源的广泛运用、森林碳汇、绿电、碳金融助力碳中和、联合国生物多样性大会号召全球行动起来保护海洋、湿地和森林。蓝虹教授这本《含泪远去的海岛——碳中和的故事》既让我们每个人从中收获了碳中和知识，更让我们每个人认识到实现碳中和的重要性，立即行动起来，积极加入碳中和行动，自觉成为实现碳中和的践行者。

——李高　生态环境部应对气候变化司司长

◆ 纵观古今中外，碳中和的相关故事，丰富却不多彩；适应气候灾变，苦涩而又无奈。地球村里寻和谐，必须净零碳，人类才能阔步向未来。蓝虹教授著的《含泪远去的海岛——碳中和的故事》，生动鲜活，引人入胜，催人思考，敦促行动。碳中和，无需那么高深，没有那么玄妙，就在我们身边，人人皆可贡献。特推荐之。

——潘家华　中国社会科学院学部委员
国家气候变化专家委员会副主任

◆ 人类只有一个地球，实现碳达峰碳中和的目标，是党中央统筹国内国际大局做出的重大战略决策。在《含泪远去的海岛——碳中和的故事》这本书中，蓝虹教授以她独特的视角，以科普散文的方式，带领我们一起了解了人类活动对地球气候的影响以及人类为实现碳中和所付出的努力。在蓝虹教授生动的文笔中，我们重新审视了人类与环境的关系，更加坚定了实现碳中和、保护地球家园的信念。正如蓝虹教授在书中所提到的，“我们从人定胜天的豪迈，走向了人与自然和谐共生的融合”。在此，我衷心推荐这本书给每一位关心地球环境、关心人类未来的读者，大家共同的努力才能走出一条通向碳中和和可持续发展的光明道路。

——朱信凯　中国人民大学党委常委、副校长
联合国粮农组织（FAO）贸易政策国家顾问，教授

◆ 蓝虹教授一直致力于生态、环境和绿色金融的研究。她的《含泪远去的海岛——碳中和的故事》，是一部讲述碳中和科普式散文集。她将理性的光芒溶于恬静的叙事之中，宏大而卓微，如歌、如风……

——吴晓求　中国人民大学原副校长、国家金融研究院院长、
中国资本市场研究院院长、国家一级教授

◆ 在气候危机日益严峻的当下，碳中和目标的设立将对中国经济增长模式产生极其深远的影响，也给实体业和机构的发展带来巨大机遇和诸多挑战。作为一名碳中和和绿色金融领域的专家，蓝虹教授以其渊博的学识和深刻的洞见，用优美的文学语言，以科普散文的方式，带领我们走进碳中和的世界，她将晦涩难懂的理论转化为通俗易懂的故事，为碳中和目标提供了一剂清新的良药，帮助读者更好地认识碳中和的重要性，从而积极参与到环保行动中来。《含泪远去的海岛——碳中和的故事》是一部非常值得阅读的散文体科普读物。

——马骏　中国金融学会绿色金融专业委员会主任

国家碳中和科技专家委员会委员

◆ 碳中和问题的由来，是人类应对气候变化从科学认知到政治共识的结合体。国家气候变化研究中心一直致力于应对气候变化的政策和实际研究。蓝虹教授所著新书《含泪远去的海岛——碳中和的故事》中所涉及的碳中和问题也正是我们长期关注的议题。在这本书中，蓝虹教授以优美清新的文字展现出一个个生动有趣的碳中和故事，向大家科普了气候危机所造成的不利影响、碳中和的前世今生以及人类在推动实现碳中和目标的过程中所做的努力，将碳中和领域深奥的专业知识变得更加通俗易懂。总之，作为一部内容丰富、值得推荐的科普散文，不仅帮助读者们更好地了解了碳中和问题的演变进程，有助于提高公众的环保意识，也使我们充分感受到了蓝虹教授在碳中和研究领域的深耕细作，体会到了蓝虹教授所具有的深厚理论功底和满腔环保情怀。

——李俊峰　国家应对气候变化战略研究和国际合作中心学术委员会主任

◆ 人类进入21世纪，不得不为地球环境危机的不断加剧而忧心忡忡，早在20

世纪就已兴起的生态文学也随之受到更多的关注。蓝虹的《含泪远去的海岛——碳中和的故事》以开阔的视野、具有感染力的文字书写，讲述了碳中和的前世今生，在人们面对哭泣的地球之际，呈现了我国为实现碳中和所做的不懈努力。一个个真实生动的中国绿色故事，也是一个个行之有效的样板和方案，在这位知性达理的女学者笔下，娓娓道来，如行云流水，别开生面，同时兼有科学严谨的专业性和充满机趣的可读性，相信广大读者会从中受益，从而激发起更大的环保热情。

——叶梅　中国散文学会会长

◆认识蓝虹教授，源于多个维度——学术殿堂上的精彩演讲，理论报刊上的严谨文章，文学园地里的散文随笔……而附着在这位美女教授身上的标签，更是让人赏心悦目——走出深山的畲寨姑娘，走向世界的金融专家；传统底蕴与现代理念，人文情怀和科学精神……如今，又拜读到她的新作《含泪远去的海岛——碳中和的故事》，时髦而又高深的“双碳”故事，在才女笔下缓缓铺陈，娓娓道来，生动而有趣，令人耳目一新。我想这不仅仅是一本深邃透彻的散文集，更展现了蓝虹教授对碳中和的深刻思考和真挚热爱，值得业内人士和所有关心碳中和问题的读者细细品味。

——刘青松　研究员，博士，中国生态文明研究与促进会副会长兼秘书长

◆讲故事是传播的最高境界，也是科普的最好途径。蓝虹教授新书《含泪远去的海岛——碳中和的故事》，以讲故事的方法介绍碳中和的实践，是个很好的尝试，希望大家在读书的过程中有所收获、有所思考。当然，看完了书，别忘了行动，“美丽中国我是行动者”，应对气候变化提供中国解决方案，这才是最重要的。

——杜少中@巴松狼王　中华环保联合会副主席

◆ 中国人民大学蓝虹教授的科普散文集《含泪远去的海岛——碳中和的故事》，通过“‘哭泣’的地球”“碳中和的‘前世今生’”“碳中和我们在行动”三个部分，讲述碳中和的故事，回答有关碳中和“为什么”“做什么”“怎么做”的基本逻辑问题，虽然我近两年十次举办的碳达峰碳中和基础知识科普讲座“学习碳知识、练就低碳新本领”的逻辑结构与其不谋而合，但我却讲不出这么多发人深省的故事。作者亲身到过许多故事发生地，把这些并不陌生的人类和自然的故事与碳中和联系起来，体现出蓝虹教授的宽阔的视野，值得自然科学家研究碳中和时借鉴，开拓人文视野。本书文笔流畅、文字优美，是一本难得的散文体科普图书。

——周扬胜　十三届北京市政协委员、人口资源环境和建设委员会副主任

十五、十六届农工党中央生态环境委副主任

◆ 以史为鉴，可以知兴替，以人为镜，可以明得失。碳中和的知识体系宏大丰富复杂，蓝虹教授把握环境、气候、社会等方面发展变化规律，通过生动通俗的笔触，有趣诙谐的讲解，描述了人类社会与生态环境相互关系的历史，展示了碳中和的前世今生，又通过一个个她在环保工作中亲身经历的真实具体的故事，告诉我们什么是人与自然和谐共生，进而实现碳中和的可持续发展。

——马中　中国人民大学环境学院原院长，教授

2009年绿色中国年度人物

国家生态环境专家委员会委员

◆ “先器识后文艺”，是我们中国人传统的文章观，文学写作，认识力是第一位的。蓝虹教授是著名学者，是行家，她聚焦气候变化这一世界性的重要议题，融汇学理与学识，以文学的笔法，为我们生动讲述碳中和的故事。读蓝虹教授的文章，既丰厚学养，又拓宽知见，如苏轼的那句诗：

“卷地风来忽吹散，望湖楼下水如天”。

——穆涛　中国散文学会副会长

《美文》常务副主编

◆ 真正改变世界的力量，就在于我们每个人都参与其中。蓝虹教授新书《含泪远去的海岛——碳中和的故事》，以故事手法使“碳中和”这一专业概念变得更加澎湃可期。期待着这本书激荡起更多参与改变的力量。

——王石　万科集团创始人、深石集团创始人

◆ 唯有躬身入局，才能恰逢其时。实现碳达峰碳中和是一场广泛而深刻的经济社会系统性变革，需要社会大众广泛参与。本书作者蓝虹教授笔耕不辍、著作等身，长期专注于绿色金融领域的研究与实践。《含泪远去的海岛——碳中和的故事》充满人文情怀，通过古今中外、深入浅出的故事，将碳中和的来龙去脉和深远影响娓娓道来，专业性和趣味性兼备，既见解深刻、发人深思，又通俗易懂、引人入胜，非常有利于提升广大读者对碳中和的认知度和参与度。相信这部力作，可以成为碳中和的路标，汇聚更多有识之士，一起投身伟大时代，非常值得推荐。

——庄乾志　中国再保险（集团）股份有限公司总裁

◆ 气候危机与生态失衡持续威胁着人类的生存空间。从海洋中的岛屿国家到被黄沙掩埋的楼兰古国，从太平洋中的海底火山到复活节岛的神秘石像，从干旱的非洲到野兔成灾的澳大利亚，从杂交水稻的培育到黄石公园生态的恢复，这些都不断提醒我们，要为保护环境付出努力。碳中和正是我们面对环境问题给出的答案。碳中和不是抽象的，而是具体的：它是北京冬奥会的绿氢火炬和绿电照明，也是北京通州区的绿水与森林；它是我国的

都江堰，也是埃及的锡瓦绿洲；它是柬埔寨的大鹦米、弗吉尼亚的生态葡萄酒，也是史密斯菲尔德的火腿、布朗山的普洱茶古树；绿色金融更是为碳中和行动增添了强劲动力。蓝虹教授以充满人文关怀的文字写下的这本《含泪远去的海岛——碳中和的故事》，生动地解读了碳中和这一既着眼当下也面向未来的主题，无论是对碳中和了解不多还是已经投身碳中和实践的读者，都能在本书中获得巨大收获。

——王乃祥　北京绿色交易所董事长

◆ 周日的早晨，翻开《含泪远去的海岛——碳中和的故事》一书，见字如面，记得新冠疫情后拜会蓝虹教授，一位温婉的女士，即便在疫情中，她从未停止过在国内与国际舞台推动金融机构支持生物多样性保护的标准制定与试点落地等前沿工作的拓展，她在分享案例时的微笑及目光里饱含的热情，我被深深地鼓舞并感动。这是一本极少有的关于碳中和的通识科普散文，通过一个个小故事，以细腻的笔触，带领读者打开了解与人类生存和社会经济发展息息相关的碳中和的世界。合上书，有句话让我印象深刻“当我游走在图瓦卢，当我站在基里巴斯到处是海水的土地上，当我喝下一杯杯治愈忧伤的卡瓦酒，我想起了我的基里巴斯朋友伊娃含着眼泪的微笑，她说，我们还是要仰望星空，我们还是要张开双臂，与海洋、土地、星空拥抱”。我想我是看懂了蓝虹教授眼里的热情，看到了她的诗与远方——“大爱无疆，善举永存”。

——孙蕊　保尔森基金会高级顾问兼绿色金融中心执行主任

爱德曼国际顾问公司亚太区联席主席

◆ 在我心中，散文是一种美丽而深邃的艺术，一种捕捉生活细节、显现人性光芒的手段。而科普，则是一种让科学离我们更近，让未知变得可知的方式。当我翻开蓝虹教授的科普散文新书《含泪远去的海岛——碳中和的故事》时，我发现，科普和散文的结合可以如此引人入胜，科学的深邃与散文的韵味在此交融，呈现出一种无比和谐的契合。这本书，让我们走过了地球的哭泣，感受了气候危机带来的危害，也为我们展示了碳中和的前世今生。每一篇故事，都是碳中和的一幅画，生动展示了人类、自然和碳中和的微妙关系。更让我感动的是，蓝虹教授将我们引向了碳中和的行动。从北京冬奥会的样板和方案，到张北的绿电点亮北京的灯，再到碳金融的金戈铁马，每一个故事都使我感到了碳中和的希望与可能。这是一部让我们感叹，让我们思考，让我们行动的作品，无论你是科学爱好者还是散文读者，我都热情地推荐你阅读这部著作。

——阎雪君　中国作家协会第八届、第九届、第十届全国委员会委员

中国金融作协主席

◆ 自2020年9月中国提出“双碳”目标以来，全国掀起了一场自上而下的全球历史上最大规模的低碳减排运动。正如蓝虹教授在《含泪远去的海岛——碳中和的故事》这部科普散文中所提到的，北京冬奥会中绿氢微火火炬、绿氢汽车、绿电、绿冰、绿色场馆等设施的建设正是我国为实现碳中和所做的努力。实现碳中和，意味着全行业经济将开启长期的绿色升级和转型，使中国进入人与自然和谐共生的社会经济高质量发展新阶段，这是中国式现代化建设的一次颠覆性创新。在《含泪远去的海岛——碳中和的故事》这本科普散文中，蓝虹教授以其深入浅出的文字和独特的视角，让我们看到了碳中和对于人类可持续生存的重要性。这本书是一部关于碳中和的引人深思的科普散文集，我特别推荐大家阅读这本书。

——王文　中国人民大学重阳金融研究院（人大重阳）执行院长

中国人民大学丝路学院副院长、特聘教授

中美人文交流研究中心执行主任

◆ 优美的文笔，深沉的情怀，书写独特的碳中和故事，发人深省，令人感动。强烈推荐蓝虹教授新作。

——陈迎　中国社会科学院生态文明研究所研究员

◆ 拿到《含泪远去的海岛——碳中和的故事》的时候，我恰好在高铁上，用几个小时的时间翻看了一遍，写下自己的初印象。对于我而言，这本四百多页的散文集，与其一气呵成地读完，不如放在触手可及之处，随时拿起翻看其中一个或者几个故事，并进一步比对相关信息，做辩证的理解。蓝虹教授是一位温柔待人但又认真待事的学者，远山里的畲族基因使其更敏感于自然；经济学的背景和长期的绿色金融研究和应用经历，又赋予蓝教授敏锐的视野和务实的态度。文如其人，《含泪远去的海岛——碳中和的故事》在字里行间，可以感受到作者的温婉理性、博古通今，但又不失少年的浪漫。在这些故事中穿行，让我想起这两年常去参加的光影声交互艺术展览，一脚踏进各种色彩和声音的交叠，但在每个篇章的不同部分，又能清晰地听到作者的提醒："我们不能以理所当然的心态去面对大自然给予我们的幸运，地球生命的产生本身就是一种偶然和幸运。"

——康蔼黎　国际野生生物保护学会（WCS）亚太区总监

◆ 我一口气读完了蓝虹教授的《含泪远去的海岛——碳中和的故事》，被优美的文字所吸引，被碳中和的一个个故事所折服，更是唤起了我对哭泣的地球的担忧。作者蓝虹教授用自己的亲身经历、多年的实践考察，通过平缓的口吻与细腻的文字，以散文的形式，向我们传递着由于全球气候变化所引发的一系列事件及背后的故事和人物，让苦涩的故事变得鲜活，让专业的名词变得通俗。"珍爱地球，促进人与自然和谐共生”，需要全世界的智慧与行动。这不是在讲故事，而是在表达碳中和的苦旅之路。

——束蘭根　南京大学新金融研究院高级研究员

中研绿色金融研究究院首席专家

新加坡RGE集团中国区副总裁

注：本书受到国家社科基金重大项目《绿色金融推动绿色发展促进人与自然和谐共生研究》（项目号：21ZDA083）的支持

前　言

在寂静的深夜，我终于完成书稿，心情是激动的。我一直从事碳中和、碳金融的学术研究。当我写这篇前言的时候，我主编的高等学校碳金融“十四五”规划教材《碳金融概论》也出版了。我默默地触摸着新书的封面，心里对这本科普散文《含泪远去的海岛——碳中和的故事》充满了更强烈的期待。从学术到散文，我不是只着重于科普，我更期待的是，用有温度的文字，用我饱含泪水、悲伤和希冀的深情，感动读者，期待可以融入读者的情感世界。

是的，我用了这么多的期待，在我写“‘哭泣’的地球”的时候，我是流着眼泪在写一个个故事的，我感动于那些因为气候变化导致海平面升高而失去家园的海岛国家朋友的哭泣，那些因为饥饿而慢慢挣扎死去的北极熊，那些因为生态危机而失去家园的罗布人的故事，还有当我爬上那曲的雪山，看见逐渐后退的雪线的震惊和难过。气候危机，并不仅仅是一个学术名词，它正在渗透进我们的生活，影响着我们生活的方方面面。气候危机，不是科幻片中地球的未来，而是我们的现在。一些海岛国家，正在因为气候危机导致的海平面升高而消失，他们的国土被升高的海水所淹没，他们的人民被迫成为气候难民而不得不离开自己的国家，四处流浪，那些海水淹没的国土，就成为他们永远回不去的家园，只能哭泣着流浪。气候危机，还导致了各种生物物种更快速的灭绝，瘦骨嶙峋的北极熊在饥饿中四处翻找垃圾，当它们用绝望的眼光在死亡前最后一次看向人类时，我忍不住流泪了，是我们人类对大自然过多的贪婪索取，才导致了它们的死亡。还有非洲那些因为极端气候干旱而饿死病死的儿童，他们瘦到无法形容。什么是气候危机？这些就是气候危机，我努力想挣脱学者的思维和学术术语，用最直观的文字，真实描述最直观的景象，告诉大家，什么是气候危机。

气候危机，并不仅仅只是在其他国家肆虐，也已经逐渐逼近我国。2021年，气候危机导致的极端天气，引发了河南的连续暴雨，1478.6万人受灾，因灾死亡失踪398人，直接经济损失1200.6亿元。2022年，北半球严重干旱，包括北美洲、欧洲、地中海地区、东北非地区以及我国南方地区都出现破纪录的极端酷热天气，许多地区经历了极端干旱。连续的酷热和降雨的严重缺乏使得我国最大的河流——长江的水量剧减，多省江河断流，鄱阳湖地区出现“湖泊无水”的状态，湖床裸露甚至因为干旱刮起“沙尘暴”。断流的长江，使人们淌水过长江成为网红2022年打卡的经典。可是，作为生态环保学者的我，心情却异常沉重，干旱会随着升温不断增强，而我国就是干旱敏感区之一。2022年全球的干旱或者只是起点，全球气候变暖可能会逐渐扩大干旱和极端气候影响区域。由于气候变化，目前，热射病死亡人数在急剧增加。热射病是极端天气下，由热损伤因素作用于机体引起的严重致命性疾病，死亡率高达70%～80%。高温还加大了高血压、心脑血管疾病等的死亡率，对人类健康造成严重危害。

这种极端气候的影响可以以2022年的江西为例，江西被称为鱼米之乡，但是，2022年5月，江西出现五月大雪的异常天气，脐橙、蜜橘、温柑等主要柑橘品种都受到异常气候的影响，增加了病虫灾害，果园土壤湿度过于饱和，根系活力下降，严重影响产量。五月本是立夏时节、早稻迅速生长的季节，但是，五月寒雪造成早稻插秧后迟迟不能返青成活、分蘖发蔸，出现枯尖黄叶、死根死苗或僵苗不发的现象。进入6月，连续特大暴雨导致洪水袭击，信江、昌江、乐安河、修河相继爆发洪水，农业、水利、交通、供水、供电等基础设施和民房等因为遭受洪水袭击而受损严重。进入7月，又遭到极端高温袭击，高温持续时间长、范围广、强度大。7月、8月、10月分别有7个、29个、93个县（市、区）极端最高气温创该月历史新高，其中，有26个县（市、区）极端最高气温突破年极端最高纪录。持续高温导致了历史罕见的气象干旱，河流断水断流，鄱阳湖作为我国第一大淡水湖，出现“干湖”的现象，鄱阳湖的很多生物如鱼类、江豚等生物种群，都面临生存危机。受极端气象干旱影响，江西秋季生态气象条件明显恶化，臭氧超标日数和高森林火险日数显著偏多，局部还出现扬沙天气。其中南昌多个站点PM_{10}浓度飙升，局部站点出现空气质量指数（AQI）超500的爆表级污染。

在这样的气候危机步步紧逼下，我们讲述碳中和失衡的危机故事，是充满着忧患情怀的，解决气候危机，重新实现碳中和，是我们人类命运共同体必须面对的使命和任务，否则，我们人类无法实现可持续发展，我们的子孙后代，甚至我们自己，都无法安然地在地球生存，面对气候危机，我们退无可退，只能永不言败地抗争和奋斗。

碳中和的实现，只能依靠全球民众的共同行动。我们会觉得碳中和只是我们美好的愿望，但是，历史时期，甚至农业社会，我们都是处于碳中和的环境中，大自然的碳吸纳能力完全可以中和掉我们的碳排放。直到工业革命，我们人类，把地球储存了上亿年的碳基陆地植物和碳基海洋动植物的遗骸所转化的煤炭和石油，仅仅用了300年的时间，就释放到大气中，造成大气中二氧化碳浓度的急剧增加，才导致了我们现在的气候危机。根据牛津大学的统计，1950年全球二氧化碳排放量仅仅超过50亿吨，到1990年，这一数字翻了几番，达到220亿吨，此后排放量继续快速增长，现在全球每年的碳排放量已经超过360亿吨，是1950年的7倍多，才仅仅70多年呀！二氧化碳浓度过高，就好像给地球盖上了厚厚的棉被，地球从太阳吸收的热量无法散发，对于我们人类来说，类似于酷夏我们坐在停放在烈日下的汽车里的感受，如果不能及时散热，或者逃逸出去，性命堪忧呀！所以，我们永不言败地与气候危机抗争，不是为了保护地球，地球从来不需要保护，即使地球生态全部变成沙漠，地球还是地球，依然安然无恙，受到威胁的是我们人类，是我们人类无法在这样持续升温的环境中可持续地生存下去。

所以，我专门写了碳中和的前世今生，让大家知道，碳中和的世界，才是地球生命正常的环境，才是地球生命演进中的本来模样，而碳失衡，则是地球生命一次次灭绝和消失的主因。过去是恐龙，地球的前一任碳基生命霸主，在碳中和状态的侏罗纪时代，地球上生机盎然，郁郁葱葱的森林湿地草原，植物争奇斗艳。丰富的食物和适宜的气候，使恐龙们迅速繁盛起来，前所未有的巨型恐龙争相亮相，在广阔的森林和草原间游荡，粗大的脚印深深地印在泥土上。这样繁盛和强大的生命，几乎在地球上没有天敌，却因为小行星撞击地球导致的碳失衡，而灭绝了。恐龙的灭绝告诉我们，碳基生命是脆弱的，碳中和状态的维系对碳基生命的存在和发展至关重要。当地球上碳中和状态被破坏，无论二氧化碳浓度是过高还是过低，都会影响地球气候，导致地表温度过高或者过低，地球上的植物都会因为生存环境的巨变而无法生存，更无法进行稳定的光合作用，地球有机碳循环就会从源头遭到严重破坏，动物不仅会因为有机碳循环中断造成的食物链断裂而饿死，还会导致各种身体机能的长期破坏和改变，我们人类赖以生存的生态系统也随之崩溃。

我们总是喊着要保卫地球，其实地球一直都是安全的，地球从来不需要人类，大自然没有人类也可以安然运转，即使生态系统全面崩溃，地球还是地球，它还可以缓慢修复，唯一改变的，就是地球生命的灭绝和循环，过去是恐龙，现在是我们……所以，我们需要保护的，是人类命运共同体的安全，为此，我们需要集体共同的行动，需要每一个人的参与。我想起《流浪地球》里的一句话：“最初，没有人在意这场灾难，这不过是一场山火，一次灾害，一个物种的灭绝，一座城市的消失。直到这场灾难和每个人息息相关。” 大家看过温水煮青蛙吗？气候危机就像逐渐加热直至沸腾的温水，我们就像浸泡在温水中的青蛙，不知不觉无声无息地，被气候危机所侵蚀，我们不愿清醒，因为我们想像躺在温水中的青蛙一样，享受这种舒适，不愿跳出我们的舒适区来采取行动，我希望我的这本科普散文，可以喊醒大家，大自然留给我们行动的时间和时机已经很紧迫了，我们必须采取行动，否则我们就会像浸泡在温水里的青蛙一样，当我们感受到危险的时候，我们已经失去了采取行动的机会。

在这本书的第三部分，我用散文的方式直观地描写了我们面对碳中和采取的各种行动。作为畲族人，我对碳中和是有着特别的情感的。当我们在大山里的时候，有着山涧鸟鸣，有着溪水潺潺，有着深林浓郁，有着深夜狼嗷，有着春天的花香，有着夏天的繁盛，有着秋天的果甜，有着冬天的沉醉。我们一年四季地光着脚，踩在生命旺盛的土地上，脚下感受着蚯蚓的蠕动，感受着生命的孕育，感受着风中大山的欢唱，感受着雨中森林的舞蹈。我想，我是知道碳中和的本来模样的。但是，作为畲族人，我们也是深刻感受到现代文明带给我们的惊喜和幸福的。在过去，因为悬崖峭壁，很多老人，一辈子都没有出过山，没有到过县城。三月三，我们的阿哥爬山涉水、寻找心中的阿妹对歌，当时我们以为阿哥已经走过了整个世界，才找到我们，但现在，我们知道了，那不过是，从一个乡，走到了另一个乡。过去的愚公移山、沧海桑田，只是一种神话，但现在，现代工业，可以在深山中打通隧道，走遍世界的阿哥，再要去找阿妹，骑着摩托，一个小时就到了。过去遥远难以企及的县城，现在坐上大巴，也仅仅是几个小时的车程。过去的畲族，即使每家生很多孩子，也难以存活一个，因为各种疾病让婴儿的死亡率特别高，可以健康长大的孩子，就成为全寨族人的期盼和希望。但现在，现代医学，各种疫苗，已经让孩子们都可以健康长大，人口越来越多。

所以，我知道，碳中和行动，绝对不是回到过去，而应该是现代文明基础上的回归，也就是走生态文明之路，实现人与自然的和谐发展。所以，我用散文的方式，介绍了现代绿色建筑的鸟巢，现代绿色交通的氢能汽车，张家口旷野之风给北京带来的现代绿电，现代的碳交易和森林碳汇，现代的绿色森林城市，现代的碳金融征战，现代的生态农业，现代的生物多样性保护之路，现代的绿色金融对碳中和的支持等。

面对人类命运共同体所面临的共同的气候危机挑战，作为环保人，我们正在永不言败地努力着，这种努力，将转化成像钻石一样珍贵的希望，为了我们的孩子，为了我们的子孙后代。但碳中和，需要人类命运共同体每一个人的行动，碳中和，没有那么高深，没有那么玄妙，就在我们身边，人人皆可贡献。当我们步行或者骑自行车出行，当我们使用循环材料制作的铅笔和笔记本，当我们作为消费者选择使用具有低碳标识的产品，当我们选择尽量食用本地食品以减少运输能源消耗，当我们夏天和冬天减少空调的使用，当我们节约用电，当我们使用可以反复清洗的环保袋，当我们减少浪费食品，当我们不再追求奢华的生活，当我们简单地消费、简单地生活，当我们参与到碳金融中，购买各类碳汇以抵消自己产生的碳排放，当我们实现个人行动的碳中和，当我们学会享受简单快乐的生活，我们，其实，就已经在为碳中和采取行动了。

碳中和，有着很多的故事，有眼泪，有悲伤，有奋斗，有欣喜。我想，散文和学术文章非常不同的地方，就在于，散文是有温度、有情感的，当我暂时放下专业研究写作的笔，给我的朋友，我的读者，写下这一个个碳中和的故事，就是想用我的眼泪，我的悲伤，我的行动，我的欣喜，我的温度和情感，融入你的心里。所以，我的朋友，我的读者，请跟我来，让我，用我的心、我的情，给你讲述这一个个碳中和的故事，因为，这些故事充满了我的爱恋，对大自然的浓情爱恋。天地有大美而不言，碳中和，就是，让我们的现代文明，融入天地大美之中，在青山绿水间，构建我们更高层级的生态文明。

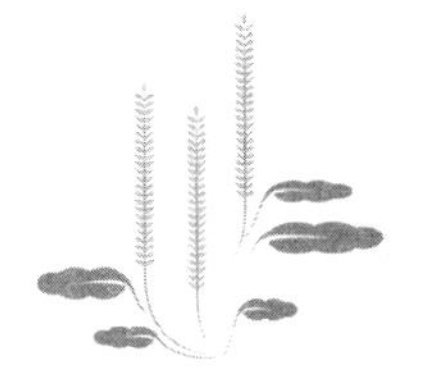

目录
CONTENTS

第一部分 “哭泣”的地球

第二部分 碳中和的“前世今生”

第一部分

『哭泣』的地球

气候危机与含泪远去的海岛

气候变化带来的危机，并不是在未来出现，而是现在就已经严峻地呈现在我们面前。图瓦卢、马尔代夫、基里巴斯等，这些太平洋上的岛屿国家，几乎没有工业，几乎没有排放二氧化碳，但是，却承受着传统工业扩张带来的气候灾难。那么多岛屿国家的民众，将失去他们的家园，失去他们的民族，失去他们的文化，甚至失去他们的国家。留在岛上的岛民在承受着岛屿下沉的痛苦和困扰，挣扎着离开了家乡、在世界各地流浪的岛民承受着身份认同的困扰：我是谁？国家和国土丧失后，文化和民族丧失后，在茫茫的世界，我到底是谁呀？为什么我们要流浪，流浪远方？这些全球流浪的气候难民，在哭泣中感受着痛彻心扉的哀伤。当我游走在图瓦卢，当我站在基里巴斯到处是海水的土地上，当我喝下一杯杯治愈忧伤的卡瓦酒，我想起了我的基里巴斯朋友伊娃含着眼泪的微笑，她说，“我们还是要仰望星空，我们还是要张开双臂，与海洋、土地、星空拥抱，合为一体”。地球生命的产生是偶然的，人类成为恐龙时代之后的新一任地球生物霸主，是幸运的。地球，是一艘孤独地在宇宙中航行的飞船，所有人类和动植物同乘这一艘船。如果我们再不醒悟和行动，气候危机侵害的，将是地球上所有生物的生存，包括人类。

1
图瓦卢的“呐喊”

2021年，图瓦卢的外交部部长西蒙·科菲（Simon Kofe）突然成为世界网红。

图瓦卢是中太平洋南部的一个海岛国家，由9个海岛组成，在地图上很不显眼。但是，其外交部部长科菲站在海水中的演讲视频，却通过网络瞬间传播到全世界，令无数人震撼。他向全世界宣布，因为气候的变化和海平面的上升，图瓦卢已经坚守不住了，需要举国移民。

虽然，气候危机导致海平面升高，已经引起了世界的重视，但是，大部分人还是觉得，这是重要但非紧急的事。然而，图瓦卢外交部部长站在海水里告诉大家，他所在的这片海域，原来是陆地，是他们的家园，如今已经被海水淹没了。他请求全世界的救援，接受图瓦卢移民，因为“我们的领土正在消失，我们的人民必须离开”。全世界人民这时才猛然醒悟，曾经以为只存在于《2012》科幻电影里的气候危机，就在现在，就在眼前。

其实，因为海平面升高而即将消失的海岛国家，不仅有图瓦卢，还有我们十分熟悉的马尔代夫，以及基里巴斯、帕劳、瑙鲁、萨摩亚等。如果按目前的气温升高速度计算，到2100年，海平面将升高1.4米，全球10%的人口将因此失去家园。海平面升高，不仅会吞没马尔代夫和图瓦卢等海岛国家，甚至连许多世界名城，如纽约、伦敦、阿姆斯特丹、威尼斯、悉尼、东京、里约热内卢、天津、上海、广州等，都将被淹没。正如图瓦卢的外交部部长科菲在演讲中的呐喊，“当身边的海水一直在上涨，我们没有时间再听演讲，我们需要立即行动”。

科菲穿着西装、戴着领带，站在演讲台前，背后是图瓦卢的国旗和联合国旗帜。随着镜头拉近，人们看到，他正站在海水里，几乎带着哭腔呼吁世界采取行动。科菲站在海水里的演讲是震撼人心的，他也因此成为全球著名的网红政治家。但我相信，科菲一定不愿意成为这样悲伤的网红。

此时此刻，图瓦卢镶嵌在太平洋之中的陆地正在被一波又一波的海水侵蚀，淡水早已消失。而且，海水升温，还导致了环岛珊瑚的萎缩死亡，使海岛进一步失去了天然屏障，若有风暴潮来袭，就会毫无阻挡地长驱直入，给岛民造成严重的损失和伤亡。

人们走在图瓦卢仅存的一条马路上，会有一些恐慌，因为往左看，是波涛汹涌的大海，往右看，还是波涛汹涌的大海，时不时在马路中间的洼地里还会冒出一滩海水，让人时刻担心一不小心就会跟着马路一起沉下去。“天黑后千万别随便出来，因为一不小心就会掉到海里去。”图瓦卢人会这样叮嘱。如今，海水渗上来，平地变成了一个个池塘，图瓦卢人的房子就建在池塘里，每个房子用十几根长长的柱子支撑起来，房子下面，就是荡漾的海水。目前，图瓦卢残存的陆地最宽的地方只有几百米，平均宽度只有二三十米。而且，海平面还在继续上升，这个国家即将彻底沉没。

图瓦卢天气预报员尼克·罗那（Niko Lona）站在提普库萨维里维里岛的残骸上，报道了这座岛的沉没，也预示着更大的灾难。他说，“在2000年之前，富纳富提环礁中间的海水中有一个宽约5米、长约10米的小岛，当时岛上生长着大量椰子树，从我办公室就可以看得清清楚楚。如今，这个小岛已经沉到海底了，只有退潮时还能看到一点点影子”。图瓦卢气象局首席预报员

Tavala Katea提供了一组监测数据，1993—2009年，图瓦卢的海平面总共上升了9.12厘米。按照这个数字推算，50年后，海平面将上升37.6厘米，这意味着图瓦卢至少将有60%的国土彻底沉入海中。Tavala Katea认为，这对图瓦卢意味着灭亡，因为涨潮时图瓦卢将不会有任何一块土地能露在海面上。

200年前，当探险家们登陆图瓦卢时，像是发现了海上天堂。这些散落在太平洋上的岛屿就像人迹罕至的梦幻岛，椰子树、棕榈树沿着海岸线茂密生长，岛上的居民世代与海水、沙滩、阳光为伴。如今，图瓦卢的末日可能会提前到来。图瓦卢的整个国土都是由珊瑚礁组成的，全球气候变暖导致珊瑚的生长速度减慢，甚至大量死去，被珊瑚礁托起来的图瓦卢也会因此而加速“下沉”。

图瓦卢驻斐济大使Uale说：“我的工作就是帮助图瓦卢人离开图瓦卢。”整个国家都将沉入海底，图瓦卢政府只能努力帮助民众移民，离开图瓦卢。因为要节省成本，图瓦卢在国外只有一个大使馆——图瓦卢驻斐济苏瓦大使馆。Uale大使的主要工作，不是像其他大使一样受理签证。Uale大使说：“我们这个使馆的使命，就是帮助更多图瓦卢人能够顺利申请到别的国家的签证，让他们可以离开图瓦卢，寻找到生存的机会。终究有一天，当所有图瓦卢人都从图瓦卢移民走了，我也就完成了我的使命。我会坚持到那一天。”

我在斐济旅游时，遇到了旅馆清洁工米娜。她是土生土长的图瓦卢人，目前在斐济工作，生活得很艰辛。因为她没有什么文化，只能做旅馆清洁工，收入很少，工作很累，但是她却很庆幸自己可以从图瓦卢出来。她说，图瓦卢虽然是她的家乡，但在那里，她一点安全感也没有，到处都被海水淹了，到处都是海水，到处都是危险，台风、海啸来了，连躲的地方都没有。她现在最大的愿望就是，好好干活儿，争取可以尽早地把她爸爸妈妈也接出来。

近20年来，气候变暖导致海水酸化，已经将这些由珊瑚礁形成的岛屿侵蚀得千疮百孔，海水透过这些孔隙侵蚀上来，使土壤加速盐碱化。随着海平面的持续上升，风暴潮更加频繁，这些岛屿的土地被迫吸收了大量海水，降雨很难把其中的盐分从土壤中冲刷出来，导致地下水盐碱化，成为不可饮用的水。

随着风暴潮的加剧，岛上的污水处理设施也受到了海水的侵蚀，因为海水的含盐量很高，破坏了污水处理设施。未经处理的污水和海水一起涌入岛内的淡水湖泊，进一步破坏了本已稀缺的饮用水供给，岛上的淡水供给就越来越匮乏。目前只能通过船运补给淡水，但消耗了巨大的人力、物力和财力。

因为气候变化、海平面上升、海水侵蚀，图瓦卢已经成为世界上最贫困的国家之一。气候危机已经摧毁了图瓦卢所有经济发展的机会和基础。图瓦卢人很悲伤地说，他们已经穷得只能吃海鲜了，因为岛上已经无法生产任何粮食，他们也没有钱去买。在接受中国《广州日报》采访时，图瓦卢环境部部长说："过去，图瓦卢人的主要食物是一种名叫Pulaka的芋头，大约能长到1米高，以前居民都是在洼地里种植Pulaka和一些蔬菜，因为洼地的海拔比海平面要高，地表可以储存一层薄薄的淡水。现在，洼地已经低于海平面，渗出来的全是海水，再也无法种植芋头和蔬菜，图瓦卢人民生活所需的食物绝大部分都要依靠进口。" 图瓦卢总理私人秘书Kelesoma Saloa说："以前人们还种一些蔬菜和庄稼，现在没人种了，海水一过，什么都会死去。""穷得只能吃海鲜了"，本来是调侃的话，可是在图瓦卢，确是悲剧。他们现在人均寿命不到50岁，已经很能说明问题了。

更让图瓦卢政府和人民绝望的是，全球变暖、海平面升高的原因，是大量排放二氧化碳，这个问题根本不是他们自己能解决的。从工业革命开始，西方发达国家在不到300年的时间里，燃烧了大量地球经过千万年甚至上亿年形成的煤和石油等化石能源，导致了地球大气层二氧化碳含量剧增，全球气候变暖，两极的冰川融化，海平面升高。面对这样的局面，作为太平洋上一个小小的岛国，又能做什么呢？

而且，2021年11月在格拉斯哥召开的联合国气候变化大会的结果也让图瓦卢感到失望和伤心。在协议草案即将生效的时刻，以印度为首的国家代表提出动议，将文本中关于燃煤使用的规定由“逐渐停止”（phase out）改为“逐渐减少”（phase down）。图瓦卢外交部部长科菲表示：“我们和其他太平洋岛国一样，对最后一分钟的措辞变化感到相当失望。”科菲指出，包括南太平洋邻国澳大利亚在内的一些排放大国应在气候变化大会上承诺更有担当的减排目标，以实现“将气温升幅限制在工业化前水平以上1.5摄氏度之内”。

图瓦卢除了举国移民，别无选择。海水夺去了图瓦卢人的全部资源，现在，图瓦卢已经成为不适合人类居住的地方。我的一位图瓦卢环保朋友说：“世界各国在面对气候变化的时候，都在考虑经济和环境的平衡。可是你们为什么不看看我们图瓦卢，气候变化这个环境问题，已经把我们逼到整个国家都要沉入海底的地步了，我们要亡国了，我们举国都要成为气候难民了，可是，没有哪个国家喜欢接收难民。”她气愤和伤心地说：“在图瓦卢，我们没有环境和经济的矛盾，因为环境就是生存，就是挣扎，没有环境，我们整个国土和国家都没有了，我们因此失去了我们的存在、我们的尊严、我们的未来。”

是啊，皮之不存，毛将焉附？我们所有经济活动所依赖的基础是自然资源，我们曾理所当然地认为，大自然永远会给予我们所需要的一切。但是，图瓦卢的远去和逐渐消失、图瓦卢的悲剧告诉我们，失去了我们赖以生存的大自然，我们人类也就失去了生存的基础。

2
马尔代夫的“挣扎”

印度洋岛国马尔代夫是以旅游胜地著称的，被称为人间天堂。其由26组自然环礁、1192个珊瑚岛组成，分布在9万平方千米的海域内。在大家的心中，马尔代夫就是阳光、沙滩、浪漫、爱情的代名词。清澈透明的海水，碧蓝无瑕的天空，细软柔和的白沙，如梦如幻的椰子树林，充满诗情画意。所以，很多名人都把自己的婚礼放在马尔代夫，好感受这个海岛国家的烂漫温情。这些唯美的婚礼让我们记住了马尔代夫的“绝代芳华”。

我对马尔代夫的美景有深刻的印象，电影《蓝色珊瑚岛》就是在马尔代夫拍摄的。电影里的海岛风光，美得让人窒息。五光十色的珊瑚岛，透绿的海水，金色灿烂的夕阳，徐徐而来的海风，简单原始的草裙和白色的沙滩，就像一幅美丽的风景画，那种天然不事雕琢、返璞归真之美，令人心生向往。电影里给大家描绘了一个伊甸园，这里阳光灿烂，风景如画，没有烦恼，没有忧愁。这样的地方，我们每个人都在梦中见过，和心爱的人，在一个美丽的岛上，就这样，相互依偎着，恩爱快乐地过完一生，多么美好啊！

然而在现实中，我们却没有勇气去追寻这样的人生。那么，就独自去马尔代夫住几天吧，关闭手机、电脑等一切可以和外界联系的工具，孤独地漫步在这个世外桃源一般的海岛。脱下尘世的外衣，穿上原始的草裙，赤着双脚，以最简约的自己，漫步在人烟稀少的海滩，静静地，一个人，看夕阳西下，消解尘世奔波的疲倦和爱情失落的悲哀。

我总是觉得，没有什么伤痛是一场旅行解决不了的，如果还不行，那就两场，或者，旅游之外，再加上美食。我喜欢马尔代夫新鲜的鱼生，叉起一片刚刚归港的渔船捕来的鲜红滋润的金枪鱼，看它在晨曦中的颜色，再慢慢地放进嘴里，品尝它的柔软肥美。生命的快乐，就是这样简单直接。马尔代夫还有一种特殊的饮料，可以很好地治愈心灵的伤痛，它的名字叫Toddy，是棕榈酒，这完全是棕榈树的液体，根本不用制作。似酒非酒的感觉，酸甜的汁液，一杯杯喝下去，就像似梦非梦的爱情。沙滩，棕榈树，钴蓝的天空，碧绿的海水，还有孤独的我。醉梦中，喝下那一碗碗似酒非酒的Toddy，感觉自己的灵魂和这个世外桃源一般的海岛融为一体。

可是，这么美丽的世外桃源——马尔代夫，我们治愈爱情创伤和逃离尘世疲惫的海岛之国，因为气候危机导致的海平面升高，也即将消失了。在过去的15年里，海平面上升正在迅速侵蚀着马尔代夫岛屿的海岸线，已经造成了一些毁灭性破坏。道路和房屋倒塌入海，椰子树被冲走，地下水因海水倒灌被严重污染，许多岛屿已经没有了饮用水。迄今为止，马尔代夫已经有20个岛屿因为海平面的上升而消失，岛上的居民不得不离开他们熟悉的祖居之地，以寻找生机。

联合国政府间气候变化专门委员会指出，到2100年，上升的海平面将淹没整个马尔代夫。马尔代夫不肯低头接受即将沉没的命运，决心用所有财政积蓄，举全国之力，打造拯救自己的诺亚方舟。一边做举国移民的准备，一边采取一切可以挽救的措施，希望可以保留这个国家。他们开始建造人工岛。

马尔代夫目前已经建造了Hulhumale人工岛。这个在珊瑚礁基础上填海而建的岛屿和首都马累一样大，但海拔有3米高，比马累高出一倍。这座人工建造的岛是通过从海底抽沙到水下的珊瑚平台上建造的。马尔代夫人民希望这个人工岛可以支撑100年，在这期间，再寻找别的办法。总之，他们希望保住自己的国家。

马尔代夫还通过改造地势较高的岛屿来缓解海平面升高带来的危机。Dhuvaafaru是第一个被改造的岛屿。这个岛屿在马尔代夫的岛屿群中地势比较高，但因为森林过于茂密，一直处于半原始状态，不是很适宜人们居住。马尔代夫政府看上它地势较高的优势，对这个岛进行了大改造，“垫高”了岛屿，接纳了4000位因海平面上升而失去家园的马尔代夫人。

马尔代夫还能存在多久？很多马尔代夫人很悲观。马尔代夫驻华大使在接受凤凰网的采访时说：“ The whole world would miss us if we are gone.”（如果我们走了，全世界都会想念我们的。）但他也提到，全球为实现碳中和所做的努力，带给了他们希望。

3
基里巴斯的“坚守”

基里巴斯，这是一个有着3000多年历史的美丽而神秘的国家，纵跨赤道，横越国际日期变更线。这个神秘而有趣的国家，陆地面积虽然不是很大，但海域面积很大，30多个岛屿的海域面积加起来，有3800平方千米。在这里，如果你愿意，你可以直接从今天走回到昨天。1884年，人们划定国际日期变更线的时候，国际日期变更线就从基里巴斯的中间穿过去。如果你站在基里巴斯国际日期变更线上，面向北方，你的左手在今天，但你的右手仍在昨天。

同时，基里巴斯也是一个正在因为海平面升高而逐渐沉入海底的国家。基里巴斯位于太平洋中西部，距离最近的澳大利亚约7000多千米，搭乘飞机需要10个小时左右，人们感觉它是地球上最偏远的国家，所以被称为“世界的尽头"。现在，当人们说到基里巴斯就会说，哦，这是一个即将消失的"世界尽头"。

基里巴斯本来是一个美丽安静的国家，远离世界的喧嚣，拥有绿宝石一样荡漾的海水、金黄色柔软的沙滩和沿岸茂密的棕榈树林，就像一个远离凡尘的伊甸园。这个美丽的国度到处是珊瑚礁，共有3000多个珊瑚礁岛屿，这些珊瑚礁岛屿组成了33个环礁。什么是环礁呢？环礁就是多个珊瑚岛成环状排列的群岛，中间包着一个或大或小的潟湖。环礁的最外沿是暗礁，往里是白色的沙滩，再往里是珊瑚岛主体，这里长满了槟榔、椰子、棕榈等植物，郁郁葱葱；在绿洲之内，又是沙滩，然后就是碧波万顷的潟湖。

早在3000多年前，基里巴斯就有马来-波利尼西亚人定居。后来，一些斐济人和汤加人也迁移到这里，和当地人通婚，形成了基里巴斯民族。1606年，葡萄牙探险者第一次发现了这个美丽的岛屿之国和美丽的岛屿文化。这里到处都是高大伟岸的棕榈树、叶大如伞的热带山芋、茂密的菠萝树和面包树。

因为有着3000多年的历史积淀，基里巴斯形成了具有显著民族特色的基里巴斯民族，它有自己独特的文化、独特的服饰、独特的节日、独特的语言文字。这些形成了强大的文化和民族凝聚力，让基里巴斯人对故土有着深深的热爱。这种民族文化的统一性和凝聚力，通过历史积淀，已经形成了这个国家坚强稳定、不肯离散的最大动力。虽然基里巴斯有众多岛屿，有广阔的海域，但令人惊奇的是，所有这些岛屿上的人，都是基里巴斯民族，他们有着相似的长相，说着同样的基里巴斯语言，唱着同样的歌，跳着同样的舞，有着相同的习俗和文化特征。

基里巴斯的女人美丽妩媚，有着热辣辣的热带女人的风情，有着黑黑的大眼睛、长长的睫毛、浓密的长发、棕色光滑的皮肤。她们经常用棕榈叶做成的草裙和花环装饰自己，原始、野性、淳朴而又漂亮。基里巴斯的男人都像海鱼一样强壮。他们喜欢光着上身，露出强壮的胳膊和健美的胸肌，腰间围着草裙，露出健壮的腿肌肉，光着脚，就这样怡然自得地行走在岛屿上，好像是大自然赐封的岛屿之王、海洋之王。

每个基里巴斯男人都是天然的海洋捕猎者，他们不仅健壮如最强大的海鱼，而且十分勤劳勇敢。他们精于航海，当他们划着他们特有的“刀鲁奥”渔船出行大海时，无论海浪多么汹涌，只要仰望天空，他们都可以认清航向，找到所要去的目标。潮水是基里巴斯男人生活的轴心，他们能通过太阳、月亮、星星的运行，判断风与涌浪的方向。他们就用这些大自然教给他们的知识，判断什么时候该种植物，什么时候该捕鱼。

天空是基里巴斯人的父亲，大海是基里巴斯人的母亲。所以，他们总是仰望天空，因为他们在寻找天空父亲给他们的引导和启示。基里巴斯人从来不畏惧大海，那是回到母亲的怀抱。从古时走到现在的基里巴斯男人，就是在天空、大海的呵护下，驾着他们特有的独木舟，靠着对星象、风向的敏锐认识和判断，以及富有传奇色彩的航海石，一次次满载而归。基里巴斯的男人了解天空，就像了解自己的父亲。他们可以说得出每一颗星星的名字，对它们像亲人一样了如指掌。不管将基里巴斯男人放在大海的哪里，他们都能通过对星星的了解，清楚地知道自己的位置。

基里巴斯的男人了解海洋，就好像了解自己的母亲。他们知道每种鱼喜欢的鱼饵，知道每种鱼最喜欢的活动时间和区域，他们知道最佳的捕鱼策略，他们巧夺天工地用岛上的棕榈树、椰子树等物质制造他们独特的鱼钩、套索和渔网。他们还制造了自己独特的武器。他们赤裸着上身，穿着用棕榈树的枝叶编织的草裙，拿着锋利的鲨齿剑，在基里巴斯美丽的岛屿上捕猎，并保卫自己的家园。

基里巴斯的女人是灵巧而勤劳的。我的朋友伊娃是土生土长的基里巴斯人，我们在一次环保会议上相识。她告诉我，基里巴斯有着比人还多的椰子树、棕榈树和露兜树。基里巴斯的女人从小就知道如何运用露兜树叶和椰子树纤维编织衣裙，编织花带，编织篮子、盘子、帽子、鞋子等生活用品。她们还会用露兜树叶捆扎成捕鳗鱼用的笼子。鳗鱼笼就像一个小小的树屋，两端各有一个洞，在笼子里放些诱饵，投进海里，鳗鱼钻进笼子里，就出不来了。

基里巴斯岛的土地，给这里的人准备了生存所需要的一切东西。用椰子树、露兜树、棕榈树可以制造床、席子、衣服、鞋、篮子、扫把、屋顶材料、油、棕榈酒、肥皂、椰子糖等。这里的食物是美味的，外面世界最名贵的海鲜贵族——龙虾、吞拿鱼、苏眉鱼等，在基里巴斯，都只是家常便饭。他们用椰子壳做的碗，将鱼和椰子汁混合在一起，再用椰子壳生的火去煮，这就是基里巴斯的美食。还会用椰子树和露兜树的树干当柱脚，用棕榈树叶遮盖屋顶，建造高脚茅草屋，四周敞开，海风轻拂，非常凉爽。伊娃说，“我不知道有什么东西是基里巴斯土地、海洋和天空不能给予的”。

伊娃和她的家族住在高脚茅草屋里，所有的兄弟姐妹、父母、祖父母都住在一起，大家一起劳动，一起捕鱼，一起编织，一起煮饭，一起跳舞，一起抚养孩子。3000多年，基里巴斯人，就是这样，在基里巴斯岛上幸福地生活着。

歌舞是基里巴斯民族的灵魂。无论岛屿隔得多远，基里巴斯人都在唱着同样的歌，跳着同样的舞，穿着同样的用椰子树叶、露兜树叶、贝壳和珊瑚编织和装饰的舞衣。他们在歌舞中表达着对基里巴斯海洋、天空、土地的热爱，互相认同着彼此的身份。

伊娃说，海洋、天空、土地，用基里巴斯语称为马拉瓦（marawa）、卡拉瓦（karawa）、塔拉瓦（tarawa），它们是基里巴斯人古老的三位一体，是基里巴斯的神灵。基里巴斯人所有的歌舞，都是对海洋、天空、土地这三位基里巴斯人最古老的神灵的献祭。

有着这样强烈的民族情怀，有着这样强烈的对这片土地的热爱，海平面上升给他们带来的痛苦，就更为剧烈。他们不仅因此生活困顿，甚至付出生命的代价，精神上也承受着前所未有的痛苦和迷茫。

基里巴斯有11万人口，如果举国移民，他们能去哪里呢？大概只能四散在地球上的各个国家吧。可是，他们本来是抱团的大家族，习惯了祖祖辈辈生活在一起，却要变成四散孤独漂泊的灵魂，找不到依靠。而且，整个基里巴斯都将沉入海底，他们将丧失他们的国家、他们的民族、他们的土地、他们的天空、他们的海洋。终其一生，他们都会痛苦地流浪，不仅是身体的流浪，还有心灵的流浪。我是谁？终其一生，他们都将无法找到身份的认同。

伊娃说："基里巴斯如果消失，那基里巴斯民族还存在吗？如果基里巴斯民族不存在了，我就不能是基里巴斯人了。可是，我祖祖辈辈都是基里巴斯人呀，我是从基里巴斯的土壤、沙子和珊瑚里长出来的，如果我不是基里巴斯人，那我还能是谁呢？"

听着伊娃泪流满面充满痛苦的哭诉，我只能沉默。

基里巴斯人是如此热爱自己的国家、自己的岛屿、自己的民族、自己的文化。但是，全球气候变化导致的海平面上升一直在持续，这个岛屿国家在海水的吞噬中越来越小，目前已经有两个岛屿完全被淹没，专家预计50年后，基里巴斯国土将全部被海水淹没。

基里巴斯是一个由珊瑚礁岛屿构成的国家，珊瑚本身是一种海洋生物，它们美丽漂亮的颜色来自共生的海藻，也是这些海藻滋养了它们的生长。海藻是要靠光合作用而生存的，现在海水酸化，溶解氧降低，珊瑚的生存受到了严重挑战。再加上海洋温度上升，大量的海藻死亡，没有了海藻，珊瑚挨饿，它们的生长和繁殖能力降低，受疾病侵害的风险增加，最后只能走向死亡。

随着海平面的上升，海水已经反向渗透，导致土壤盐碱化严重，基里巴斯土地已经无法种植任何粮食和蔬菜，只有耐盐碱的椰子树还存活着。潟湖也不再是淡水湖了，海水的大量灌入，导致了潟湖的盐碱化。这样严重的盐碱化土壤和盐碱化湖泊严重影响了基里巴斯岛上植物的生长，同时也导致岛上淡水的极度缺乏。原来通过打井取得淡水，但因为盐碱化不能喝了，潟湖的地表淡水也因为海水灌入而丧失了饮用功能。

因为食物和淡水的缺乏，很多基里巴斯人每天只喝椰子汁，吃一点鱼。但他们觉得，只要还生活在这块土地上，只要还和家人们在一起，只要还能在棕榈树下享受阳光，再艰难的日子都是快乐的。渴了，就摘椰子喝汁；饿了，就到海里捕捉一些鱼吃。虽然生活很艰难，但是，在基里巴斯人看来，只要椰子树还在，只要海岛还在，就可以继续坚持和坚守。

然而，被基里巴斯人看作生命之树的椰子树，也被上涨的海水所吞噬。椰子树是耐盐碱的，所以，土壤的盐碱化并不会对其造成很大影响。但是，上侵的海水将原本椰子树下的土壤掏空，这些可怜的椰子树，树干抱着那几乎已经全裸的球形根部，摇摇欲坠地站在海水里，有的椰子树因被海水侵蚀而最终倒下。

美丽的岛屿，祖辈的家园，却似乎注定将沉入海底，永远消失。基里巴斯的一位领导近乎绝望地说：“我只能眼睁睁地看着事态发展日益恶化，却无法造出一艘诺亚方舟来。”

在基里巴斯考察后，时任联合国秘书长潘基文说：“那些认为气候变化离我们还很远的人，我想邀请他们来基里巴斯看看，气候变化造成的影响就在脚下。”

在基里巴斯，气候变化是一个敏感的话题。虽然，人们正在遭受着气候变化所带来的严重危机，但基里巴斯人还是不愿意相信，他们将束手无策地接受自己国家的消失。他们不愿意被打败，他们不愿意成为气候难民。就像伊娃反复对我说的：“我们肯定还可以做些什么，我们不会是被打败的民族。”

在这场坚守家园的战争中，基里巴斯人挣扎得艰难而坚决。很多人的家已经涌入了海水，他们也不撤离。实际上，他们是退无可退。在涨潮的时候，海水夹杂着海浪，涌入他们的家。他们默默地蹚水离开家，撤离到地势高一点的地方，等到退潮的时候，再返回被海水涌灌过的家。有些没有被海水完全淹没的家庭，会默默地站在海水里，或者在床上编织，床下就是荡漾的海水。

还有些岛民，在到处寻找珊瑚礁石。他们将寻找到的珊瑚礁石围绕在房子四周，搭建了一堵珊瑚礁防护墙，希望可以避免被海水淹没。这些年，岛上的居民一直在做这样的防护墙，周围的珊瑚礁石已经被捡光了，他们不得不潜入海里捞取珊瑚礁石，甚至周边海里的珊瑚礁石都被他们采光了，他们不得不潜到更深的海里去采集珊瑚礁石。

我去基里巴斯岛的时候，就曾见到一家十几口人，住在四脚高高的茅草屋中。涨潮的时候，海水浸入房子，他们只好抱着孩子们蹚水转移到更高的地方。远远地望去，在海水里摇晃的房子，就像一个小小的孤岛，漂浮在海面之上，看着好像随时都可能沉入海底。他们也建造了珊瑚礁防护墙，可是，在汹涌的海水面前，这些珊瑚礁防护墙毫无作用。即使在高处，人们也是在海水里行走，看不到真正干燥的陆地。

直到退潮后，人们才又蹚着水疲乏地回到刚刚被海水淹了的房子。暮色笼罩着基里巴斯，这个在中太平洋南部的岛国，好像只有在潮水退去的时候才显出罕见的宁静。

小孩子却还是在开心地笑着，在潮湿的海滩边跑来跑去，在水里踢着皮球。大人们收拾一下被海水浸泡过的家，开始做饭。饭很简单，椰汁、海鱼和椰汁拌一块儿的食物、椰子干，还有卡瓦酒。每种食材都用大大的木盆装着，因为吃饭的人很多，一家就有十几口人。卡瓦酒也装在大木盆里，像泥浆一样，所以在当地也叫泥浆可乐，大家会用椰壳做成的碗舀着喝。

卡瓦酒并不是酒，因为它不含有酒精成分，而是由一种叫“卡瓦”的胡椒树的根制成。卡瓦酒可以麻痹神经，少量饮用，有放松的作用，喝多了，就会像喝醉了酒一样。由于是胡椒树根，卡瓦酒有强烈的辛辣味，我有点儿喝不习惯，感觉像是喝辣椒水一样，舌头和喉咙都是麻麻的。但是，在克服了最初的难受，喝了几次之后，确实有一种飘飘然的放松。后来查了资料，卡瓦酒确实有抗焦虑和放松神经的作用。

喝着卡瓦酒，这家的男主人用手指着远远的海面，告诉我们，他们的家原来在那边，现在那边已经完全被海水淹没了，他们只好搬到这个地势稍微高一点的地方，重新建屋。但现在，这里也被上升的海水淹没了，他不知道他们还可以搬到哪里。

男主人的母亲，是一位慈祥的老妇人。在她小时候，大海离这里还很远，大家生活得很安全。周围都是各种绿树，放眼望去，一片绿色。小朋友们在树下玩捉迷藏。那时候，时间都是慢慢的，家里的女人，要花很长的时间准备食物。老奶奶说：“那时候，我们有很多食物，烤鱼、炸面包果，喝着卡瓦酒，跳着草裙舞，仰望星空，祭奠我们的海洋、天空和土地之神。那时候，海洋就像母亲一样温柔安静。那时候，岛上的棕榈树、椰子树密密麻麻的，好像比人还多。姑娘们头戴花环，身围草裙，腰上、脖子上套着用椰子树叶编的大花环，胳膊和脚腕上绕着用椰子树叶编的小花环，在阳光下跳舞，好快乐的。”

可是，现在的海洋母亲，好像真是非常生气了，好像已经不爱基里巴斯人了。海水入侵海岸线，渗透土壤，让井水变咸，让树林和作物死去。过去，海洋养育了基里巴斯；现在，海洋好像要摧毁基里巴斯。

卡瓦酒在基里巴斯非常流行，在深夜，每个人都在喝卡瓦酒，到处是喝醉酒的人们在四处游荡。是啊，这个忧伤的国家，每天都被入侵的海水包围着，他们不想被气候变化这个敌人打败，他们不想失去他们的家园，他们还想坚守。但他们坚守得如此沉重，沉重到，他们必须要狂饮卡瓦酒才能略微缓解他们的焦虑和紧张。

在这样沉重的压力下，有些人终于崩溃、坚守不住了。一位基里巴斯人要求申请成为气候难民，以获得移民新西兰的机会。他的律师说："像基里巴斯这样的国家，在未来30年就要陷入灭顶之灾，新西兰应该将邻国那些身处气候灾难威胁之中的人们纳入保护。"

这件事情在基里巴斯社会引起了巨大震惊。基里巴斯民族是一个有着很强凝聚力的民族，他们觉得无论怎么害怕，都不应该当逃兵，更不应该没有尊严地申请气候难民给自己的国家丢脸。但是，这位申请者的妻子说，他们只是担心自己的孩子们，自己无所谓，他们希望自己的孩子们能安全地活下来，有一个充满希望的未来。

同时，更多的基里巴斯人仍在永不言败地坚守。他们在海边栽种了很多红树林，构建了红树林海岸。红树林根系发达，能在海水中生长，是著名的消浪先锋、海岸卫士，可以有效防止水土流失。在2004年年底的印度洋大海啸中，印度南部的泰米尔纳德邦的沿海一带的村民很幸运地躲过了海啸的袭击，就因为这一带种植了大片能水后再生的生命力极强的红树林。面对突如其来的大海啸，成片成片的红树林不仅没有被排山倒海的海浪摧垮，而且起到了拦截海啸、疏通水道、泄水固堤的中流砥柱作用，那些离海岸仅有几十米远的村落由于红树林的保护而死里逃生。红树林在印度洋大海啸中的惊人表现引起了全球关注，生物学家表示，"红树林的防洪作用简直令人难以置信"。

基里巴斯也看中了红树林阻挡海浪的能力，希望红树林的保护可以帮助他们抵御海水的侵蚀，保卫家园。于是环绕海岛，在海滩上种植了15排红树林。他们祈望，当这些红树林最终长成森林后，能够抵御海潮风暴的袭击。

基里巴斯至今已经种下了超过5万棵红树林植物。如今，红树林已经长成，放眼望去，郁郁葱葱，十分壮观。

基里巴斯政府还计划建造一个类似于海上石油钻井平台的人造漂浮岛，用来安置即将失去家园的国民。当地一名政府官员说，“虽然这个计划听起来像科幻片里的情节，但如果你和你的家人面临被淹没的危险，你会怎么做？你一定会想要找根救命稻草。你会想跳到一座人工漂浮岛上吗？我想答案是肯定的”。

还有一些优秀的基里巴斯年轻人，他们明明有能力离开，但仍在坚守，他们希望找到缓解和解决的办法。

因为海水的入侵，基里巴斯除了渔业和旅游业，几乎没有办法发展任何产业，但坚守还需要经济支撑。一位叫博亚的基里巴斯年轻人就想到，虽然土壤盐碱化已经让基里巴斯不能栽种任何果蔬，但是，耐盐碱的棕榈树还在。为了守住自己的家园，让更多人可以在危机中生存，在政府的资助下，他前往泰国学习制作棕榈糖，学成归来后，他开始教授村民们做棕榈糖赚钱。

棕榈糖的原料是从棕榈花中提取出来的，需要冒险爬上高高的棕榈树，把花摘下来，挤出汁液放进热锅里煮沸，然后一直搅拌，成为浓稠的糖浆，最后倒进模具里，液体凝固后糖就做好了。

博亚有很好的制作棕榈糖的技术，而基里巴斯有非常多的棕榈树，很适合生产棕榈糖。这种原生态的棕榈糖很受其他国家欢迎，终于让基里巴斯除了渔业和旅游业之外，增加了新的产业。

博亚是有机会离开基里巴斯的，但是他选择坚守下来。他热爱基里巴斯，热爱基里巴斯文化，热爱这里的大海、土地、天空，他愿意坚守在这里，尽自己所能延续基里巴斯的文化。

很多基里巴斯人要和基里巴斯共存亡，一些基里巴斯老人甚至说，如果基里巴斯必将沉没，他们就和基里巴斯一起沉入海底。但是，作为基里巴斯政府，不得不考虑，如果基里巴斯整个国土沉没，怎么安置11万国民。他们计划在斐济购买25平方千米土地，以安置国民。他们计划先将有技能的工人送到斐济，因为他们更容易融入斐济社会。

为了保障国民的撤离计划顺利实施，基里巴斯加大了教育投入，制订了移民教育计划，加强对国民的教育和技能培训，使他们在海外更具有竞争力，能够成为有尊严的移民，而不是气候难民。

在塔拉瓦的中心地区有一间海洋训练中心，每年有几百名学生在这里接受培训。学成后，他们将成为船员、机械师或者厨师，在外国船只上工作。基里巴斯男人从小在海边长大，熟悉星象和航海，成为船员是他们技术移民的一个很好的出路。

很多年后，当他们遥望家园，而基里巴斯已经沉入海底，他们的灵魂要如何安放呢？那种痛彻心扉的感觉，非常人能理解。

也许有一天，当我们从黎明中醒来，基里巴斯，已经从地图上消失了。面对退无可退的严峻形势，我的朋友伊娃说，“我们还是要仰望星空，我们还是要张开双臂，与海洋、土地、星空拥抱，合为一体”。

4
面对气候变化我们退无可退

在碳中和失衡导致的气候变化带给人类的许多威胁中，海平面上升无疑是影响最大的。化石燃料的大量燃烧，碳中和失衡，导致了气候变暖。而气候变暖，一是导致了两极地区、高原冰川地区温度升高，冰雪融化，一方面，形成寒流四散到世界各地，形成降雨，雨水汇入大海；另一方面，冰雪融化后，直接汇入大海。二是气候变暖导致海水温度上升，温暖的水会膨胀，也会导致海平面上升。自19世纪人类迈入工业文明以来，全球海平面上升了约25厘米。

2009年，南极科学研究报告委员会发布的研究报告指出：预计在2100年，全球海平面会上升1.4米。但是，最近的研究发现，来自格陵兰岛和南极洲的冰盖加速融化，会使全球海平面上升速度超过预期，达到原来预期的两倍，也就是约3米。这是一个惊人的数字。

科学家发现，全球变暖不仅导致格陵兰冰盖融化，还导致大量藻类植物在格陵兰冰盖上生长，逐渐加深了冰盖的颜色。深色的冰块会吸收更多的太阳热辐射，导致冰川融化速度加快。实验结果显示，白色的雪可以反射90%太阳辐射，藻类覆盖的深色部分只能反射35%，颜色最暗的部分反射率只有1%。因此，藻类的生长蔓延加速了格陵兰冰盖融化。

格陵兰冰盖是北半球最大的冰盖，面积约为英国的7倍。如果格陵兰冰盖全部融化，全球海平面将上升7米，这对于沿海地区和海洋岛屿国家来说，将是毁灭性的灾难。上升的水域意味着这些沿海地区和岛屿国家将要沉没在海底，成为海洋底部的城市，城市建筑将被海水和鱼类围绕。我们要探访这些城市，就好像探访沉入海底的泰坦尼克号巨轮。

这好像是科幻小说里的情节，而且，无论多么严峻的预测，不是毕竟还是预测吗？我们的很多人都在希望，也许科学家们说得太严重了，或者，计算的模型和方程式有问题。

可是，碳中和失衡导致的海平面上升带来的危机，并不是在未来出现，而是现在就已经严峻地呈现在我们面前，只是，它们发生在遥远的岛屿国家。它们是气候敏感区，而我们，因为还生活在内陆，对海平面升高的影响，目前还感受不深，所以，没有想到，气候变化导致的海平面上升，已经让那么多的气候难民流离失所，让那么多的岛屿国家的人民失去他们的家园，失去他们的民族，失去他们的文化，甚至失去他们的国家。

面对气候变化导致的整个国家的国土都将沉入海底的命运，他们承受着痛苦，是缺衣少食无法生存的切肤之痛，失去国家、失去家园、失去文化的漂泊之痛。留在岛上的岛民在承受着岛屿下沉的痛苦和困扰，挣扎着离开了家乡、在世界各地流浪的岛民承受着身份认同的困扰，我是谁？国家和国土丧失后，文化和民族丧失后，在茫茫的世界，我到底是谁呀？为什么我们要流浪，流浪远方？这些全球流浪的气候难民和移民，在哭泣中感受着痛彻心扉的哀伤。

气候变化已经成为21世纪全球面临的最严重挑战之一，由全球变暖造成的自然灾害和温室效应，使太平洋地区已经有数十个岛国面临消失的厄运。

气候危机与汤加火山爆发

遭遇火山爆发的汤加，与全世界失联了，这让全世界都在为汤加担心和祈祷。因为，历史上著名的庞贝古城——古罗马非常繁华的第二大城市，当年几乎是一瞬间就被维苏威火山吞没了。

汤加这次火山爆发，没有像庞贝那么惨烈。一是因为这次汤加火山具体爆发地是洪阿汤加-洪阿哈阿帕伊岛火山岛，这是一个海底火山，火山爆发的巨大能量，已经让洪阿汤加-洪阿哈阿帕伊岛火山岛消失了，沉入了海底。二是这次离火山爆发源洪阿汤加-洪阿哈阿帕伊岛火山岛最近的有人居住的岛屿是汤加首都所在的汤加塔布群岛，该群岛与洪阿汤加-洪阿哈阿帕伊岛相距65千米。但是，汤加火山爆发，终究是要引起我们的反思和警觉。气候变暖不会直接导致却会间接引发火山爆发。全球气候变暖，导致了陆地上冰川的融化加快，使大陆板块承受的压力减轻。这些大陆冰川融化后形成水，最后都流入了海洋，导致海平面上升，也导致海洋板块承受的压力增大。这就导致了地壳压力的不均衡，因此，就会引发更多的火山爆发，通过岩浆的喷发调整地球大陆板块和海洋板块之间的压力，以实现新的地壳平衡。

1
汤加火山突然爆发

2022年1月，我们惊闻了汤加火山爆发事件。那是非常突然和震惊的事情。2022年1月15日，我们都在新年的喜悦中，而且马上要过中国的春节了。那是一个周六，我正在忙着自己做米酒。我是畲族人，总觉得外面买的米酒不地道，春节了，一定要自己做点地道的米酒犒劳忙碌的自己。我一边忙着做米酒，一边忙着驱赶我家虎妞——我养的一只蓝猫，它好奇一切食物。我正在用凉水冲刚蒸好的糯米，结果，就听见电视里在播报汤加火山爆发事件。

根据电视的报道，汤加海域洪阿汤加-洪阿哈阿帕伊火山发生喷发，并引发大范围海啸。汤加首都努库阿洛法出现1.2米高的海啸波。而且，由于互联网和通信网全部中断，汤加处于失联状态。作为一个专业的环境研究者，这样大的地质灾害，我当然格外关注。我立即在电脑上查世界各国和各大媒体对这次火山爆发的报道。

从网络上，我获得了很多这次火山爆发的信息。因为汤加一直处于失联中，所有的信息都是来自各国地质监测机构或者太空卫星监测系统。卫星照片显示，火山爆发的地点是位于努库阿洛法以北约65千米处的洪阿汤加-洪阿哈阿帕伊岛。我立即搜寻了这座岛的形成历史。

洪阿汤加-洪阿哈阿帕伊岛是一座火山岛，它的名字也是由两座小岛的名字连起来的。实际上，它的形成也是由于海底火山的爆发，而洪阿汤加岛和洪阿哈阿帕伊岛原本就是这座火山口的北部和西部边缘遗迹，其间只有大约2千米的距离。2009年，洪阿汤加–洪阿哈阿帕伊岛附近的一次海底喷发开始向数千英尺[①]高的天空喷出蒸汽、烟雾、浮石和灰烬，形成了洪阿汤加岛和洪阿哈阿帕伊岛，这是两座相邻的小岛。2014年12月底，海底火山再次爆发，将火山灰和岩石带到了空中，最终火山灰落下之后，被海水凝固，将洪阿汤加岛和洪阿哈阿帕伊岛连接在了一起。2015年1月，科学家对这一带海域进行了调查，宣布了一座新的小岛的诞生。但由于此处的地壳运动活跃，有科学家预测这座小岛的存在时间只有6～30年，因此小岛并没有被正式命名，就直接叫作洪阿汤加–洪阿哈阿帕伊岛。

2019年，有一些研究人员登上了这个新生的火山岛，发现原本由于火山爆发而死气沉沉的小岛，仅4年之后，竟然有了生机。研究人员在岛上发现了生命，有小草、小花，还有一些鸟。这些植物的种子应该是路过的鸟带来的。长途飞行的鸟，落在这个新生的岛上休息，鸟身上或者粪便里，也许有植物种子。由于火山灰富有营养，这些种子很快就生长起来了。他们甚至发现，一只猫头鹰竟然已经开始在岛上安家，而不仅仅是这个岛的过客。

但是，2022年1月16日传来的卫星照片显示，这次火山爆发导致这个刚刚有了一点儿生机的新生火山岛的主体部分几乎完全被摧毁，洪阿汤加–洪阿哈阿帕伊岛就这样消失了，从卫星地图上，再也看不到这座岛了。

根据卫星照片，火山灰、蒸汽和气体在当地太平洋蓝色的海面上空升腾而起，形成了巨大的云团，其直径约5千米、高20千米。火山喷发后，火山灰扩散与残留在空中，形成火山云，分布直径达到500千米。巨大的声响，远在美国的阿拉斯加都可以听到。这次火山爆发，于2022年1月14日开始，15日再次喷发。但是，因为汤加通信网络受到干扰，无法与外界沟通，具体人员伤

---

① 1英尺≈0.3048米。

亡及破坏程度一直没有报道。

汤加火山爆发后，新西兰、日本、美国、加拿大、斐济、萨摩亚、瓦努阿图、澳大利亚、智利都发出了海啸预警。在我国，香港天文台2022年1月16日在社交媒体发文称，远在距汤加约9000千米外的香港已经监测到气压异常的情况。也就是说，从亚洲到北美洲、大洋洲、南美洲，都有国家发出海啸预警，说明这波海啸影响范围非常大。

美国地质勘探局估计，这次火山喷发的威力相当于一次5.8级地震。美国国家气象局称，汤加火山喷发在美国西海岸掀起了三四米的海浪，最高达7米。美国国家气象局国家海啸预警中心的海啸预警协调员施奈德告诉《环球时报》记者，2022年1月14日清晨，美国西海岸就有海啸波浪的感觉。在阿拉斯加的尼可拉斯基、阿特卡、阿达克和金湾都观测到1米多高的海浪。

日本气象厅2022年1月14日对位于太平洋沿岸的多个县和地区发布“海啸警报”和“海啸注意警报”。截至16日上午7时30分，日本总务省消防厅对至少22.9万人发布避难指示。有20多艘船只被火山喷发引发的大浪掀翻或破坏。16日是日本大学入学考试的第二天，但受“海啸警报”影响，一些地区终止考试。

媒体报道，根据科学家的估测，这次汤加火山爆发释放的能量大概相当于1000颗广岛原子弹。但是，正在遭受1000颗原子弹轰炸的汤加却与全世界失联了，这让全世界都在为汤加担心和祈祷。

还记得，在东京奥运会上，最抢眼的是一位汤加美男，他是汤加代表团的旗手，名字叫皮塔，身高192厘米，体重100千克。周围的人们都穿着厚厚的棉衣，而他耐住严寒，大秀肌肉。赤裸着上身，浑身涂满了椰子油，全身发亮，下身穿着鲜艳的汤加传统舞裙。他已经37岁了，在一群年轻的运动员中年龄算是比较大的，但他夺目的颜值还是让他一举成为全球瞩目的东京奥运会网红，全场最亮的崽，引发不少网友的尖叫和欢呼。据说，皮塔在网络上的粉丝比他们国家人口总数还多。

有了这样的颜值，好像比赛的输赢也不重要了。看看网络留言，“皮塔出局也没什么丢人的，他依然是我心中的奥运男神！”“没有这个来自汤加油光瓦亮的男旗手，简直就不是奥运会开幕式了！”

但是，当记者采访这位惊艳全球的“半裸哥”时，他竟然忧伤地说，他坚持穿着汤加传统服装盛装出席的原因，是想让全世界更多的人认识他的家乡、他的国家汤加，他很担心他的国家会因为全球变暖、海平面上升而消失，沉入海底。他的忧伤唤起了全球人们对汤加的关注。然而，他肯定没想到，他的国家，虽然暂时没有因为沉入海底而消失，却遭遇了如此强劲的火山爆发。

因为当时汤加的交通、通信网络都被火山爆发所摧毁，汤加几乎是和全世界完全失联了。所以，当时的人们忧郁地担心，这个半裸哥的太平洋岛家乡，暂时没有因为海平面升高导致的海水上涨而消失，那会不会因为这场如此剧烈的火山爆发而消失呢？汤加还在吗？

人们有这种担心是可以理解的，因为，汤加火山爆发如此剧烈的情形，让人们忍不住想起地球上很多次伤害巨大的火山爆发，基本上把整个城市在地球上抹去了，甚至是，把很多城市在地球上抹去了。例如，考古发现，历史上记载和论证详细的两次著名的火山爆发，一次是意大利维苏威火山在公元79年发生的大规模喷发，导致了维苏威火山附近的庞贝、赫库兰尼姆、斯塔比亚等城市彻底毁灭。因为考古发现，深埋在9米厚火山灰下的庞贝古城被挖掘出来，为人们讲述了1000多年前的悲伤故事。另一次是印度尼西亚 1815年的坦博拉火山爆发，这次火山爆发，整个坦博拉地区全部被滚烫的岩熔浆和厚厚炙热的火山灰所覆盖，约12万人死亡，只有26人侥幸逃生。2004年，印度尼西亚和美国的联合考察团挖掘出坦博拉被覆盖在火山灰层之下的遗址，再现了当年火山爆发的场景。

这些惨烈的火山爆发，让全世界都在为失联的汤加担心，汤加会被火山吞没吗？汤加会因为这次火山爆发而消失吗？

2
因火山爆发而神秘消失的庞贝古城

因为失联，因为火山灰的密密包围，当时，全世界的人们都得不到汤加的具体消息，不知道汤加的伤亡状况。在焦虑的等待中，人们开始纷纷在网络上回忆历史上这两次著名火山爆发事件。

庞贝古城现在已经成为闻名世界的考古旅游打卡地。它是意大利西南坎帕尼亚地区的一座古城，距罗马约240米。庞贝古城从一个地中海沿岸的小渔村开始，逐渐发展为古罗马第二大城市，曾经非常繁华。城内有太阳神庙、巨大的古罗马斗兽场、宏大的罗马大剧院、神奇的巫师堂、舒适庞大的古代蒸汽浴室、众多的商铺以及娱乐场所，吸引了地中海周围很多的城邦富商和贵族。

这座城市呈长方形，有7个城门。城市横竖各两条主干道将城市分为9个地区，穿梭在这座地下废墟的大街小巷，依稀可以看到2000年前罗马的样子，仿佛时间停滞，能听到车马的喧嚣，感受到当时的烟火气息。

庞贝古城是连接意大利内地和外界的贸易枢纽，还是当地织布和印染业的中心，经济发展非常迅速。奔走于各个城邦与国家的商人们，在南来北往中，纷纷选择庞贝古城进行停留休整。

当时的庞贝古城是一片繁华的景象。庞贝古城外，有绿油油的庄稼和郁郁葱葱的树林，到处都是挂满柠檬、橘子等果实的果树。而在城里，雄伟的太阳神庙、恢宏的斗兽场和大剧院、遍布的房屋和别墅、众多的喷泉和温泉公共浴室，到处是酒香弥漫，人来人往。

但是，繁华的庞贝古城，是在维苏威火山附近，离维苏威火山仅8千米。维苏威火山高度1281米，是一座活火山，历史上曾经多次喷发。即使在公元79年前，维苏威火山也曾经多次爆发。庞贝古城盛产谷物和果蔬，就是因为它每次喷发后留下的火山灰和火山岩土质的土壤，蕴含着丰富的氮、磷、钾、铜、铁、镁、钙等微量元素以及矿物质，丰富的组合可以刺激植物的生长，种植出的农作物不仅甘美甜润多汁，还富含人体所需的有益营养成分。

在庞贝古城建造之时，维苏威火山已经沉寂很久，所以，当时的人们没有在意，认为这是一座死火山。而且，这里是如此适合发展经济，物产丰饶，又属于交通枢纽。虽然他们知道8千米外有一座维苏威火山，但并没有重视，觉得它不可能重新活动喷发，因此安心地在那里建造城市。

但是，维苏威火山到底是一座活火山，在庞贝古城建成之后，它又接连发生了几次地震，来宣告它仍然具有生命力。这些地震并没有造成很严重的破坏。公元62年，庞贝古城发生了一次巨大的地震，许多居民在这次地震中受伤，古城内一半建筑都被地震摧毁了。但是，地震过后，庞贝古城人并没有选择离开，他们花费了很多金钱把整座古城重建。其实，这些地震是维苏威火山发出的预警。一个地区地壳层压力的积聚是一个逐渐的过程，这些地震在提示，这个地区的地壳层已经存在巨大的压力不均衡了，而地壳层板块间压力不均衡正是引起火山爆发的关键原因。

虽然有这些预警，可是庞贝古城的人们并没有在意，他们相信灾难不会发生。这里的物产是那么富饶，生活是那么惬意，怎么舍得搬离呢？维苏威火山多次爆发，造就了大量的地热温泉，使庞贝古城声名远播。那一大片肥沃的火山灰形成的岩浆土，使庞贝古城出产的葡萄硕果累累，甜润多汁。这样的葡萄酿成的葡萄酒，美味醉人，古罗马各地贵族都争相购买。黑中透着亮红的火山石，具有止痛、安神、止血的神奇功效。各地的贵族、富商纷纷慕名而来，建造花园别墅，连片开发娱乐场馆，使庞贝古城日益呈现烈火烹油似的繁华。

公元79年，庞贝古城的人们仍然和往常一样进行着自己的日常生活，丝毫没有察觉即将到来的灾难。突然，他们听到了一声巨响，紧接着感觉到连大地都颤抖了，他们以为是又一次地震来了。

人们纷纷从家里跑出来观望，却发现是维苏威火山正在发出剧烈的声响。还没等大家缓过神来，这座火山就猛然爆发了。刹那间，地动山摇，一声巨响之后，火山向天空中喷射了数以吨计的岩浆，整个天空都被岩浆染成了红色。据记载，当时炙热的火山灰被喷到了40千米之上的高空，之后又铺天盖地地落到了地面，火山灰甚至飘到了罗马城上空。火山灰遮蔽了阳光，剧烈的震动导致建筑物倒塌。城里的人们都四散逃命，哭泣声、尖叫声不断传来。但人怎么跑得过火山呢？几乎是瞬息之间，温度高达400摄氏度的火山碎屑流呼啸而来，以700千米的时速流向了庞贝古城，所到之处，所有动植物都被杀死。而且，空气中弥漫着高浓度的二氧化硫，形成毒气。由于速度极快，很多人被困在房子里。据后来的考古发掘，许多人体残骸都是倒在门边。屋顶开始因为火山灰烬的覆盖和冲击而倒塌。后来的考古发现，庞贝古城上的火山灰足足有9米厚，城市几乎是瞬间就被火山灰所掩埋，庞贝古城就以这样一种极其残酷的方式被直观地保留了下来。这次火山爆发之后，世界上再也没有庞贝古城，它被火山爆发毁灭并深深地埋藏在9米厚的火山灰烬之下。

岁月流逝，被毁灭的庞贝古城就这样静静地深藏在地下，直到1000多年以后。1594年，人们在萨尔诺河畔修建引水渠时发现了一块上面刻有“庞贝”字样的石头；1707年，人们在维苏威火山脚下的一座花园里打井时，挖掘出三尊衣饰华丽的女性雕像。人们以为这些不过是那不勒斯海湾沿岸古代遗址中的文物，没有人意识到，一座古代城市此刻正完整地密封在他们脚下占地近65公顷的火山岩屑中。1748年，人们挖掘出了被火山灰包裹着的人体遗骸，这才意识到，公元79年维苏威火山的爆发掩埋了整座城市！

这些发现立即吸引了大量的考古工作者，因为历史上的庞贝古城盛名远播，很多史料都有对它的记载。但是，它就这样突然在某一天彻底消失了，这么大一座城市，再也找不到它的踪影。突然的失踪和踪迹全无，让庞贝古城成为神秘的历史城市。直到这块雕刻着“庞贝”字样的大理石出土，考古学家们经过挖掘和复原，才发现庞贝古城竟然这么完好地被火山灰尘封在地下9米的深处。

1860年，维克托·伊曼纽尔二世统一意大利之后，任命了一位著名的考古学家来管理庞贝古城的挖掘工作，这位考古学家就是吉赛普·菲奥勒利，他是现代考古学的先驱。他完整地恢复了庞贝古城的原貌，再现了它的历史。

由于火山灰的作用，庞贝古城的很多物品还保留着1000多年前的样子。菲奥勒利恢复了遇难者当初的情形。当年，在尸体逐渐僵硬的过程中，火山灰覆盖其上，在表面形成了一层硬壳，致使肉身腐烂后，躯壳被保留下来。菲奥勒利采用了一种特殊方式，把悲剧瞬间凝固下来。他用熟石膏配制成一种混合剂，注入空空的躯壳中，一段时间后，液体凝固、干透，除去躯壳外面的火山灰，遇难者临终前的模样便清晰地显露出来。

透过遇难者的临终形态依稀可以看到：那一天，街道上依然繁华忙碌，商铺、剧院、浴场人来人往，熟人们互相打着招呼。一切就和平日一样，安静和繁忙。然而，危险就这样悄然来临。火山毁灭了他们，火山灰却保留了他们的躯壳，生命景象如故，仿佛只是瞬间的停顿。

突发的灭顶之灾使庞贝古城的生命倏然终止，它在被毁灭的那一刻也同时被永远地凝固了，庞贝古城因此成为我们今天还能领略到的最伟大的古代文明遗址。这处遗址的最动人心魄之处在于：它真实地保留着灾难来临前庞贝人的样子——能容纳两万观众的竞技场；30家面包烘焙房，100多家酒吧，3座公共浴场，用于交易的步行街，可容纳5000人的剧院；而在街道边的小酒馆里，墙上画的酒神浑身挂满葡萄，每一颗果实都饱满美丽。羊毛作坊、商店、印染店、客栈的墙壁上，到处都留有庞贝人纵情享受生活的印记。在庞贝古城考古中出土的一只银制饮杯上，刻着这样的话："尽情享受生活吧，明天是捉摸不定的。"

很多人都以为，维苏威火山在公元79年这次强力喷发，只是毁灭了庞贝一座城市。其实，它毁灭了它周围的所有城市，比如赫库兰尼姆。赫库兰尼姆也被考古学家们挖掘出来，但是，除了无法融化的岩石建筑，这座城市的一切都被火山毁灭了，并没有像庞贝古城那样被保留和尘封在地下。庞贝古城能够保留遗迹，是因为，这座城市离维苏威火山8千米，灼热的熔岩浆并没有流淌到这里，飘到这里的主要是滚烫高达140多摄氏度的火山灰。而赫库兰尼姆就不一样了，它离维苏威火山更近，就在维苏威火山西南角的山脚下，所以，赫库兰尼姆城的人们，直接遭受了极度高温的岩浆的灼蚀，瞬间汽化，只留下森森白骨。火山爆发后，岩浆和火山灰将这座城镇深深地压入了20多米的地下。所以，它的挖掘难度远远大于庞贝古城，且无法恢复。虽然，现在有一些赫库兰尼姆城石柱、石砌的街道、大理石等耐高温的残留物被挖掘出来，但无法恢复其全部面貌。

庞贝古城，保留了栩栩如生的遗址。足足9米的火山灰，压了1000多年，人体留下的空腔竟然没有被破坏。这是考古学的幸运和奇迹。1997年，庞贝古城考古区被列为世界文化遗产。公元79年那场从天而降的灾难，那些滚烫厚密的火山灰，保存了一整座完好的古罗马城市，那瞬间的灾难凝固了一切，里面的遗迹几乎没有受到破坏。如今，这是一座价值连城的历史宝藏。

但是，这些，对庞贝古城的人们，又有什么意义呢？无论怎样的结果，他们的生命都凝固定格在了公元79年那个灾难的时间，没有区别。

我去过庞贝古城，漫步在这座悲伤的古城，时间仿佛倒退了1000多年。这个失去生命的寂静城市，沧桑地矗立在阳光下。展览室里陈列着许多石膏像，再现着生死之际庞贝古城最后的脉脉温情，这是他们生命最后的一程。

一个小女孩紧紧抱住母亲的膝盖，害怕得大哭。这个1000多年前的小姑娘，就这样永恒地定格在她的稚嫩时期。所以，我经常对学生们说，“知道吗？那些暮年的老人，才是最幸福的人，因为他们有幸，可以完整地经历生命赐予他们的春夏秋冬。而这个可怜的女孩，她的生命就这样停留在了她的稚嫩年华。但终究，她不孤独，她的母亲把幼小的她紧紧地抱在怀里，用无助的双臂呵护着孩子”。

一位孕妇俯下身子，脊背拱起，竭力想要保全肚子里的孩子。几个用铁链锁在一起的奴隶，挤在墙角，紧紧地依靠在一起，互相依傍。还有一只小狗和一个孩子。小狗尽量展平身子将孩子护在身下，孩子蜷缩在小狗的身子下面，一只手紧紧地搂着小狗的脖子。当最后的灾难降临时，这只小狗没有惊慌逃跑，它紧紧地护着自己的小主人，像一个小哥哥，把自己的生命献给了热爱的小主人。

一个人已经倒下了，却把手伸向旁边的受难者，想要拉对方一把；一位丈夫掀起衣角为怀孕的妻子遮挡火山灰，自己却立刻窒息，妻子的脸上至今还留有丈夫衣料的痕迹……

隔着密封的玻璃，好像我们还能触摸到生死关头人间最后的爱和温情，至死不渝地相依相亲。

在庞贝古城，我还听到一个凄美的爱情故事。公元79年，古罗马有一位美丽的姑娘叫索菲亚，她的母亲突然患了重病，不断咯血，只有庞贝古城的止血石才能救她的母亲。索菲亚的恋人，一个英俊的少年，不忍索菲亚深陷焦虑的煎熬之中，只身前往庞贝古城去取止血石。但是，没想到，他遭遇了火山爆发的灾难，就此葬身滚烫的火山碎屑流中，一去不归。悲伤的索菲亚痛苦地思念着她那再也不能回来的少年，悲伤痛苦的心，熔炼成一首凄美的歌，这首歌，就是著名的意大利民歌——《伤心欲绝的索菲亚》，它唱尽了索菲亚的绝望和思念。

想起著名诗人雪莱在《那不勒斯颂》中描绘的庞贝古城遗迹："我置身重见天日的城市之中，倾听秋叶飘零，犹如穿越街道的精灵轻盈的足音；我谛听远山断续的喃喃低语，激动便从断壁残垣中油然而生……"

庞贝古城死了，即使考古挖掘出来，这也是一个没有生命的寂寞之城。那些死亡的幽灵，就在古城里徘徊，哭泣着那让人不忍直视的永恒。但是，维苏威火山却重生了，或者说，它从来没有死亡过。1000多年前那样的勃发冲天一怒，也不过是它生命中辉煌的必然。如今的维苏威火山，山脚下已经是郁郁葱葱，一派苍翠，生机勃勃。敞开的山顶，冒出青色的烟雾，告诉人们，它依然是一座活火山，一只休眠中的"雄狮"。

在这可怕的火山四周，葡萄树正绿，火山渣土上盛开着野花，充满着清新的芳香。即使在警示危险的红色区，也有错落有致的别墅、公寓，在夜晚的山上，密密麻麻的灯光，生机盎然。从山脚至半山腰，分布着大大小小18个城镇，将火山团团包围。这些人们，他们依偎着维苏威火山，爱恋着火山灰给予他们的富饶物产，温泉安然，他们忘了1000多年前那场全城皆亡的悲剧吗？在庞贝古城的风声中，他们听不到死去亡灵的哭泣吗？人类啊，我们是多么盲目自信的人类。

3
汤加会因为火山爆发而消失吗?

因为维苏威火山当年几乎是一瞬间就吞没了庞贝古城，让庞贝古城神秘地从地球上彻底消失了，人们对失联的汤加就更加忧心。汤加为什么什么信息也没有呢？为什么什么信息也传不出来呢？是被火山爆发吞没了吗？汤加会像庞贝古城一样，因为火山爆发而消失吗？

当我的朋友这么问我的时候，我告诉她，按我的分析，汤加这次火山爆发，绝对不会像庞贝古城那么惨烈的。朋友着急地说：“怎么会呢？你看，媒体都说这次火山爆发相当于1000颗原子弹爆炸的威力。”我说，这次火山爆发威力大没错，但它和庞贝古城当年所面对的情况有非常大的不同。第一，这次汤加火山具体爆发地是洪阿汤加–洪阿哈阿帕伊岛火山岛，这是一个海底火山，而且这个岛是无人岛。这次火山爆发的巨大能量，已经让洪阿汤加–洪阿哈阿帕伊岛火山岛消失了，沉入了海底。也就是说，这次火山爆发释放的巨大灾害性能量，已经被洪阿汤加–洪阿哈阿帕伊岛火山岛承受了。第二，汤加是由170多个岛屿构成的国家，有36个岛屿有人居住，也就是说，有很多岛屿是无人居住的。这次离火山爆发源洪阿汤加–洪阿哈阿帕伊岛火山岛最近的有人居住的岛屿是首都所在的汤加塔布群岛，该群岛与洪阿汤加–洪阿哈阿帕伊岛相距65千米。

我说，离火山爆发源的距离，对于预估灾难程度是非常关键的。你看，庞贝古城，是因为与维苏威火山8千米的距离，所以，只有火山灰覆盖，没有岩熔流淌过，才保留了栩栩如生的遗址。但同样遭受维苏威火山爆发灾难的赫库兰尼姆就不一样了，它离维苏威火山更近，就在维苏威火山西南角的山脚下，所以，赫库兰尼姆城的人们，直接遭受了极度高温的岩浆的灼蚀，瞬间汽化，只留下森森白骨。目前，从卫星地图信息来看，离火山爆发源洪阿汤加–洪阿哈阿帕伊岛火山岛最近的有人居住的岛屿汤加塔布群岛，与洪阿汤加–洪阿哈阿帕伊岛相距65千米。

这个65千米的距离，让我对汤加火山灾害程度的预测是相对乐观的，我觉得，因为这个65千米的距离，汤加不会像庞贝古城一样，被火山爆发完全吞噬。根据科学家们对坦博拉火山的考古研究，坦博拉火山爆发的严重伤害半径是40千米。也就是说，40千米外，虽然也会承受着火山爆发的危害，但主要是火山爆发喷发的大量二氧化硫，形成高浓度二氧化硫毒气，火山灰对水污染和空气污染的影响，以及火山爆发导致的海啸对岛屿的冲击和伤害。不会像庞贝古城那样铺天盖地的高温火山碎屑流将全城覆盖。坦博拉火山爆发强度比这次火山爆发还大，导致了约12万人的死亡。这次汤加火山爆发，原则上，严重伤害半径也不会超过40千米。而且，因为汤加岛屿与岛屿之间间隔很远，高温致命的火山碎屑流应该是大部分入海了。

朋友点点头，很好奇地问，坦博拉火山爆发是怎么回事？怎么就测算出其重点伤害半径是40千米呢？

我说，坦博拉火山爆发是另一个悲伤的故事，被称为“东方的庞贝”。坦博拉火山爆发的时间是1815年，那时正是我国的清朝嘉庆二十年，清政府正在查禁鸦片呢。而万里之外的印度尼西亚松巴哇岛北部，却因为火山爆发，火光冲天而起，漫天飞舞的烟柱和气体一下飞向了4万米的高空。

松巴哇岛一下成了人间地狱。在方圆12千米的范围内，灰尘和石块直冲云霄，火山爆发产生的强大气流将大树连根拔起。炙热的岩浆从火山口喷涌而出，以160千米/时的速度覆盖草地和森林。岩浆沸腾着，迅速地毁灭了其覆盖的所有生命。这次火山爆发，喷入空中的火山灰和碎石估计达170万吨。

当烟雾消散后，坦博拉火山已经被喷掉了山顶，其高度从4100米减为2850米。大家都说，坦博拉火山这次爆发确实凶猛，已经是“怒发冲冠”了。

坦博拉火山，从火山口倾泻下来的熔岩流，迅速淹没了山脚下的大片农田和房屋，冲入海中，激起了冲天水雾。喷出的火山灰总体积高达150立方千米，并且抵达高度44千米的平流层，被输送至英国伦敦，甚至导致了伦敦的能见度下降和气候的异常。

坦博拉火山爆发，遇难人数约12万人。到处都是熔岩和火海，轻松将整个松巴哇岛吞噬，整个地区仅有26人幸免于难。

朋友叹息，我们人类即使已经代替恐龙成为地球新一任霸主，我们拥有高超的智慧，拥有创造和使用工具的能力，我们可以发射火箭和导弹，我们是在自然界没有天敌的骄傲存在，我们是食物链的最顶端，我们创造了不可思议的先进文明，我们几乎无所不能，但是，我们依然是最脆弱的生物，在地震、海啸、火山爆发等自然灾害面前，好像毫无还手能力。

这个话题太沉重，我和朋友长久没有说话，默默地望着窗外。沉默了一会儿，朋友问我，那坦博拉火山爆发，重点伤害半径是40千米，是怎么算出来的呢？朋友和我一样是学者，都有刨根问底的性格。

我说，2004年，美印联合科学考察队“意外”发现了消失约两百年的坦博拉村庄遗址。科学家们当时也只是在对坦博拉火山进行一般性的探测研究，当地一位向导向考察队员透露，在附近的一个沟渠中，村民们捡到过一些令人好奇的物品，如陶瓷碎片和人骨。根据这个线索，科学家们决定对那片区域进行全面搜索和探查，他们甚至用雷达设备探寻到地下9米处。

经过一系列探测，科考队员挖掘出一处木屋遗址，发现了两具成年人的炭化骨骼，其中一位是女性，她的一只手伸向一个已接近熔化的玻璃器皿，而另一具骨骼恰好在门前。由竹子制成的房梁、茅草屋顶均已炭化，不过整个屋子还基本保持原状。据考察队员估计，埋葬这户人家的火山灰温度高达538摄氏度。房屋遗址沉积层年代测定结果和坦博拉喷发时间1815年是吻合的。

科考队员复原了当时的场景：日落之时，印度尼西亚坦博拉村的女人在厨房忙活着，准备为劳作一日的男人弄一顿可口的晚餐。她探着身子，看了看铁锅，随后抽出橱柜内的菜刀。正当她回头取一个玻璃器皿时，屋外涌进的火山岩浆将她湮没，一个村落就此消失。

科考队员西尔兹松在回答记者提问时说，坦博拉村庄的发现相当重要，它显示了坦博拉上万居民是如何在瞬间遭遇灭顶之灾的，而且，这意味着，我们知道在1815年那次火山喷发中，碎屑从火山口向各个方向蔓延，半径至少有40千米。在此区域内，一切生命都被灭绝。

听完我的解释后，我的朋友沉默了。我其实也发现了问题。这次对坦博拉村庄的考察，是确定了40千米范围内，坦博拉火山爆发仍然具有严重杀伤力，但是，并不意味着，在40千米之外的地区，就是安全的。

4
气候危机会引发火山爆发吗?

汤加依然失联着，在这种焦虑中，很多人在思考，全球气候变暖，会不会引发火山爆发呢？而很多科学家的研究结论是，全球气候变暖，确实会引发火山爆发。

要理解全球气候变暖为什么会引发火山爆发，首先要理解火山爆发产生的原理。火山喷发是地壳运动的一种表现形式，也是地球内部热能在地表的一种最强烈的显示，是岩浆等喷出物在短时间内从火山口向地表的释放。岩浆中含大量挥发成分，其上覆岩层的围压使这些挥发成分溶解在岩浆中无法溢出。当岩浆上升靠近地表时，压力减小，挥发分急剧被释放出来，于是形成火山喷发。

从地质学理论上看，是地壳运动的不平衡导致了地壳板块之间的碰撞，引发了火山爆发。地壳均衡是描述地壳状态和运动的地质学基本理论，它阐明地壳的各个地块趋于静力平衡的原理。地壳均衡理论认为，只有在大地水准面以下某一深度处具有相等压力，如大地水准面之上的海洋（或山脉）的质量过剩能够由大地水准面之下的质量不足来补偿，地壳才能处于平衡状态。如果大地水准面以上的物质分布发生改变，就会导致地壳压力不均衡，从而引发火山爆发，或者地震。

地球的结构从外向里，分别是地壳、地幔和地核。其中，地壳和地幔顶部是由花岗质岩、玄武质岩和超基性岩组成的岩石圈，厚60～120千米。地球表面的地壳并不是铁板一块，而是分裂成许多块，这些大块岩石称为板块。在地幔上部还有一部分是软流层，它位于岩石圈的下方，温度是在1300摄氏度左右，压强达到了3万个大气压，已接近岩石的熔点，因此，这里的物质呈现半黏稠状态，是岩浆的发源地。

根据板块构造学说，地壳分为两种，一种是大陆地壳，一种是大洋地壳。大陆地壳覆盖地球表面的45%，主要存在于大陆、大陆边缘海以及较小的浅海；大洋地壳是分布于大洋盆地之下的地壳。从地壳厚度上看，大陆地壳一般要厚于大洋地壳，大陆地壳厚度平均为33千米，受重力均衡作用控制，在高山区陆壳下部存在山根，所以地壳厚度增大；大洋地壳较薄，平均6千米。从地壳组成结构上看，大洋地壳与大陆地壳有根本区别，大洋地壳的结构比大陆地壳更为均一，自上而下，系由沉积层和硅镁层（5～6km）组成，平均密度为3.0克/厘米^3；而大陆地壳的化学组成以硅铝质为主，可分为两大类岩石：一类是地壳上部的相对未变形的沉积岩或火山岩堆积，另一类是已经变形变质的沉积岩、火成岩和变质岩带。后者构成地球表面的山脉，前者多在地壳表层的盆地及其边缘。

大陆地壳板块和大洋地壳板块的交界处，密度和厚度都有差异，导致地壳容易形成不均衡状态，因此是岩石圈最薄弱的地方。软流层之间会有热对流作用，这就会使已经达到均衡的板块发生移动。板块之间因为地壳物质质量或者承受重量发生变化，就会发生挤压或者分离，软流层的岩浆就会突破岩石圈，喷发出来，以改变现有的压力分布，形成地壳压力新的平衡。这就是火山喷发。

全球气候变暖导致了陆地上冰川的融化加快，使大陆板块承受的压力减轻。这些大陆冰川融化后形成水，最后都汇聚流入了海洋，导致了海平面上升，也导致了海洋板块承受的压力增大。这就导致了地壳压力的不均衡，因此，就会引发更多的火山爆发，通过岩浆的喷发调整地球大陆板块和大洋板块之间的压力，以实现新的地壳平衡。

全球气候变化导致的各种灾害之间还互相作用，加大了灾害发生的频率和损害程度。例如，全球气候变化导致了澳大利亚的极度高温，引发了2019—2020年澳大利亚丛林大火，这场大火连续烧了210天，燃烧了足足400公顷，使得113种动物物种处于危险境地，有超30亿只动物在大火中丧生。

澳大利亚大火排放二氧化碳约4亿吨，使得南极气温首次突破20摄氏度。高温让冰川快速融化，融化的冰雪流入大海，导致地壳的质量在海陆之间重新分配，而这种地壳上的质量重新分配破坏了原有的地壳和地幔的重力平衡。为了达到新的平衡状态，地壳必须重新调整它的质量分配，而这种调整，必然导致剧烈的板块运动，从而引发强烈的地震或火山爆发。

所以，火山爆发其实是地壳通过喷射出岩浆而进行的释放压力的过程。全球变暖能够引发火山爆发或者地震等地质灾难，是因为气候变化可以通过冰川融化、洪水、森林大火等，大规模地改变地球表面物质的分布。例如，融化的冰川和上升的海平面改变了水体的分布，这种改变破坏了原有的地壳压力平衡，导致地壳处于不均衡状态，进而引发了地裂、地震和火山爆发。因为地球需要通过这些激烈的地壳运动来释放压力，形成新的平衡。

很多地质学教授的研究显示，全球变暖使格陵兰冰盖加速融化，海水增加导致海平面上升，这种地球巨量的物质转化破坏了原有的地壳重力均衡，引发了强烈的地壳重新构造运动。很多学者认为，这是目前环太平洋地震带和火山带活动频繁的原因。

2010年，联合国环境规划署发布了一份名为《高山冰川和气候变化对人类生计和适应的挑战》的报告，对全球主要冰川近年来的融化速度进行了排序。联合国环境规划署表示，因为气候变暖、冰川融化，过去150年来地球上的冰川面积一直在缩减，但自20世纪80年代以来，这种变化的速度显著加快了。北极、欧洲、亚洲高山地区、美国西北部、加拿大、安第斯山区和巴塔哥尼亚地区的冰川都在融化，甚至在庞大的兴都库什–喜马拉雅山区，大多数冰川也在缩小，其中南美洲和阿拉斯加地区的冰川融化速度最快。

于是科学家们将这期间发生的地震和火山爆发的时间及地点全部用表格的形式列出来，并在地图上标注。结果发现，这些地震和火山爆发的统计学特征非常明显，发生的地点具有明显的洲际差别，大部分都发生在美洲和亚洲。美洲、亚洲与欧洲、非洲、大洋洲的最大区别是具有高耸的山脉和广阔庞大的山地冰川，并且是冰川融化最强烈的地方。

学者们认为，统计学证据表明，气候变暖导致的冰川剧烈融化、海平面上升，打破了原有的大陆板块和大洋板块的重力均衡，引发了地壳构造运动，使环太平洋地震火山带活动强烈。

5
失联的汤加重新回归世界

经过全世界3天焦急的等待，汤加终于恢复了与外界的联系，各种情况和照片都传送出来。从照片上看，汤加确实受到了火山爆发的强烈冲击。在汤加首都努库阿洛法，绿色的植被上覆盖了厚厚的火山灰，房屋建筑严重受损，道路被淹没，机场的跑道遭到破坏；沃莱瓦岛的道路严重受损，到处是倒灌的海水，建筑物以及海岸线都严重受损；乌伊哈岛上建筑物倒塌，海水倒灌，原本绿色的植物和白色的屋顶现在只能看到一片灰色；在诺穆卡岛，不少海边的建筑消失不见，海岸线变化明显，岛上的道路也被摧毁。高浓度的二氧化硫造成了空气污染，火山灰降落到水体，导致水污染，通信设施几乎全部被破坏。

幸运的是，汤加的人员伤亡远远轻于庞贝古城和坦博拉村庄。之前我的分析还是对的，离火山爆发源65千米的距离在一定程度上保全了汤加，非常欣慰。心情放松之后，我就想起，当初因为半裸哥，我还专门查了汤加的民俗，汤加竟然是一个以胖为美的国家，而且他们还用树皮做衣服。这种树皮布叫“塔帕”，先把桑树和无花果树的韧皮剥下来用水浸泡，然后放在特制的木板上反复使劲敲打，数小时后，树皮就会变成薄如蝉翼的“布料”。也就是说，那个东京奥运会最靓的汤加帅哥，穿的那条帅气十足惊艳全世界的汤加的传统裙子，竟然是用树皮做的，真是有趣。

气候危机与干旱饥饿的非洲

碳中和失衡导致的气候剧烈变化，在地球碳基生命的历史上曾经发生过数次，带来了地球碳基生命的大灭绝。而灭绝的主要原因之一，就是气候变化带来的严重饥荒。例如统治地球长达1.5亿年的恐龙，大灭绝的原因之一，就是碳中和失衡给恐龙带来的严重饥荒，大批恐龙被饿死，从而结束了其称霸地球的历史。

前一任地球霸主的命运告诉我们，气候剧变带来的食物缺乏和严重饥饿，是其灭绝的重要原因。而我们人类，经过上百万年的进化和奋斗，历尽艰辛，终于站在了地球碳基生命食物链的最顶端，成为新一任地球霸主。但我们过量使用碳基能源，已经引发了碳循环失衡，从而导致粮食危机。饥饿，正在逐渐蔓延，动摇着人类生存和可持续繁衍的根基。

气候异常带来的降水量减少、干旱程度上升，在非洲引起了巨大的粮食危机。美国航空航天局（NASA）的科学报告指出，2021年以来非洲地区遭受的干旱还在持续加重，降雨减少，加上气温飙升，已经威胁到该地区数千万人的粮食安全和能源供应。当我站在赤日炎炎的肯尼亚草原时，感觉气候变暖导致的干旱，已经将当地的人们压迫得没有半点喘息的余地了。

1
碳中和的恐龙世纪

7000万年前，地球碳基生命的霸主恐龙生活的环境，气候温暖潮湿、植物茂密，是地球碳中和时期。因为大气中氧气特别充足，海洋通过风力输送的水分特别温润充沛，陆地上的植物生长得巨大。巨大的蕨类植物生长茂盛，大型的树木在森林里密集繁衍，争先恐后地沐浴阳光进行光合作用。大量植物的光合作用，吸纳大气中的二氧化碳，转化为葡萄糖和碳水化合物，并释放氧气和水蒸气。这些水蒸气积聚后，又转化成森林中的绵绵细雨或者倾盆大雨，滋润和养育着森林。

那时的食草动物是非常幸福的，充足的阳光和光合作用，使植物的茎叶中含的葡萄糖和碳水化合物特别丰盛，多汁又美味。漫步在森林中的地球霸主恐龙，悠闲地在午后阳光下吃着这些鲜嫩美味的茎叶、果实。

7000万年前，被子植物已经出现了，到处是鲜花和果实，高大乔木上生长着大量水分丰沛、含糖丰富甜润的巨大果实，比茎叶更美味。当时的昆虫在繁盛的植物带动下，进化得更加多样化，有1000种以上的昆虫生活在森林中及湖泊、沼泽附近。除原已出现的蟑螂、蜻蜓类、甲虫类外，还有蛴螬类、树虱类、蝇类和蛀虫类。这些昆虫为刚出现的被子植物授粉，帮助它们繁衍。鸟类也在这个阶段进化出更多种类，通过啄食被子植物的果实，将被子植物的种子四处传播。枝繁叶茂，鸟语花香，细雨绵绵，7000万年前的地球，是一个繁盛的生物多样的世界。

这样果实甜美、茎叶鲜嫩、枝繁叶茂、硕果累累的森林，除了大型食草的恐龙，所有其他食草动物都长得巨大肥胖，为食肉的巨型恐龙提供了食物。而巨型恐龙等动物死亡后，其遗骸中丰富的碳物质，在细菌等的有氧分解作用下，重新分解成二氧化碳和水，没有完全分解的碳物质，在尸体腐烂后，成为植物最好的滋养成分，被植物根部吸收后，又支持着植物的生长发育，开始进入大自然新一轮的碳循环。

2
巴普提斯蒂娜小行星撞击地球

然而，太空中的一颗小行星突然撞击了地球，破坏了这种欣欣向荣、生机勃勃的碳中和状态下的碳基生命世界。6500万年前，一颗名为巴普提斯蒂娜的小行星，直径接近160千米，进入了地球轨道，撞击了地球，形成了著名的希克苏鲁伯陨石坑。这里的地层岩石被地质学家称为K-T边界，是白垩纪-第三纪界限的标记线。K-T边界岩石中含有铱，铱是一种稀有金属，然而这个岩层中的铱含量是正常含量的200倍。还能在哪里找到这么多的铱呢？只有来自太空的陨石。人们还在这层白色岩石中找到了冲击石英的证据，只有小行星才会留下这样的印记。高含量的铱冲击石英，出现在地球上许多地方的第三纪界限岩层里。这种全球性的痕迹，只可能出自最猛烈的撞击。撞击的地点就在墨西哥的尤卡坦半岛。

这次撞击带来了大量的热量，地球到处在熊熊燃烧，吸纳大量氧气，释放大量二氧化碳。撞击还引发了地球频繁的火山爆发，喷射出大量的尘埃、二氧化硫和二氧化碳，形成浓厚而黑暗的大气层，遮挡了阳光，地球变得不分昼夜，一片黑暗，植物无法吸纳太阳光进行光合作用，地球的光合作用几乎停止，大气中二氧化碳浓度无法通过光合作用来降低和平衡。

在撞击的短时期内，地球像一个火球一样爆炸，释放了大量粉尘、黑色烟雾、二氧化碳和二氧化硫等。但随着撞击事件的停止，二氧化硫、粉尘、黑色烟雾互相融合，形成了黑色浓厚的气溶胶，密集地遮挡了太阳。在气溶胶的遮挡下，太阳的热能和光能都无法传送到地球，地球由巨热又变成突然的寒冷，黑暗和寒冷并行。

很多年之后，粉尘和烟雾逐渐坠落地面，黑色云层逐渐消散，太阳光和热辐射重新照射和输送到地球。但此时的地球，因为长时间无法进行光合作用，二氧化碳浓度非常高，只是厚厚云层阻挡了其吸收太阳热辐射和热能。当黑厚云层消散后，大气层极高浓度的二氧化碳立即发挥其吸纳太阳热辐射和热能的作用，地球又迅速进入气候过热的状态。因为地球碳中和失衡后，要重新恢复碳中和状态，需要几百万年的地质时间，所以，地球就在几百万年间长期处于气温过高的状态。

3
饥饿中走向灭绝的恐龙

过高的气温使原来湿润的森林变成了干旱和荒芜的沙漠，大批地球碳基生命因为无法适应气候剧变而死亡灭绝。特别是作为地球碳基生命的基础食物的植物大面积死亡和灭绝，使食草的恐龙和其他食草动物没有食物，因饥饿而死。而食草动物的大量死亡，又导致了食肉动物的饥荒，大量的食肉动物也纷纷因为无法获得食物而死去。这些恐龙食物来源的死亡和灭绝，导致了恐龙的严重饥荒。体型巨大的恐龙，食物单一，需要的食物量大，很快就在饥饿中走向了死亡和灭绝。

6500万年前的那颗从天而降的陨石，引起了巨大的海啸和全球大火，大地被淹没，森林被烧毁，烟尘遮天蔽日终年不散。那次大碰撞相当于1亿兆吨三硝基甲苯（TNT）炸药爆炸。植物因无法进行光合作用而枯死，动物因得不到食物而大量灭绝。统治地球达1.5亿年之久的恐龙也在这场灾难中永远地告别了地球。

恐龙，这个地球前一任霸主，它们统治地球1.5亿年辉煌的生命奇迹，我们现在也只能通过化石去辨认、去查询。而那场导致恐龙灭绝的世纪大碰撞，也只有墨西哥尤卡坦半岛的希克苏鲁伯陨石坑在诉说着当年的历史。这是一个直径大约有180千米、深900米的大得惊人的陨石坑，它埋在数百米的沉积岩下面，即使你走在上面，也不一定察觉到这是一个陨石坑。

地球仍然是地球，地球从来不需要我们拯救，它总是具有非常强大的自我愈合功能，它总是可以让碳循环的失衡，在经过几百上千万年的自我修复后，重新变回到平衡的碳中和状态。只有，那群称霸地球达1.5亿年的恐龙霸主，就这样灭绝了，而且没有恢复之路，没有修复重来的机会。我们只能从那些隐隐约约的化石，从这个巨大无比却又重归地下的陨石坑，复原恐龙霸主当初的辉煌，警醒着现在的我们。

4
气候危机下干旱饥饿的非洲

前一任地球霸主的命运告诉我们，气候剧变带来的食物缺乏和严重饥饿，是其灭绝的重要原因。而我们人类，经过上百万年的进化和奋斗，历尽艰辛，终于站在了地球碳基生命食物链的最顶端，成为新一任地球霸主。但我们过多过量使用碳基能源，已经引发了碳循环失衡，从而导致了粮食危机。饥饿，正在逐渐蔓延，动摇着人类生存和可持续繁衍的根基。

2021年版《世界粮食安全和营养状况》报告在罗马发布。报告指出，2020年全世界有7.2亿～8.11亿人处于饥饿状况，这一数字与2019年相比大约增加了1.18亿人。报告显示，气候变暖导致各种气候灾害、异常气候等，2015年以来全球饥饿现象已呈上升之势。2020年，饥饿人数急剧增加，增速超过了人口增速。

气候变化导致的干旱酷热等极端气候，在直接地降低着地球粮食作物的产量。饥饿人数增长最剧烈的非洲，也正是受气候变化影响最大的气候敏感区。因为对气候变化更为敏感，所以，现有的气候变化，往往就可能已经突破了其自然生态系统的自我平衡调节的阈值，其气候危机效应被激活，并引发其他相关系统的生态环境危机。

例如，目前已经知道的触发的气候危机效应包括：亚马孙森林经常性的干旱和火灾，北极海冰面积减少，大西洋环流放缓，北美的北方森林严重的火灾和虫灾，全球珊瑚礁大规模死亡，永久冻土层解冻，格陵兰冰盖加速消融和失冰，南极西部冰盖加速消融和失冰，南极洲东部加速消融，非洲干旱等。这些敏感区域一旦被突破和激发，有可能触发一系列级联效应，进一步加剧气候变化危机，推动更多敏感区域越过临界阈值，增加对人类可持续生存的威胁。

因赤道横贯非洲中部，非洲有3/4的土地受到太阳的垂直照射，有一半以上地区终年炎热，所以被称为“阿非利加”。“阿非利加”是希腊文阳光灼热的意思。非洲的沙漠面积约占全洲面积的1/3，是沙漠面积最大的洲。其中撒哈拉沙漠是世界上最大的沙漠，沙漠面积比美国国土面积还大，占据了世界沙漠总面积的1/3。这里气候条件非常恶劣，降水量很少，有“热带大陆”之称，是世界上气候干旱面积最广的大洲，其3/5的土地位于干旱、半干旱气候区，许多地区受到周期性干旱的长期困扰。所以，非洲对气候变化带来的干旱度提升就更为敏感。

气候异常带来的降水量减少、干旱程度上升，在非洲引起了很大的粮食危机。世界气象组织、联合国粮食及农业组织、联合国环境规划署、世界卫生组织等多家机构联合发布的《2019年非洲气候状况》报告指出，气温升高、海平面上升、降雨模式改变和更加频繁的极端气候正在威胁非洲居民健康、食品安全和社会经济发展。报告称，2019年袭击非洲南部的“伊代”是南半球有史以来破坏力最大的热带气旋，导致成千上万人伤亡或无家可归。此外，2019年非洲南部还遭受了大面积干旱。报告认为，炎热干旱所导致的粮食减产、病虫害加剧和洪水是非洲农业目前面临的最主要风险。数据显示，在最坏情况下，非洲西部和中部地区的平均粮食产量预计将减少13%，北部地区减少11%，东部地区和南部地区各减少8%。到2050年，预计对高温和干旱耐受程度较高的小米和高粱将分别减产5%和8%，大米和小麦的减产幅度则可能高达12%和21%。

美国航空航天局（NASA）的科学报告指出，2021年以来非洲地区遭受的干旱还在持续加重，降雨减少，气温飙升，已经威胁到该地区数千万人的粮食安全和能源供应。NASA表示，特别是在非洲南部地区，已经出现了几十年来，甚至是一个世纪以来最严重的干旱，其中赞比亚和津巴布韦已经是严重缺水了，世界上最大的水库之一都可能在干旱中停止发电。

根据红十字会与红新月会国际联合会（IFRC）的报告，2019年，仅仅赞比亚和津巴布韦两国谷物产量就比去年下降了30%。曾经的非洲粮仓津巴布韦，主粮玉米的收成比2018年下降了50%，不久后即将耗尽。两国加起来，已经有超过1100万人因干旱而处于严重饥饿状态。大象、犀牛等动物，因为缺水的问题，出现了大量的死亡。

非洲南部的畜牧业由于饥饿、缺水、缺饲料等而严重受损，生物都已经处于“崩溃”的边缘，博茨瓦纳、莱索托和纳米比亚等地，也宣布了干旱紧急状况，降水量的减少直接导致播种面积收缩和粮食歉收。津巴布韦和赞比亚交界处的维多利亚瀑布曾经水声激荡，气势汹汹，但多年的干旱已经使这条瀑布变成一条垂直的小溪，曾被这条瀑布滋养的茂密植被如今又干又瘦。非洲的气候影响已经是可以明显看到的了。

干旱和饥饿，暴露了人类在大自然面前的脆弱。曾经认为我们可以主宰地球生命，曾经认为我们人定胜天，但是，在干旱和饥饿面前，人类作为生物体的脆弱，与其他生物体没有两样。干旱导致非洲沙漠扩大，漫漫大地，经常很难看到生命的绿色，到处是枯寂的灰黄。

成千上万的人们在干旱中，在饥饿中，在瘟疫中，备受折磨地走向死亡。嗷嗷待哺的婴儿拼命吮吸着母亲干瘪的奶头，但瘦骨嶙峋的母亲没有任何乳汁，最后婴儿在饥饿中死亡。看着瘦骨嶙峋的母亲悲哀地抱着死去的婴儿，那是怎样的人间惨剧。一具具骨瘦如柴的尸体被抬走，被掩埋，漫漫黄沙，到处是哭泣的坟堆；饥饿的孩子不得不靠吃白沙、吃泥饼充饥，就是树叶，也被视为珍稀的美食；在垃圾堆里爬着希望可以捡到食物的孩子，苍蝇爬满了他的脸庞和没有穿任何衣服的瘦骨嶙峋的小身躯，渴望的眼神里是对食物的无限向往。

在肯尼亚，一位名叫泰德的老妇人说，她住的地方原来是比较好的草原，她曾经养过200只羊，将这些羊产下的羊崽卖掉后，就可以给家里人买足够的玉米面，还有羊奶喝。但是，自2011年后，旱灾就越来越频繁。她的羊有一半在2011年的旱灾中死去了，随后在2017年的旱灾中，更多的羊死去。她说，现在，她只剩下两只羊。即使是这仅剩的两只羊，因为干旱喝不到水，也挤不出奶，只有在偶尔下雨的时候，羊喝了雨水，才能挤出一两杯奶给孩子喝。她说，这附近已经没有任何水了。她每天需要步行将近7千米去取水，取来的水，人都不够喝，更没有水给羊喝。因为干旱，草原也已经没有草了，羊没有水喝、没有草吃，仅有的两只羊也养不下去了。记者看到，老妇人仅剩的两只羊也已经是瘦骨嶙峋。

极端的干旱导致了大量生物和人类的死亡。联合国的相关报告称，2017年干旱期间，索马里有近26万人死于饥饿，其中一半是儿童。

在一次去肯尼亚的旅行中，在尘土飞扬中，我听一位老年牧羊者很悲哀地叹息，到处都是干旱，到处都没有水，也没有足够的食物。于是，有一天，你早上醒来，发现死了5只羊，过几天，发现又死了10只羊；然后，有一天，你早上醒来，发现死了一个人，过几天，发现又死了几个人。动物在死去，人也在死去。严峻的干旱，严重的缺水、缺食物，大量的牧场干枯，只有极少数牧场还有草。为了争夺水和有草的牧场，各种冲突和争斗时有发生，很多牧民在冲突中丧生。然后，有更多的争斗、更多死去的牛和羊、更多死去的人。

听着老年牧民的话，我站在赤日炎炎的肯尼亚草原，感觉气候变暖导致的干旱，已经将当地的人们压迫得没有半点喘息的余地了。

加利福尼亚大学圣巴巴拉分校的气候学家克利斯·芬克（Chris Funk）认为，非洲日益严重的干旱是人们大量使用化石能源、过度排放二氧化碳导致的。他说，全球变暖导致了非洲地区长期干旱和粮食紧缺。亚利桑那大学的古气候学家杰西卡·蒂尔尼（Jessica Tierney）通过对海洋沉积物的分析认为，非洲地区现在的干旱化速度比两千年来的任何时候都要快，而且这种趋势与人类过多燃烧化石能源有关。她写道：非洲的快速干旱化与全球的气候变暖现象同步。

5
肯尼亚6只长颈鹿的悲伤故事

气候变暖导致的非洲干旱，使大量的动植物死亡甚至灭绝。太阳炙热照耀着干枯开裂的大地，很多大象、长颈鹿等动物死亡，人和野生动物争水源导致很多野生动物的死亡，动物遗骸散落在干枯开裂炙热的灰蒙蒙的土地上。

在肯尼亚野生动物保护区，有一个6只长颈鹿的悲伤故事。这个保护区原来有一个水库，水源曾经很充足。但是，气候变暖导致的持续性干旱，使这个水库里的水干涸了。这6只长颈鹿来自离水库很远的地方。肯尼亚发生持续性干旱，这6只长颈鹿所在区域也已经没有水了。但它们可能记得在它们迁徙中曾经经过这个水库。为了喝到水，这6只长颈鹿满怀希望地长途跋涉而来，但是，当它们来到原来水库的位置，发现水库已经干涸了。这6只疲惫的长颈鹿终于支撑不住了，互相拥挨着呈螺旋状死在了原来的水库边。

这应该是一个长颈鹿家族。这个家族一定不止6只长颈鹿，在这次长途跋涉的求水过程中，干渴饥饿，让家族中很多成员一定死在了路上，最后，就剩下身体最强壮的6只鹿，克服着疲惫而又充满希望地走到了水库边。但是，等待它们的不是清冽可以畅饮的水，而是和其他地方一样的干涸开裂和炙热。它们最终只能叹息着簇拥着倒下。这场干旱，让这个长颈鹿家族最后的6只也渴死在原来的水库边。气候变暖导致的异常干旱，让这个长颈鹿家族遭受了毁灭性打击，无一幸存。

6
被干旱杀死的骆驼

在这场因为气候变暖而导致的干旱中，非洲的骆驼遭受了毁灭性打击。骆驼是最抗旱的生物，可以在沙漠中长时间不饮水，坚持10余天也没有任何问题。但是，这场持续时间如此之久的干旱，却导致大量的骆驼也渴死了。

"非洲之角"索马里是世界上最干旱的地区，索马里的畜牧业与普通的畜牧业有些不同，它是以养骆驼为主，因为除了骆驼，其他生物根本适应不了那里的生活。索马里兰地区没有河流，人们依靠的水源是池塘，如果好几个月没有下雨，植物就会枯萎，池塘也会萎缩成泥土。而自2015年后，索马里干旱问题更加严重，连续几年的干旱，让骆驼这种生物也受不了，纷纷因干渴而死。连年干旱让数百万头骆驼死亡，严重影响索马里畜牧业的发展，甚至可能出现灭绝的情况。

在索马里兰地区的西吉勒村，骆驼的驼峰萎缩，奶水枯竭。小骆驼瘦骨嶙峋。鬣狗的猎物——野猫、狒狒和犬羚都干渴死了，所以饥肠辘辘的捕食者只能杀死更多骆驼，不仅吃肉，还为了获得储藏在驼峰里的水。

因为干渴和饥饿，很多骆驼虚弱到无法站立，只能坐在沙地上，慢慢地死去。居民说："当骆驼哭泣的时候，我只能和它一起哭。" 太多的骆驼死于酷热带来的干旱，骆驼的尸体甚至堵塞了道路。为了防止这些骆驼尸体腐烂散发恶臭，当地人会将骆驼焚烧。

全球变暖，温室效应，在局部地区感觉并不是很强烈，但在一些气候敏感地区就已经体现出明显的差别了，索马里就是气候敏感区域。

2022年，索马里仍然是极度干旱的一年。很多索马里人不得不住进了难民营。“如果没有骆驼，索马里人就没有文化和生存。”一位满脸沧桑的索马里老太太说，“骆驼死了，我们也会死的”。一直以来，当地的人和骆驼之间有着很深的牵绊，相互依靠着生存。骆驼吃完草回来时会认出主人，更会像宠物一样迎接主人。但如今，索马里人与骆驼之间这种古老的相依相伴关系正因为气候变暖导致的严重干旱而变得岌岌可危。

极度的干旱和高温，还带来可怕的蝗虫灾害，所到之处，连一片草叶也留不下。干旱、饥饿将民众推到了崩溃的边缘，大量民众因为寻找水源与食物，发生大规模的冲突。

世界银行估计，到2050年，全球将有1.43亿人被迫离开家园，以逃避气候变化的影响。气候变化不是孤立地发挥作用，而是放大了社会中存在的问题，特别是在人类生存空间已经很薄弱的干旱地区。

7
欧洲的饥饿石

目前，气候变暖导致的干旱度上升，并不是非洲特有的，而是全球性的。例如，在全球变暖的影响下，欧洲很多河流的饥饿石显现。饥饿石是很早以前欧洲以航运为生的人们在河边或者河心露出的石头上雕刻水位的一些石头，这些石头代表着河水水位减少到的刻度。饥饿石显现，就意味着河水水位过低，这些以航运为生的人就此失去了生计，只能等着挨饿。

欧洲因为毗邻大西洋，大部分地区是温带海洋性气候，常年降雨都比较丰沛，这也使得欧洲河流的水量基本上都非常充足，很难见到饥饿石。但是，由于全球气候变暖，欧洲这几年出现了罕见的炎热，在这种情况下，很多河流的河水在太阳的暴晒下快速流失，从而导致水位下降，隐藏在河底的饥饿石就显现出来了。

全球很多地方出现极端性高温对粮食系统造成严重危害的情况，2003年夏季欧洲异常炎热，对粮食生产及人类生活都造成了严重影响，导致5.2万人死亡。意大利玉米产量因此下降36%，法国的水果产量减少了1/4。

非洲气候变暖导致的持续性干旱事件说明，气候变化导致的问题必须由全球共同解决，否则，就会失去公平而导致最贫苦地区来承受发达地区传统工业带来的气候变化灾难。从全球层面来看，撒哈拉以南非洲的温室气体排放量在全球温室气体的排放量中占比最小（不到全球排放量的5%），但该地区可能是最容易受到气候变化冲击的地区，是典型的气候敏感区，承受着包括海平面上升、洪水、高温和干旱在内的最严峻的气候风险。而且，该地区还是全球最贫困的地区之一。化石能源的大量燃烧，从历史排放总量来说，是发达国家最多，非洲无论是历史排放总量，还是目前的年排放总量，都在全球占比很小，却承受着巨大的气候风险成本和压力，这当然是不公平的。

非洲气候变化导致的极端干旱，引发了粮食危机和死亡性饥饿。这应该引起我们的高度警觉。因为地理地质环境，非洲在气候变化引起的干旱度上升方面，属于气候敏感区域，所以，引发灾害的阈值就更低一些。但并不意味着其他地区就不会发生。如果气候变暖进程没有得到控制，气候危机日益加剧，很多地方干旱度提升都可能引发气候危机和灾难。所以，非洲只是一面镜子，向我们展示了气候变化在摧毁我们人类赖以生存的食物来源方面的巨大威力。如果我们不尽早采取行动，我们有可能也像地球上一代霸主恐龙一样，因为基础性食物链的毁灭而灭绝。

袁隆平教授的『野败』：生物基因多样性的威力

袁隆平教授是世界著名的杂交水稻专家，他的杂交水稻发明让水稻亩产翻了两番，解决了我国人民的吃饭问题。在袁隆平教授的杂交水稻发明中，起了关键作用的是一株“野败”，就是一种野生雄性不育稻种，是我们驯化的栽种水稻的野生近亲。因为人工的长期精心保护和驯化，驯化的农作物绝大部分变得十分娇弱，不具有抵御干旱、寒湿、病虫害等能力。特别是气候变化导致的极端气候对驯化农作物的生存产生了极大的挑战，从而带来了粮食危机。但这些驯化的农作物，在大自然中还存在野生“亲戚”，这些野生“亲戚”虽然和驯化的农作物属于同一类物种，但在长期大自然的优胜劣汰中，产生了很多可以抵御极端气候的基因。运用这些野生“亲戚”与驯化的农作物杂交，就可以实现基因改良。

根据联合国政府间气候变化专门委员会的报告，气候变化导致的粮食危机正在逼近，与气候变化有关的洪水和干旱已经影响了粮食的供应。科学家们试图通过育种过程帮助农作物变得更强壮，气候适应性更强，这个育种过程是利用从那些经受过干旱、盐碱环境或疾病考验的野生亲缘作物借来的基因来调整普通作物。碳中和失衡导致的气候变暖，已经导致生物基因多样性的锐减，在很多方面给人类生存带来了威胁。例如，气候变暖使农作物野生亲缘种面临灭绝。国际农业研究磋商小组发布的一项新的研究报告指出：气候变暖正使土豆、花生等重要农作物的野生亲缘种面临灭绝危机，使农业育种的重要基因资源蒙受损失。所以，生物基因多样性的保护才变得非常重要。

像“野败”一样的野生亲缘种，虽然没有光鲜的外貌，但却因它而有硕果累累、千亩万亩簇拥的壮观。在气候变化的“伤害”下，人们大肆扩张人工栽培，像“野败”一样的野生亲缘种，只能卑微地蜷缩在人迹稀少的角落，颤颤悠悠、小心翼翼地开放着细小的花朵，在春风浩荡中，卑微地享受着属于它们的春天。可是，地球是我们的，也是它们的。正是有了它们的存在，才保障了我们生活的生态系统、生物基因多样性的稳定，才给我们提供了防御未来风险的能力。

1
野生亲缘种与生物基因多样性

正是目前我国还存在大量水稻的野生近亲基因，才成就了袁隆平教授传奇的杂交水稻发明。袁隆平教授和栽种水稻的野生近亲“野败”的故事，说明了生物基因多样性的威力。

什么是农作物的野生近亲呢？所谓野生近亲就是在分类上和栽培上与我们的栽培农作物有亲缘关系的野生物种。我们现在作为食物来源的驯化物种，从物种来说，它在大自然中是存在同一物种的野生种群的，例如花生和野生花生，虽然从物种来说，都是花生，但从生物基因多样性来说，花生和野生花生的基因是不同的。生物基因的多样性，产生了缤纷多彩、种类各异的花生种群。而农作物的野生近亲是栽培作物新品种育种工作中基因的潜在来源。

农作物都是由野生植物被农业技术驯化培育而来的。在丰富的野生种中，只有一小部分适合种植和栽培，因此，与野生种群相比，农作物品种相对单一。特别是在现代农业体系中，普遍发展大规模农业，一个好品种的种植面积非常大，这对大量生产农产品是有利的，但在发生病虫害侵袭或者环境变化时，物种单一可能使农作物缺乏抵御自然灾害的能力，导致大面积减产等。

农作物的野生近亲，也就是野生亲缘种，可以帮助现有农作物进化。在没有农民细心照料的情况下，这些大自然的野生种群经受了干旱、害虫和疾病的侵袭，这些野生物种的存活是大自然优胜劣汰的结果，所以，往往携带抗虫、抗旱等基因，可以通过杂交帮助现有农作物进化和优化。这些野生近亲对农作物改良和增加农作物多样性极其重要，是农业育种的基因库。如果气候变化导致这些野生亲缘种灭绝，将危及农业发展和粮食安全。

我对野生亲缘种的第一次了解，来自很多年前我的一位朋友。她是农学博士，在一所非常著名的农业大学工作。有一次，我出差到了她所在的那个城市，专门坐车去看她。我在试验田找到她，她正打着赤脚在甘蔗地里忙活着，看我过来，就给了我钥匙，让我先到她的宿舍休息、喝茶，她干完活儿就回去陪我。我不是第一次去她那儿，拿着钥匙进了她的宿舍。按照她的吩咐，我在桌上找到茶叶泡茶，连喝了两杯茶，她还没回来，无聊之下，就在宿舍转悠，看见宿舍里放着一个盆子，里面栽着一株看着鲜嫩肥美多汁的甘蔗。

她的学校离市区有两小时车程，我找到这儿，还喝了两杯茶等她，总之，我想说的是，我其实很饿了。除了茶，在她宿舍里也没有看见其他可吃的东西。所以，见到这根诱人的甘蔗，我一下没有把持住自己，忍不住，就把它砍了吃了。当我的朋友回到宿舍的时候，我正啃着这根鲜美甜润多汁的甘蔗，看见她回来，我正要告诉她，她栽的这根甘蔗，实在是比市场上买的好吃。

但是，我还没来得及说，我的朋友看见我在啃食她的甘蔗，就大哭起来。我朋友是博士呀，并不是小朋友，她一大哭，我立即又害怕又担心，手里拿着甘蔗，感觉比抢了她男朋友还罪恶。我哆哆嗦嗦、战战兢兢地拿着甘蔗，不敢继续啃下去，然后，就听她哭诉。这根甘蔗，是她花了两年时间才培育出来的优势杂交甘蔗，为了找到甘蔗的野生“亲戚”，她花了整整一年时间，跑了好多山区野地，才找到，才杂交成功这根甘蔗，这下好了，竟然被我吃了！我哪里是来看她的，简直是专门来搞破坏的。

我是在她哭泣不已的哭声中，第一次听说，甘蔗还有野生“亲戚”。受此惊吓，我以后对甘蔗都没有兴趣了，坚决不吃。可是，为什么我的朋友要那么艰辛地去找甘蔗的野生“亲戚”呢?

2
野生亲缘种提升气候适应能力

我的农学朋友告诉我，农业始于10000年前，那时人们采集野生植物的种子种植以生产食物，逐渐形成后来多种多样的作物。例如，中国的水稻和小米，西南亚洲的大麦和小麦，墨西哥的玉米、西葫芦、青椒、西红柿，以及秘鲁的马铃薯、豆类等。栽培者有意无意地利用人工选择，使得现在的作物比其祖先更鲜美，口感更好。但是，因为人工的长期精心保护和驯化，它们中的绝大部分变得十分娇弱，不具有抵御干旱、寒湿、病虫害的能力。但它们在大自然的一些野生“亲戚”仍然存在，继续生存在自然条件下，在没有任何保护的情况下，通过大自然的优胜劣汰、适者生存，不断进化。这些农作物与其野生“亲戚”作物最主要的区别在于，农作物生存于人为创造的优越条件之下，有农民精心为其施肥、除草、保温、抗旱、杀虫等，而其野生“亲戚”在自然状况下处于适者生存的环境，所以逐渐获得了抗干旱、抗水淹、抗寒冷或抗炎热的能力，它们还能抵抗病虫害和其他各种自然灾害。农作物的野生亲缘种的基因包括许多未知的和特别的性质，因此，可研究利用这些基因培育适应气候变化的优良品种。

因为各地自然资源禀赋不同，会形成许多具有地方特色的品种。19世纪末期，全球农业交流更加国际化，各地的育种专家们开始运用其他国家的粮食作物品种改良本地品种。例如，小麦、玉米和水稻等品种广泛传播，大面积栽种使产量大增，在一定程度上满足了20世纪以来人口急剧增加的粮食需求。但是，这些高产品种需要水肥条件充分和现代化的管理，由于定向培育的结果，加上与本地野生亲缘种缺乏基因流动，它们的遗传特性越来越趋于一致，这就导致它们很容易受到病虫害的侵袭。在大面积种植同一品种的情况下，一旦一个植株被病虫害袭击，很容易快速扩散，导致大面积大范围的农业灾害。

长期驯化使栽培植物的遗传多样性减少，使我们所依赖的农作物更容易受疾病和极端气候的影响。面对气候危机和不确定的未来，科学家们开始关注大自然丰富的基因库，试图运用这些农作物的野生“亲戚”来改良农作物品质，利用野生“亲戚”在大自然优胜劣汰中形成的一些适应极端气候的特性，培养出具有气候适应性的农作物品种。

根据联合国政府间气候变化专门委员会的报告，气候变化导致的粮食危机正在逼近，与气候变化有关的洪水和干旱已经影响了粮食的供应和价格。近期的一份报告警告说，未来30年，全球的农作物产量将下降30%。水资源短缺给食物系统增加了压力，威胁着面粉、玉米和大米的供应——这些食物占了我们所摄入食物的一半。科学家们试图通过育种过程帮助农作物变得更强壮、气候适应性更强，全球作物多样性信托基金的高级科学家和负责人Hannes Dempewolf 说："10～20年后我们仍能享用面包的原因，很可能是生物多样性项目帮助保护了以前未得到保护的小麦的野生亲缘作物。"

3
袁隆平教授的"野败"：水稻的野生"亲戚"

在杂交水稻之父袁隆平教授培育杂交水稻体系的过程中，起关键作用的就是在海南发现的一株雄性不育野生水稻，袁隆平教授将其取名为"野败"，袁隆平教授就是利用"野败"这个野生水稻的基因培育了我国的杂交水稻体系。而这株对全世界水稻杂交史都十分重要的"野败"，就是水稻的野生近亲，也就是水稻的野生亲缘种。

这个"野败"，通俗地说，就是稗子，因为是水稻的野生近亲，所以外形和稻子极为相似，其实，就是野生稻子，长在沼泽、低洼荒地。因为是稻子的野生近亲，适宜稻子生长的稻田，也经常会有稗子落户，混杂在稻子中。但其产谷粒能力明显低于驯化的稻子，穗粒又小又枯，所以，被称为假禾，也就是假稻子。稻田里的稗子多了，就会导致稻田的减产。所以，农民需要识别稻田里的稗子，把稗子拔去，以防止它和稻子争稻田里的养分。败家子的"败"字，就是从稗子演变过来的。虽然也是儿子，却是一个败坏家产的坏儿子、假儿子。

所以，相较于高傲的稻子，作为野生稻种的稗子，一直是一个卑微的存在。著名诗人余秀华的诗中就写道：“如果给你寄一本书，我不会寄给你诗歌，我要给你一本关于植物、关于庄稼的。告诉你稻子和稗子的区别，告诉你一棵稗子提心吊胆的春天。”但袁隆平的“野败”，向人们展示了，卑微的稗子，原来竟然是稻子的祖先，在自然界物种的进化中，发挥着它的天然优势。如果你还对稗子这种野生稻种继续漠视或者感觉它是卑微和平淡无奇的，那是因为你对野生亲缘种的威力一无所知。

袁隆平教授轰动世界的杂交水稻，就是从一株稗子——稻子的野生亲缘种，被袁隆平教授亲切地称为“野败”的野生稻种，开始突破的。

1953年8月，袁隆平从西南农学院以优异的成绩毕业后，被分配到湖南省黔阳县城安江镇的安江农校教书。安江农校离镇上4千米，地处偏远，有大片的稻田。袁隆平一待就是16年。1960年，在学校的试验田里，袁隆平偶然发现十几株比普通水稻高出20多厘米且籽大粒多的水稻。他细心地数着这株水稻上的稻粒数，发现它们竟然多达160粒，而且颗粒饱满。这一发现让袁隆平喜出望外，因为一株稻穗的稻粒数越多，意味着水稻亩产越高。他推算了一下，如果按照这个稻穗的颗粒数，亩产可以超过500千克，而当时即使高产的水稻，亩产也不过250千克左右。

20世纪90年代后期，美国学者布朗抛出了“中国威胁论”。他说，到21世纪30年代，中国的人口将进入爆发式增长时期，预计人口达到16亿，到那时，谁来养活中国？又有谁来拯救由此引发的全球性粮食短缺和动荡危机？他妄图以此引起世界各国对我国崛起的恐慌和仇视。在布朗抛出“中国威胁论”之后不久，中国就向全世界郑重宣布：“ 中国完全能解决自己的吃饭问题，中国还能帮助世界人民解决吃饭问题。”

在这种背景下，通过稻种的技术改良增加粮食亩产，一直是袁隆平教授的心愿和热望。这株突然发现的优质稻株带给了袁隆平教授无限希望。第二年，他把这株鹤立鸡群的稻株上结的稻子作为稻种播撒在试验田，希望寻找到这株稻子产量异常高的原因，以改良现有稻种。但事与愿违，由这株异常优质的稻种培育的秧苗，长高后参差不齐，抽穗时间早迟不一致，结稻穗能力大大差于其母稻，与一般水稻没有区别，甚至更差，因此并没有复制出这株鹤立鸡群的稻种非凡的产稻能力。

为什么会这样呢？袁隆平教授反复思考，猛然醒悟：从遗传学的分离规律来说，纯种水稻的第二代是不会产生这种严重退化现象的，只有杂交第二代才会因为分离现象导致这种退化。现在，这株鹤立鸡群的稻株，其第二代既然因为分离现象导致了退化，那就可以断定，这株鹤立鸡群品质不凡的优质水稻，并不是自花授粉的，而是一株天然杂交稻。也就是说，是杂交，导致了这株鹤立鸡群的稻株的高产。从此，袁隆平教授开始了其研发杂交水稻以进化现有稻种之路。

很多媒体都报道了袁隆平教授为了培育优质杂交水稻，花费几十年的心血搜寻合适的雄性不育水稻植株。袁隆平教授为什么要寻找雄性不育的水稻植株呢？

水稻是自交作物，通过自花授粉繁殖。要想杂交，就必须把雄蕊去掉。如果人工操作，工作量很大，不可能用于大批量生产。而水稻雄性不育系，是一种特殊类别的稻种，其自身花器中，雄性器官发育不完善，雌性器官虽发育正常，但不能形成正常的花粉，无法完成自花授粉繁殖，必须借助外来水稻花粉才能结出种子。水稻雄性不育系和水稻雄性不育保持系杂交，即接受后者的花粉，得出的种子下代种植仍然是不育系。

寻找雄性不育单株，避免了自交，有利于杂交操作，从而有利于利用杂交优势培育出优质杂交水稻。

从此，袁隆平教授就每天头顶烈日、脚踩泥土，弯腰驼背地在稻田里寻找雄性不育稻株，整整花了3年，才在1964年找到第一批6株雄性不育稻株，并开始杂交水稻的培育。但他发现，培育的杂交水稻，虽然比普通水稻产量略高，可是远远低于最早发现的那株鹤立鸡群的稻株。

为什么杂交也无法复制出那株与众不同、鹤立鸡群稻株的辉煌呢？袁隆平教授经过反复思考，觉得可能是地域的问题。于是，袁隆平教授奔赴全国各地适宜稻子栽种的地区，培育杂交水稻。经过4年多的“南征北战”，他终于培育出三系杂交水稻，但是，其产量还是远远低于最初那株天赋异禀、鹤立鸡群、能结160多粒稻粒的稻株，杂交优势并不明显。

那株天赋异禀、鹤立鸡群的稻株的存在，说明了水稻的杂交优势是存在的。可是，为什么后面的人工杂交，始终无法复制那株天然杂交稻种的辉煌呢？已经进入不惑之年的袁隆平教授茶饭不思，希望可以找到问题所在。他最后想到，问题可能出在培育所用的材料上。回想这几年育种的不育雄性稻株都是在稻田里寻找的，都是栽培稻，和一般稻种的种性差异不大，亲缘关系很近，基因相似度太高，自然很难获得明显的杂交优势。

袁隆平教授回想起，那株天赋异禀、鹤立鸡群的稻株是在安阳农校试验田发现的。安阳地处雪峰地区，有一定的旱稻和野生稻资源。那株天赋异禀、鹤立鸡群的稻株，应该是某种野生稻与栽培稻串粉杂交的结果。所以，要培育真正的杂交水稻，就必须到真正的野生稻群中搜寻野生雄性不育稻株。

自然界野生稻种很少，袁隆平教授根据野生稻种的地理分布，安排其助手李必湖、尹华奇第一站先去海南岛寻找。海南岛的天然环境让这里的野生稻资源很丰富，当地人知道各种野生稻的分布。李必湖和尹华奇找到海南岛当地人询问野生稻群。第二天，一位熟知当地环境的技术员把李必湖带到了一块沼泽地里，那里长着一大片野生稻。当时正是野稻开花的季节，生殖性状极易识别，李必湖在沼泽地不断搜寻，仔细观察每一株野生稻，终于发现了一株特殊的野生稻。

这株野生稻长着三个形态各异的稻穗，雄性器官发育不正常，花药瘦小、干瘪，呈火箭状，色浅呈水渍状，不开裂散粉。李必湖端详后，当场断定这是一株野生的雄性不育稻株。他和那名技术员小心翼翼地把这株野生雄性不育稻株连根挖了出来，用衣服包裹着，带回了试验田里栽好，并立即给还在北京的老师袁隆平发了电报。

袁隆平教授接到电报后非常高兴，立即连夜坐火车赶到海南。当他到达时，已经是第二天凌晨。他顾不上休息，马上就和李必湖去看那株野生雄性不育稻株。袁隆平教授采集了这株野生稻的三个小稻穗，把它们放在100倍显微镜下仔细观察，发现了大量不规则形状的碘败花粉粒。经过反复确认，他确定这就是一直在找的野生雄性不育稻株。袁隆平教授非常激动，当即就为这棵野生雄性不育株起名为“野败”，就是野生的雄性败育种。

4
“野败”的威力

这棵野生雄性不育种“野败”，使袁隆平教授找到了杂交水稻的突破口，为我国和世界杂交水稻科研停滞不前的状况带来了转机。从1970年初次发现“野败”起，他从这株“野败”身上培育出了无数成功的杂交水稻。1974年，袁隆平教授利用这株“野败”育成中国也是世界上第一个强优势杂交水稻“南优二号”，在安江农校试验田试种，亩产量高达628千克，是当时普通稻种的两倍多。

“野败”虽然只是野生的稻种，是卑微的稗子，但袁隆平教授通过让其与现有驯化稻种杂交，利用野生稻种和驯化稻种在基因上巨大的差异性，形成了优良性状互补的优势杂交品种，从而大大提高了水稻的产量。而“野败”，也借袁隆平教授之手，传递了基因，成为优势杂交稻的第一个母本。袁隆平教授在这个基础上又对其进行了完善和提升，使杂交稻的亩产超过了900千克，并在全球推广种植，完成了植物史上史诗级的稻种优化和扩张。如今的世界，已经是杂交稻的天下。因为袁隆平教授的“野败”，还有“野败”分布在世界各地的子子孙孙，我国终于实现了对世界的承诺——不但完全解决了我们自己的吃饭问题，还帮助世界人民解决吃饭问题。

袁隆平教授在杂交稻培育中运用野生雄性不育稻株，就是利用了生物多样性中的基因多样性。基因的多样性导致物种种内个体基因组成差别很大。野生水稻和驯化的栽培水稻，虽然都同属水稻物种，但因为进化环境的显著不同，基因差别很大，这就为优势杂交提供了基因基础。袁隆平教授成功培育出高产优质杂交水稻的关键是发现了野生雄性不育稻株，利用了生物多样性中的基因多样性。袁隆平教授的高产优势杂交稻和“野败”的关系，表明了生物基因多样性是培育农作物新品种的基因库，是基础和关键。

袁隆平教授在总结高产优势杂交稻发明的经验时，高度赞誉了李必湖。袁隆平教授指出，李必湖发现“野败”，是因为他有专业知识，有目标，有几乎10年的搜寻雄性不育稻株的经验。同时，这里还有一个非常重要的先决条件，也是“野败”发现的基础，那就是，大自然的生物基因多样性没有被破坏，水稻的野生亲缘种——卑微的稗子，仍然存在于地球。

5

气候适应需要保护野生亲缘种

现在，气候变化已经导致很多栽种农作物的野生近亲受到了影响，比如稗子这种野生稻种，已经越来越少了。如果我们觉得这些野生亲缘种看起来卑微而毫无用处，任由气候变化加速其灭绝，甚至通过人工栽种的大规模扩张，对沼泽等的改造，加快其灭绝速度，那我们还能再发现“野败”吗？像“野败”这样的野生亲缘种，已经被我们人类自己，逐渐消灭了。

碳中和失衡导致的气候变化，已经导致生物基因多样性的锐减，在很多方面给人类生存带来了威胁，例如气候变化使农作物野生亲缘种面临灭绝。

国际农业研究磋商小组发布的一项新的研究报告指出：气候变化正使土豆、花生等重要农作物的野生亲缘种面临灭绝危机，使农业育种的重要基因资源蒙受损失。而随后开展的对81种农作物的1076个野生“近亲”，也就是野生亲缘种进行的首次全球性调查发现，超过95%的野生种群正在受到气候变化的威胁，而且目前还没有在全球基因库中获得充分保护，包括香蕉、木薯、小麦、高粱等。这将严重威胁人类未来的食品安全，对人类可持续生存产生严重影响。

而且，碳中和失衡导致的气候变化，使得极端天气发生频率剧增、病虫害增加，对现有农作物的生存造成严重威胁。通过与野生亲缘物种的杂交进化出更具有气候变化适应性的新品种，对于我们实现粮食安全，更为重要。这就是我们越来越依赖野生亲缘物种的原因。

像“野败”一样的野生亲缘种，虽然没有光鲜的外貌，但却因它而有硕果累累、千亩万亩簇拥的壮观。在气候变化的“伤害”下，人们大肆扩张人工栽培，而像“野败”一样的野生亲缘种，只能卑微地蜷缩在人迹稀少的角落，颤颤悠悠、小心翼翼地开放着细小的花朵，在春风浩荡中，卑微地享受着属于它们的春天。可是，地球是我们的，也是它们的。正是有了它们的存在，才保障了我们生活的生态系统生物基因多样性的稳定，才给我们提供了防御未来风险的能力。

我们不要看不上平平无奇的野生亲缘种，它们天赋异禀。你忽视和藐视它们，是因为你对它们的威力一无所知。看看袁隆平教授的“野败”，这个野生亲缘种中的王者，它改变了整个水稻世界。现在，全球的水稻，都变成了它的子孙。

狼与黄石国家公园的『浪漫情缘』：生物物种多样性保护

黄石国家公园里有一块著名的牌子，上面写着：狼拯救了黄石国家公园。狼本身就是黄石国家公园的“原住民”，是黄石生物多样性中的重要环节。但是，因为当时的人们认为狼是对当地农业和动物饲养有害的物种，从1914年开始，当地政府开始大规模地鼓励捕杀狼，导致黄石国家公园的狼迅速减少，直至区域性灭绝。狼群被全部消灭后，黄石国家公园生态系统却发生了严重的衰退。狼是马鹿主要的天敌，狼被捕杀完后，因为没有狼吃马鹿，马鹿的数量剧增。马鹿大量啃食柳树、杨树的茎叶和幼苗，导致了大量柳树、杨树的死亡，还导致了当地河狸的区域性灭绝。河狸在当地消失后，没有河狸坝了，河流两岸的湿地消失了，导致河岸生物多样性减少，水土流失严重。逐渐地，整个黄石国家公园的地下水都减少了。河流两岸植被衰退，水土流失严重，直至断流。河流的断流又加快了黄石国家公园相关生物物种死亡的速度。

狼在黄石国家公园的区域性灭绝，导致了黄石国家公园生态系统的崩溃，树木枯死，荒草泛滥，原本茂密的森林变成了荒原。黄石国家公园生态系统的崩溃，使人们认识到狼的重要性，因此，人们决定把狼请回来。狼群的到来终于使马鹿的数量得到了控制，黄石国家公园生态系统逐渐恢复和好转。

地球是一个扩大版的黄石国家公园，碳中和失衡导致的气候变化损害了生物物种多样性，因为气候变化加速了生物物种的消失、灭绝。我们必须维护生物物种多样性，否则，承受生态系统崩溃恶果的，将是我们人类自己。

1
狼拯救了黄石国家公园

在美国工作的时候，作为环保专家，我去了很多次黄石国家公园进行调研。它虽然叫公园，却是为保护野生动物和自然资源而建立的野生动物和自然资源保护区，里面有河流、山脉、峡谷、湖泊等，有超过10000个温泉和300多个间歇泉，有290多个瀑布，有黄石湖、黄石河、峡谷、瀑布及温泉等景观，还有狼、猞猁、灰熊、美洲野牛、美洲黑熊、麋鹿、驼鹿、骡鹿、白尾鹿、山羊、叉角羚、大角羊和山狮等野生动物。我们在公园里驱车旅行时，可以看到驯鹿用坚实的大角在争斗，小黑熊在草原上嬉戏，老鹰从天空中展翅飞过，成群的美洲野牛在奔跑。

黄石国家公园里有一块著名的牌子，上面写着：狼拯救了黄石国家公园。狼和黄石国家公园到底有什么样的“浪漫情缘”，黄石国家公园才会专门为狼立了这样一个歌功颂德的牌子呢？

狼本身就是黄石国家公园的“原住民”，是黄石国家公园生物多样性中的重要环节。但是，因为当时的人们认为狼是对当地农业和动物饲养有害的物种，从1914年开始，当地政府开始大规模地鼓励捕杀狼，甚至提出捕杀一头狼奖励150美元。在这种情况下，黄石国家公园的狼迅速减少，直至在当地区域性灭绝。

然而，狼群被全部消灭后，黄石国家公园生态系统却发生了严重的衰退。狼是马鹿主要的天敌，狼被捕杀完后，因为没有狼吃马鹿，当地的树木、草地又很茂盛，食物充足还没有天敌，马鹿的数量剧增。黄石国家公园湖泊和河流两岸的杨树和柳树，对涵养水源、保持水质水量发挥着巨大的作用。以前有狼群，马鹿不敢靠近相对开阔而没有遮挡的河岸，只是躲在山上的树林里。狼群消失后，马鹿没有威胁，而河岸边的杨树、柳树的幼苗和枝叶，因为靠近水源，更加多汁美味，吸引着很多马鹿啃食。随着马鹿的数量越来越多，繁衍能力越来越强，黄石国家公园的马鹿数量增加得非常快，河流两岸的杨树、柳树的嫩枝、嫩叶都被马鹿啃食光了，马鹿甚至开始啃咬柳树、杨树的树皮，导致大量柳树、杨树死亡。

马鹿数量剧增不仅导致了大量柳树、杨树的死亡，还导致了当地河狸的区域性灭绝。河狸就是那种咧着大门牙、喜欢筑水坝的动物，长得就像扁尾巴的大老鼠，但它确实是动物界精巧的建筑师。它一般生活在水流平缓的森林地带，会采集杨树、柳树的树枝，再混合泥巴、杂草等，在河边筑起一道水坝。河狸筑水坝的目的是保护自己的巢穴。它们的巢穴都建在河流边，一建水坝，河流的水位上升了，就会把巢穴的入口淹没，这样，它的天敌——狼、熊和狐就进不来了。河狸不断地把杨树、柳树的树枝拖到河边，一遍一遍地用泥巴和杂草加固，就像一个天赋异禀的神奇建筑师。

河狸筑水坝，不仅保护了自己的巢穴，也维护了河流的生态环境。河狸坝蓄水后因抬高了两岸土地的地下水位，从而使两岸土地成了“湿地”。这样的湿地可以增加河流两岸的生物多样性，如杨树、柳树的树根因此可以吸收更多的水分，生长繁衍得更好。而且，因为有河狸坝，河水水流的速度变得缓慢，这样就不容易把岸边的泥土冲走，减轻了水土流失，并保持了水质的清洁。水流速度适宜，水生生态物种也会逐渐丰富起来。河狸坝不是由一只河狸建造的，而往往是由一个河狸家族共同建造的，所以，河狸坝很宏大，在当地生态系统中可以发挥重要作用。加拿大艾伯塔省北部伍德布法罗国家公园南端的河狸坝是目前世界上最长的河狸坝，它总长达850米左右，甚至从太空也可以看到，据说这是几个河狸家族联合打造的超级大坝。所以，当地美洲河狸筑的水坝，对黄石国家公园生态系统稳定意义非常大。

但是，数量众多的马鹿，争先恐后地啃食着河岸边杨树、柳树的枝叶甚至树皮，啃食着杨树、柳树整个的幼苗，导致杨树、柳树几乎在黄石国家公园绝迹了。河狸没法儿用杨树、柳树的树枝筑坝，也没有杨树、柳树的枝叶食用，导致大批河狸死亡或迁移，最终导致河狸在黄石国家公园的区域性灭绝。

河狸在当地消失后，没有河狸坝了，河流两岸的湿地消失了，导致河岸生物多样性减少，最后尚存的杨树、柳树也因为湿地的消失，其根茎无法吸收到足够的水而枯死。而且，没有河狸坝，河水流速加快，夹带着两岸的泥土冲击，水土流失严重，逐渐地，整个黄石国家公园的地下水都减少了。这时，不仅是河流两岸的杨树、柳树，整个黄石国家公园的很多树种都受到影响，逐渐减少。

而马鹿还在不断增加，啃食着更多的树叶、树枝，甚至树皮。更多的树木死亡和消失，不仅使食物损毁严重，还导致了其他食草动物的食物匮乏，依赖这些植物生存的相关生物物种也纷纷死亡。没有杨树、柳树涵养水源，河流两岸植被衰退枯竭，水土流失严重，直至河流断流。河流的断流又加快了黄石国家公园相关生物物种死亡的速度。

狼在黄石国家公园的区域性灭绝，导致了黄石国家公园生态系统的崩溃，失去了勃勃生机，树木枯死，荒草泛滥，原本茂密的森林变成了荒原。

黄石国家公园生态系统的崩溃，使人们认识到狼的重要性，因此，人们决定把狼请回来。1995年，从其他地方收集的14匹狼被运到了黄石国家公园，一年后，又有17匹狼被运到了黄石国家公园。狼群的到来终于使马鹿的数量得到了控制，黄石国家公园的生态系统有了一定的好转。但是，河流和杨树、柳树林还是无法恢复。

经过调查和研究，人们发现，虽然狼回来了，但是河狸并没有回来，河狸坝没有恢复。所以，又引进河狸进行繁育，终于逐渐恢复了杨树、柳树林，河流也在一定程度上得到恢复。到2019年，黄石国家公园有了十几个河狸家族。河狸建造水坝蓄水，形成了天然小水库，恢复了河流的湿地，杨树、柳树根系可以吸收足够的水，使河流两岸逐渐恢复了繁盛。因为河狸坝的作用，河水水流也不像过去那么湍急，河岸泥土得以保持湿润，又有利于更多的树木在两岸生长，黄石国家公园的生态系统似乎在逐渐恢复。

但这个黄石国家公园与狼的浪漫故事，并不是一个圆满结局（happy ending）。虽然狼的回归和河狸的回归在一定程度上推进了黄石国家公园生态系统的修复，但是，地下水的损害和减少，河流的恢复，不是一朝一夕可以解决的，一旦越过了破坏的阈值，就需要很长的、缓慢的修复期，而且一些根本性的损伤很难修复。所以，现在的黄石国家公园，从生物多样性和生态系统的富饶角度来看，和狼事件发生前，还是有着很大的差距，还需要较长时间的修复。

2
传奇伟狼21和德鲁伊峰狼群

狼和河狸的回归，人们对黄石国家公园生物物种多样性损失的努力补救，使黄石国家公园恢复了生机。黄石国家公园的狼群成了传奇，甚至还流传着很多关于传奇伟狼的故事，如传奇伟狼21号（以下简称21）。这个故事是我去黄石国家公园调研时，我的朋友告诉我的。

21这个名字来自这只传奇伟狼脖子上戴的无线电线圈编号。它不是第一批送过去落户黄石国家公园的狼，它是这些外来狼在黄石国家公园繁衍的狼二代。据说它英俊、伟岸、高大、威猛，所有对狼的赞誉之词可用于一身，是当之无愧的美男狼。它的父亲就是一头头狼，所以，它从小就培养出了作为头狼的潜质，勇猛善战却又仁慈，富于爱心。在它18个月大的时候，21离开它的生育狼族，加入了另一个狼群——德鲁伊峰狼群，并成为这个狼群的狼王，开启了它的传奇狼生。

它应该算是入赘的，因为它是靠和德鲁伊峰狼群的母头狼40成婚而成为这个狼群的狼王的。原来的德鲁伊峰狼群的狼王被猎人杀死了，而当年仅18个月大的21凭借极高的狼界颜值，一举获得了德鲁伊峰狼群母头狼40的芳心，成为这个狼群的新狼王。不过，这位痴情的母头狼40并不是21的真爱，它的真爱是40的妹妹42。

据说，母头狼40的妹妹42，是一只漂亮、迷人、年轻而又性情温和的母狼，而且富有谋略。它也很爱21，但它知道，有它的姐姐40，它就不可能得到21。而且，母头狼40可能年龄大了，性格变得十分暴烈，经常攻击和惩罚狼群里不听它话的年轻母狼，以展示自己的权威。于是，42就团结其他曾经被母头狼40攻击和惩罚过的年轻母狼，悄悄组成联盟，商议着“改朝换代”。

一天，母头狼40受伤了，42趁机领着其他年轻的母狼进攻已经年老的40，合力咬死了它，42因此成为新的母头狼。据说，在这场母头狼位置的争斗中，21一直没有参与。但当42成为新的母头狼后，它立即和她结成了夫妻，继续保持着狼王的地位，一起抚养小狼，生了很多孩子，说明它对42是真爱。

因为42和21夫妻俩高超的合作能力，它们带领着德鲁伊峰狼群走向了辉煌，扩大了领地。21因为勇猛的捕猎能力，为小狼和狼群提供了充足的食物，狼群的存活率大增。巅峰时期德鲁伊峰狼群达到了37只，成为黄石国家公园最大、最知名的狼群，21也成为黄石国家公园威名远播的传奇伟狼。

说实话，我觉得这只传奇伟狼有点儿渣，不过，从生物物种多样性的角度来看，这只渣狼竟然带领着它的狼群，发展到37只狼，不仅说明它骁勇善战，富有领导力，也说明黄石国家公园的生态系统已经恢复到一定程度了。从外界运回狼和河狸来修复黄石国家公园生物多样性系统，这一修复思路是取得了很好的效果的，也作为现实案例展示了生物物种多样性稳定的重要性。

黄石国家公园狼的故事，也转变了西方国家人们对狼的看法，以前，人们认为狼是凶残的，但现在，很多人开始为狼辩解，说狼捕猎的都是那些老弱病残动物，也就是将那些已经影响食草动物群体健康发展的个体清除掉，而且狼的追捕，还可以使食草动物在警惕中保持活力，并将食草动物的数量控制在生态系统可以承受的最大范围之中。因为狼在生态界声誉的提升，人们开始喜欢狼了。1992年，几匹狼从意大利越境到达了法国莫康托国家公园，法国人立即就兴奋了，他们派出了一个工作组，主要是严密监控狼群，防止它们重新返回意大利。

3
气候变化引发生物物种多样性危机

人类化石能源的大量使用，几千年对于森林湿地等生态资源的过度开发，引发了碳失衡危机，导致了生物物种多样性的丧失。

所谓物种多样性，就是我们地球碳基生命是由非常多的物种构成的，而这些物种又通过食物链，或者其他互相依托关联的方式，形成稳定的生物物种多样性。例如，植物通过光合作用将无机碳合成有机碳，也就是葡萄糖等碳水化合物等，植物通过吸收这些葡萄糖等碳水化合物而获得成长。当食草动物（如昆虫、兔子、鹿、野猪、大象等）通过吃植物的根、叶、茎、果实等获得能量，就将有机碳从植物转移到了动物。而食肉动物（如狮、虎、豹、狼等）通过捕杀食草动物获得能量，实际上是实现了再次的有机碳转移。这个食物链的顶端是人类，人类不仅以食肉动物为食，也以食草动物和植物为食。在这些食物链中，任何一个环节的物种发生大范围灭绝，都可能引发其他物种的多米诺骨牌似的连锁反应，从而导致食物链的断裂，甚至生态系统的崩溃。

我们必须维持生态环境中物种多样性的稳定，否则就会导致生态系统的崩溃，危及人类的生存。上面这个狼与黄石国家公园的故事就说明了生物物种多样性的重要性。

黄石国家公园本来是一个生机勃勃的野生动物和自然资源保护区，却曾经因为狼这一生态物种的灭绝，而导致了保护区内其他动物和植物的连锁死亡，甚至导致了河流的消失和地下水位的严重下降，最终导致了生态系统的崩溃。最后，通过从其他州引进狼，再放回到保护区，才逐渐恢复了保护区的生机。所以，黄石国家公园里那块著名的牌子上面写着：狼拯救了黄石国家公园。

碳中和失衡导致的气候变化损害了生物物种多样性。因为气候变化，很多生物物种消失灭绝了。例如，气候变化导致的非洲干旱，就使大量的动植物死亡甚至灭绝。太阳炙热地照耀着干枯、开裂的大地，动物遗骸散落在干枯、开裂、炙热的灰蒙蒙的土地上。

4
饥饿濒死的北极熊

一个视频火了，视频拍摄的是一只在人类垃圾箱翻找食物的濒死北极熊，人们看到了它从瘦骨嶙峋的濒死状态一直到最后死亡的过程。这只可怜的北极熊，全世界好像都在为它流泪。这不是一只北极熊，很多北极熊都因为受到全球气候变暖的严重威胁而濒临死亡。

北极熊是可爱的动物，身上厚厚的白色皮毛和脂肪层足以抵挡北极的严寒。它靠在环绕北极的雪原和浮冰上，以狩猎为生。北极熊是游泳健将，也是一种喜好独来独往的食肉动物。它以浮冰为家，而浮冰会随时漂浮，因此会将北极熊带到一个遥远的地方。在靠近北极的五个国家：美国（阿拉斯加州）、加拿大、丹麦、挪威和俄罗斯的北极海岸线和海岛上都能见到北极熊。

全球变暖已经对北极熊的生活造成严重威胁。它们往往在结冰期靠捕食海豹等海上动物为生。但气候变暖导致的冰雪融化，使北极熊难以觅食，许多北极熊找不到栖息的冰川，捕食过程中，精疲力尽而死于海中。气候变暖导致北极的夏季无冰期延长，结冰期迟迟不到，北极熊就只得饥肠辘辘地待在岸上。因为食物缺乏，北极熊被迫进入人类居住地来觅食。

我前面说的那只网红北极熊，是加拿大摄影师拍摄的。那是一段非常令人震撼和流泪的一段视频：一只瘦骨嶙峋快要饿死的北极熊在垃圾桶里艰难地、饥肠辘辘地找东西吃，但是垃圾桶里什么都没有，它只能啃咬着一个旧雪橇的坐垫。最后，北极熊拖着后腿缓慢离开，满身污垢，充满绝望。因食物缺乏而致肌肉萎缩，行动艰难，濒临死亡。

在视频里，这只极度瘦弱饥饿的北极熊，仅剩的一点点毛发耷拉在脊背上，它步履蹒跚、绝望地用仅剩的一点力气走在陆地上寻找食物，缓慢而又痛苦地走向死亡。看着视频里这只可怜的濒死的北极熊，看着它绝望的眼睛，我们只能泪流满面，却无能为力。

这个视频完整地记录了因气候变暖冰川融化下这只可怜的北极熊饿死的全过程，它临死前的绝望和荒凉无助深深地震撼了我，这是一种灵魂碎裂的悲伤场景。在寂静的夜里，我对这只因饥饿而死的北极熊充满愧疚，是我们人类的自私和蛮横，让它失去了生存的家园，给它带来了死亡。

5
地球是一个扩大版的黄石国家公园

维持生物物种多样性是人类生存的必然需求。各种各样的物种为人类提供了丰富的食物、纤维和能量，它们还为人类提供种类齐全的药材、充足的工业原料，多种多样的生物也是旅游和娱乐的重要资源。但人类对地球的大面积开发，大规模化石能源的使用，导致了碳循环失衡，全球气候因此逐渐变暖。这种异常气候导致了很多物种的灭绝，很多物种的生存受到威胁，而物种的急剧减少将导致人类生态系统的失衡，直接威胁人类的生存。

现有的数据显示，工业革命以来，整个地球上物种灭绝的速度呈指数增长。世界自然基金会发布的《地球生命力报告2020》指出，自20世纪70年代以来，整个地球生物多样性的种群数量下降了68%，特别是水生生物，下降了84%。这是一个令人震撼的数据。各种各样的物种一个个灭绝后，最终面临灭绝的将是我们人类，而不是地球。地球从来不需要我们保护，即使经历了五次大灭绝，它还是好好的。一去不复返的是地球上一代代的地球生命霸主，上一代是恐龙，这一代，是我们人类。所以，我们的眼泪，并不全是为那只最终被饿死的北极熊流的，还为我们人类自己。就像温水煮青蛙一样，人类啊，人类，我们还感受不到步步逼近已经退无可退的生态危机吗？

不要忘记拯救黄石国家公园的狼，整个地球就像一个扩大版的黄石国家公园。我们必须维护生物物种多样性，否则，承受生态系统崩溃恶果的，将是我们人类自己。让我们延续狼与黄石国家公园的“浪漫情缘”，在地球上，与各种生命物种和谐共生，因为，这个地球是我们的家园，也是它们的家园。

澳大利亚 5只无辜的小兔子：生态系统多样性的稳定

5只平平无奇的野生兔子被带到了当时还没有任何兔子的澳大利亚。5只野生无害的可爱兔子，仅仅5只，但它们不是当时澳大利亚生态系统中存在的原生生物物种，澳大利亚生态系统演进中没有兔子这种物种，最鼎盛时期，这5只野兔繁衍出的兔子，在澳大利亚超过了100亿只，而当时全地球也才只有20亿人。所以，5只外来物种兔子，把澳大利亚几乎祸害到让人们觉得澳大利亚是不太适宜人类居住的大兔窝，感觉兔子才是澳大利亚的生态学霸主。

小小的兔子，竟然导致澳大利亚大陆生态系统崩溃，经济遭受重大损失，简直比千军万马的军队入侵还可怕。是可忍孰不可忍，澳大利亚政府终于愤而与兔子宣战。澳大利亚政府为了消灭兔子，组织了6次大规模的围剿行动。

澳大利亚的兔灾，说明了维护生态系统多样性稳定的重要性。由于资源禀赋的不同，每个区域生态系统在长期的优胜劣汰中形成的生态链也不一样。外来物种入侵之所以会对生态系统造成毁灭性打击，就是因为其生态系统里并没有演进出可以平衡衔接该物种的生态链。所以，理解和保护生态系统的多样性非常重要。

1
5只可爱的英国野兔抵达澳大利亚

我是很喜欢兔子的，可是，当我把我养的兔子的照片给我的澳大利亚朋友看时，他显示出了恐惧的神情。我就觉得他有些可爱，一个一米八几的魁梧男子汉，竟然害怕可爱的小兔兔？他说，如果你知道这些可爱无辜的小兔兔对澳大利亚干了什么，你就不会那么爱它们了。他告诉我，对于澳大利亚人来说，这些看起来可爱无害、咧着大门牙的傻兔子，其实比千军万马的军队入侵还可怕。他们曾经运用军事大围剿的方式，出动了军队和炮火，甚至轰炸机，和这些无辜小兔兔作战，最终竟然惨败。

故事的起源是风平浪静的，5只平平无奇的野生兔子被带到了当时还没有任何兔子的澳大利亚。5只野生无害的可爱兔子，仅仅5只，但它们不是当时澳大利亚生态系统中存在的原生生物物种，澳大利亚生态系统演进中就没有兔子这种物种，最鼎盛时期，这5只野兔繁衍出的兔子，在澳大利亚超过了100亿只，而当时全地球也才只有20亿人。所以，5只外来物种兔子，把澳大利亚几乎祸害到让人们觉得澳大利亚已是不太适宜人类居住的大兔窝，感觉兔子才是澳大利亚的生态学霸主。

澳大利亚，一个夹在印度洋与太平洋之间的国家。根据大陆漂移说的观点，澳大利亚在远古时期就从冈瓦纳古大陆分离出来，并逐渐孤立存在于南半球的海洋上。因此，在澳大利亚大陆上演化至今的野生物种与其他大陆相比有着很高的独特性。比如，虽然澳大利亚大陆生态优美，物种繁多，被称作“生物活化石博物馆”，但澳大利亚在其原始生态系统中，确是没有兔子这个物种的，兔子的登陆是殖民时代的一个小小事件。

1859年，一个名叫奥斯丁的英国殖民者来到了澳大利亚。他在英国习惯了以捕猎兔子为乐，因为经过进化的兔子灵活敏捷，奔跑速度很快，可以提升打猎的难度和乐趣。来到澳大利亚后，他觉得可能因为澳大利亚生态环境太好，其生态系统的动物生存太容易，所以，都不够灵活敏捷，好像傻呆呆地等着就擒。这么容易狩猎，实在无趣。有趣的人生需要挑战，所以，他委托侄子从英国寄来了20只家养兔子和5只野生兔子，放养在自己的农场，以便打猎用。

2
澳大利亚成为庞大的兔子窝

这5只无辜而又可爱的野生小兔兔，几年后，竟然繁衍出令人恐惧的100亿只以上野兔，超过了当时地球总人口数量，把风光明媚的澳大利亚变成了人类难以生存的大兔窝，澳大利亚成了野兔的乐园。

如果只有20只家兔是没法把澳大利亚祸害到如此程度的，关键是那5只野生兔子。欧洲的野生兔子和家养兔子简直像两个物种。欧洲可是有很多狮子、狼、狐狸等兔子的天敌。为了活命，欧洲的兔子进化出惊人的奔跑速度和敏捷灵活的转向跳跃。因为野兔的这些特点，为了增加狩猎的难度和有趣性，野兔向来在欧洲王公贵族们狩猎游戏中扮演着重要角色。而且，为了在这么多、这么强大的天敌围剿的情况下种族还可以延续，它们进化出惊人的繁殖能力。以一只健康的母兔子为例，年轻雌兔3～8个月大就可以繁殖了，每胎能生4～12只小兔子。全年任何时候都能怀孕，妊娠期约为1个月，最快可以在生小兔的第二天再次怀孕。一只成年雌兔一年可以怀孕4～7次，每年能产下30～60只幼仔。雌兔寿命约为9年，粗略算下来，一只雌兔一辈子要生200多只幼仔！在这200多只幼仔里面，哪怕只有20只是健康的，兔子的种群也依然非常庞大。这种高生育率帮助它们筛选出了更加优质的后代基因。

由于澳大利亚特殊的地理位置，其原生生态系统中没有兔子，所以也没有进化出兔子的天敌。而且澳大利亚有着非常适宜兔子生存和繁衍的草地和森林。由于没有天敌，没有了欧洲上空盘旋的金雕，更没有地上埋伏的猞猁、野狼和狐狸，野兔们在澳大利亚大地上尽情繁殖，这5只野兔在不到10年居然繁殖了数千万只。然后，以每年130千米的速度从澳大利亚南部扩散，到1920年，澳大利亚野兔的数量已经突破了令人恐惧的100亿只，而当时，地球的总人口也不过20亿。

这些兔子在澳大利亚领土上“占山为王”，成了澳大利亚人最头疼的强盗。它们所向披靡，因为没有天敌。澳大利亚并非没有捕食者，如袋狼和澳大利亚野狗。但是袋狼在野兔泛滥的年代，只生活在澳大利亚北部的一小部分区域，和野兔们井水不犯河水。野狗取代了袋狼成为澳大利亚顶级猎手后，却对野兔没有兴趣。因为野兔很难捕捉，它们的奔跑速度惊人，最快的时候可以达到每秒20米，还能瞬间刹车转向。兔子身上那点肉估计都没有野狗捕猎的消耗多，而且澳大利亚野狗确实也跑不赢兔子。

野兔泛滥后，首先遭殃的是澳大利亚的植被。在澳大利亚原本茂密的大草原上，密密麻麻的兔子们啃食着青草，大片大片的绿地就此消失成为荒原。在干旱季节，兔子们甚至爬到树上啃食枝叶和嫩芽。兔子的食量是如此惊人，它们好像在一刻也不停地吃。在澳大利亚干旱地区，每公顷土地上只需要存在10只兔子，就能把这块土地啃得寸草不存。

兔子们不仅大量地啃食着青草和树木，还到处挖洞筑巢。由于没有了绿地植被的保护，加上地下到处是兔巢，澳大利亚大陆的水土保持能力急剧下降，水土流失，土地沙漠化严重。兔子还抢夺澳大利亚原有野生物种的食物和巢穴，导致野生物种惨遭灭绝或者濒临灭绝。澳大利亚曾经是有袋类动物的温床，除了熟知的袋鼠外，还有鼠袋鼠、袋狸等小型袋类动物。但兔子的入侵改变了它们的生存环境。

例如，鼠袋鼠是澳大利亚原生的小型袋类动物，原来在澳大利亚到处可见。但兔子入侵后，经过不到100年的繁殖和扩张，抢夺鼠袋鼠的食物，霸占它们的巢穴，挤占它们的生存空间，现在，这一古老的澳大利亚土著物种，已经宣告灭绝了。

澳大利亚农业和畜牧业也因为兔子的入侵受到严重影响，澳大利亚曾被称为“骑在羊背上的国家”，但澳大利亚密密麻麻的兔子啃食了太多青草和树木，导致羊已经找不到草吃。这些可怕的数量众多的兔子吃庄稼，毁坏新播下的种子，啃嫩树皮和树枝，兔子所过之处，像蝗虫一样，风卷残云般吃光了所有的绿色植物。兔子还打地洞损坏田地和河堤，地下的兔洞连绵一片，就像是地下的防空洞，牛、羊踏在上面，常会陷入洞中。牧草因为地下有了空洞而无法生长。它们消耗了牧场的牧草和大量灌木，使畜牧业面临灭顶之灾。

3
澳大利亚政府组织对兔子进行6次大围剿

小小的兔子竟然导致澳大利亚大陆生态系统崩溃，经济遭受重大损失，简直比千军万马的军队入侵还可怕。是可忍孰不可忍，澳大利亚政府终于愤而与兔子宣战。澳大利亚政府为了消灭兔子，组织了6次大规模的围剿行动。

第一次，大规模的军事围剿。澳大利亚政府动用军队，不惜出动大量的兵力，全副武装出击，对兔子进行围剿，原以为可以一举歼灭，没想到收效甚微，在100亿只兔子面前，军队再威猛的武器好像都无能为力，兔子仍以迅雷不及掩耳之势增长。意识到人力的贫乏之后，澳大利亚出动了轰炸机，然而兔子天生便有打洞的习惯，再加上澳大利亚土地的广阔性和土壤的松动性，澳大利亚简直成了天然的防空洞，轰炸机威胁不了在地底下“享受生活”的兔子们。

第二次，悬赏围剿。无可奈何的澳大利亚政府开始向民众悬赏征集消灭兔子的方法，奖励金额高达25000英镑。如此高的重赏，就连法国著名的微生物学家巴斯德都被惊动了。他派出了三位得力助手到达澳大利亚，企图用鸡霍乱病毒消灭兔子，但兔子好像对这一病毒并不敏感，大名鼎鼎的巴斯德也只能灰溜溜地败退下来。

第三次，引入天敌围剿。兔子不是因为澳大利亚没有天敌才这么猖狂吗？在巴斯德的助手们落败而归之后，得到启发的澳大利亚政府一拍脑门儿，想出了一个自以为绝妙的主意，那就是大量引入兔子的天敌狐狸。这种方法一开始证明是非常有效的，但狐狸们很快发现，澳大利亚有比兔子更容易捕捉的猎物，各种肥胖笨拙的袋类动物，这些慢吞吞的有袋类哺乳动物，比兔子容易捕捉多了。兔子实在跑得太快，肉还少。既然有更好的选择，为什么非要捕食那讨厌的兔子？狐狸们都是经济学家，而且澳大利亚政府也没有给狐狸发工资和奖金，在利益选择面前，移居澳大利亚的狐狸，以经济理性人的思考，集体背叛了澳大利亚政府，开始放弃捕食兔子，转而捕食澳大利亚本地的小型有袋类动物。

因为狐狸在澳大利亚也没有天敌，而有袋类动物肥美而又容易捕获，所以，狐狸也开始在澳大利亚泛滥，并威胁着澳大利亚土著动物的生存，几乎把小型有袋类动物吃灭绝了，简直是兔灾之后的狐狸祸害。兔子和狐狸双双泛滥，澳大利亚政府感觉真是偷鸡不成蚀把米。为了不使这些澳大利亚土著的小型有袋类动物灭绝，澳大利亚政府不得不派出军队消灭狐狸。至此，第三次引入天敌对兔子的围剿行动，宣告失败。

第四次，修建防兔长城围剿。难道我们就对这可恶的兔子束手无策了吗？绝望中的澳大利亚政府苦思良久，决定采用一种较为原始的对兔阻击方法，据说是受到了我国古代修筑长城防范匈奴的启发。澳大利亚政府和澳大利亚人民耗时7年，修建了一条纵贯澳大利亚大陆的铁网护栏，希望可以阻止兔群侵袭西部肥沃农业区域。网栏共有三条，南北总计长达3000多千米，是当时世界上最长的人造铁网工程。

但这个工程巨大的防兔长城，并没有阻止兔子迈向肥沃农业区的脚步。兔子具有超强的钻洞能力。没过几年，这些费尽心血建造出来的防兔长城，就因为自然环境的侵蚀而变得伤痕累累，在兔子面前，形同虚设。这次修建防兔长城的围剿，也宣告失败。

第五次，毒药灭杀围剿。几次失败让澳大利亚政府彻底恼羞成怒，失去耐心了，要想大规模地消灭野兔，看来只有"在饭里下毒"了。澳大利亚政府动用了第二次世界大战中对付日本侵略者的轰炸机，但是考虑到之前军事围剿失败的教训，这次轰炸机投下的不是炸弹，而是毒药。这是两败俱伤的办法，"杀敌八百自损一千"，虽然杀死了一些兔子，但许多牲畜也惨遭连累，还有很多澳大利亚土著物种也在这次对兔子的大围剿中被无辜毒死，投毒地区的生态环境遭到破坏，而且部分毒药还随风传播，污染附近的农作物和水源……损失太大，澳大利亚政府只好放弃了这种方法。

第六次，生物病毒围剿。几次大规模对兔子的围剿都失败后，澳大利亚政府和民众都又气又急，看着经过几次大围剿的兔子不但没有收敛，反而繁殖得更加猖狂。人们叹息着，再这样下去，澳大利亚说不定就会成为不再适宜人类生存的地方，人类要在澳大利亚让位于兔子，澳大利亚就要变成一个庞大的兔子窝和兔子乐园了。大家看着这些可恶的兔子猖獗地在澳大利亚横行，气得牙痒痒，却没有办法。“人兔之战”就这样勉强僵持着。

一直到了20世纪50年代，饱受兔子折磨的澳大利亚人民终于迎来了曙光。生物学家们从南美洲引进了黏液瘤毒素，这种病毒只对野兔有致命伤害，对人和其他动物无害。黏液瘤病毒一经引入，便很快取得了效果。这种病毒在野兔中间快速传播，兔子的死亡率极高，1952年，澳大利亚90%的兔子种群被消灭。到了1990年，兔子的数量终于控制在了6亿只。澳大利亚人似乎看到了“人兔大战”胜利的曙光，可万万没想到的是——野兔进化了。存活的野兔很快就进化出免疫力，野兔感染黏液瘤病毒的死亡率下降到40%左右。野兔们通过强大的繁殖能力，硬生生通过“群体免疫”，进化出了免疫能力。所以，对于剩下的兔子，好像黏液瘤病毒再也不起作用了。

在长期被围剿的压力下，澳大利亚兔子进化出与普通兔子非常不一样的特征。澳大利亚的野兔不同于我们眼中正常的野兔，不仅体型巨大，很多兔子每只超过50千克，而且异常凶猛，并不是我们平时看到的温顺兔子的模样。其差一点儿就要像恐龙一样，成为澳大利亚的生物霸主，气势肯定是比黑帮老大还要足的。

4
多样化生态系统稳定的重要性

澳大利亚的兔灾，说明了维护生态系统稳定的重要性。在生物圈中，有处在食物链顶端的，也有处在食物链最底层的，每个区域的生态系统，在长期进化演进中，每种生物之间形成了相生相克的联系，以此达到生态系统的相对平衡。正是生态系统中生物种群之间的互相竞争、相互制约，大自然在千万年的演进中，通过优胜劣汰，形成了生物物种和基因间的微妙联系，将生态系统与生物物种和基因协调起来，从而给每一种生物物种带来适宜的生活和生存环境。

因此，当外来物种入侵到一个处于平衡状态的生态系统中时，就会导致这个物种因为不适应该生态系统而死亡，或者健康受损；或者因为该生态系统没有进化出其天敌和制约机制，无法控制其繁殖数量，导致其以一种不可遏制的速度迅速增长。这时候生物链就会出现断裂，生态环境就会失衡，生态系统就会崩溃，人类也会备受困扰。澳大利亚野兔的泛滥就是生态系统受损失衡的典型案例。

澳大利亚野兔泛滥的危害，生态系统的崩溃，给我们以警示。我们必须保护区域生态系统的稳定，这是生物多样性保护的重要内容。我们总是认为，大自然是那样庞大，生态系统是那样宏观，我们人类的行动再剧烈、规模再大，对于生态系统都可以忽略不计，绝对不会引起生态系统崩溃的，生态系统崩溃应该只是在电影科幻片中出现。但是，澳大利亚大陆生态系统的崩溃，规模宏大的野兔泛滥，其起源也只是一件大家可能认为平常的小事，平平无奇的5只野生兔子，眨巴着无辜的大眼睛，咧着可笑的大门牙，被带到了澳大利亚。当这位热爱打猎的英国人奥斯丁请他的侄子运来这5只小小的野兔子的时候，他能想到，他的这一微不足道的行动，打开了野兔泛滥的“潘多拉魔盒”，几乎把澳大利亚给毁了吗？多米诺骨牌的崩塌，也就是因为5只小小的兔子。

敬畏自然！

地球的缩影：复活节岛的悲剧

当我踏上复活节岛，神秘的摩艾石像，历经了千年沧桑，就这样在孤独空旷的海边寂寞地矗立着，好像在静静地告诉我当年他们那些辉煌的历史文明。可惜当初的鼎盛文明并没有带给岛上居民永远的美好生活，他们反而陷入生态毁灭的困境。当时绝望的复活节岛人向往着可以像飞鸟一样离开这个岛屿，开拓新的生存空间，但是，因为复活节岛孤悬在太平洋，离其他岛屿都很远，他们无法像飞鸟一样离开这个自然资源已经逐渐耗竭的孤岛。我忍不住叹息，这不是像我们现在派出各种宇宙飞船去太空，希望可以找到除地球之外其他适合生存的星球一样吗？

复活节岛是太平洋上一个孤零零的小岛。而我们地球，是在太空中的一艘孤零零的宇宙飞船。我们都在不顾后果地大量消耗着自然资源，我们都没有任何外援可以补充和供给。复活节岛的悲剧，就是地球的缩影呀！

为了防止复活节岛的悲剧成为人类最终的命运，生态经济学家鲍尔丁指出，我们必须改变将自己看成自然界的征服者和占有者的态度，必须认识到地球资源与地球生产能力是有限的，必须改变我们目前的经济增长方式，要从“消耗型”改为“生态型”，要实现人与自然的和谐共生发展。鲍尔丁指出的人与自然生态系统融为一体的发展道路，就是我们现在的生态文明建设之路。

1
复活节岛上神秘的巨型石像是外星人建造的吗?

我终于决定去复活节岛看看了。复活节岛的故事，自从我开始学习可持续金融，就作为可持续发展的经典故事，在各种文献和课程中出现。我的导师告诉我，复活节岛的悲剧，就是地球的缩影。

复活节岛是世界上最与世隔绝的岛屿。它位于南太平洋东部，面积约117平方千米，是孤悬在浩瀚的太平洋中的一个孤零零的岛屿。它与离它最近的智利有约3600千米的距离，飞机在海面上空直线飞行也要飞整整5小时。离太平洋上其他岛屿也非常远，其中离它最近的皮特凯恩群岛的距离有2075千米。三座火山在100万年前的喷发形成了复活节岛的主体。1722年4月5日，这一天正是复活节，荷兰航海家洛加文发现并登上了该岛屿，因此，这座岛屿就被称为复活节岛。

洛加文在登上复活节岛时，发现岛上有成百上千座巨大的雕刻石像，这些石像巨大，最高的达22米，相当于7层楼高，重300吨以上。很多石像头上还戴着石帽子，这些石帽子由红色火山岩石雕刻而成，重11吨以上。而且石帽子和石像不是由同一块岩石雕刻而成的，是雕刻好后再放到足有10多米高的巨大石像上。这些雕刻好的石像竖立在60米长、3米高的石砌平台上，平台在海滩上。数量这么多、雕刻如此精细的巨型石像，显然是需要比较先进的文明才能制作出来的。

但是，洛加文在登上复活节岛时，发现该岛仅有几百人，还处于石器时代，生活极其贫苦，岛上居民的房子是由茅草搭成的棚子，或者有的人直接住在山洞里。岛上没有森林，只有很少的几棵树、一些枯零的荒草。因为土地贫瘠，岛上没有任何农作物，只有一点儿生命力特别顽强的甘薯；也几乎没有什么动物，只有一些老鼠。因为没有树木可以造船，岛上的居民也无法到深海去捕鱼，只能在海边捕捉一些小鱼虾。岛上的居民就以少量的甘薯、海边捕获的一些小鱼虾或者抓到的老鼠为生，根本吃不饱。岛上的居民都很瘦，因为饥饿而营养不良。

这样贫困的状态，这样落后的文明，这样稀少的人群，他们怎么有力量、有技术、有心情雕刻那么巨大、那么精细、重达300吨以上的石像呢？而且这些石像有上千座。海滩显然没有如此巨大的石头，可以采取如此巨大石头的地方，离海滩还有几十千米，在岛上没有任何巨大木头做运输的木车、没有任何适宜做绳子的植物的情况下，他们怎么能把几百吨的石像从采石场运送到海滩？这些疑惑，吸引了大量考古学家前去探索。

因为这些难以解释的巨大石像，复活节岛被世人称为世界上最神秘的地方。当时很多人认为，石像是比地球上更文明的外星人制作的，他们为了某种目的，选择这个太平洋上的孤岛，建了这些石像。但是，岛上有很多被丢弃了、用钝了的石器工具。比地球人更文明的外星人，能够穿越宇宙来到地球，会需要用石器工具制造石像吗？

2
考古发现巨型石像来自岛上曾经存在的先进文明

考古学家们经过长期研究，终于揭开了这些石像的秘密。根据考古发现，复活节岛原来是一座森林茂密、植被丰富的岛屿。复活节岛由三座火山构成，而火山土壤都是极其肥沃的，因为火山喷发的火山灰含有非常丰富的硫、磷、氮等营养元素。例如印度尼西亚的火山口，森林植被就非常茂盛，各种农作物很容易生长；还有夏威夷群岛，是地球上最美丽、最绿色的生态系统之一，其所依托的，就是火山活动之后形成的肥沃土壤。最初的复活节岛的景观和我们现在的夏威夷群岛很相似，肥沃的火山土壤，常年降雨的气候，使森林几乎覆盖复活节岛全岛，森林里池塘和沼泽密布，淡水水系发达，鸟语花香，物产富饶。

考古学家通过地下花粉等分析认为，当时森林中生长着一种刺蒴麻属植物哈兀哈兀（hau hau），其纤维可以用来制作绳子。还有一种特殊的树木，叫托罗密罗树，木质坚硬，可以制作木船。特别是，当时岛上森林中还生长着大量大棕榈树，其树干笔直，可以长到25米高，树围可以超过两米。但大棕榈树生长缓慢，其种子要过6个月到3年才能发芽。即使在复活节岛这么好的自然条件下，大棕榈树的生长也比较缓慢。这些大棕榈树不仅是制造木车、木轮、大船的好材料，而且结的果子可以食用，树浆可以生产糖浆和酿酒，是岛上重要的食物来源之一。

有了这些树木，岛上的居民就可以大量制造运输巨大石像的木车、木轮、绳子等，还可以用原木铺地来减少摩擦。这是石器时代人们运送巨型物质最经常运用的手段，埃及金字塔的石块也是这样运输的。考古学家们在复活节岛巨大的石像身上，发现了绳索勒紧的痕迹，可以看出它们被绳索向上牵引。

同时，这些巨大的木头还可以建造大木船，让岛民们有条件到深海捕鱼。考古学家通过对沉积在地下的垃圾层进行分析发现，历史时期，在岛上居民的垃圾里，动物骨头几乎有1/3来自海豚，这说明当时岛上居民大量捕食海豚来获得动物蛋白。但海豚只生长于深海，如果没有很大的木船，根本无法到深海捕猎。从考古发现可以知道，当时复活节岛的居民已经可以建造很多大型渔船到深海捕猎，而建造这样巨大的渔船，肯定需要用大棕榈树的树干。

有了茂密的森林，就会生长各种动物。考古发现，复活节岛上曾经至少有25种海鸟筑巢繁殖，是那一时期整个太平洋最繁盛的鸟类繁殖地，成千上万只海鸟在森林和海面盘旋、鸣叫；猫头鹰、鹦鹉等也是岛上经常可见的动物。另外，在森林的保护下，当时岛上也有很多农作物，种植的植物包括香蕉、甘薯、芋头、甘蔗等，农作物余留很多，所以岛上居民还养了很多鸡。因此，考古学家复原出来的复活节岛，像一个小天堂。

在丰饶物产的支持下，岛上居民不愁衣食，人口也迅速增长，达到两万多人，并具有先进的文明。当时岛上根据地理区域分成了很多部落，形成了独有的文化，并建造出连现代人都叹为观止的石像。

出于宗教信仰，复活节岛上的各部落竞相建造石像，他们相信，这些石像象征着神灵的力量，哪个部落拥有更多石像，哪个部落的石像更高大，就可以获得神灵更多的护佑，而且可以向其他部落展示本部落强大的实力。在这种部落竞争的驱动下，石像做得越来越高大，做得越来越多。

岛上丰富的物产使岛民有体力、有精力、有时间雕刻巨大的石像。他们砍伐大量的树木做木车、木轮，还用原木铺设路面减少地面摩擦以便车辆在运送石像的时候更加平稳，这是一项很大的木材使用支出。他们砍伐大量的树木做大船，因为人口增加需要更多的食物，而深海的海豹、海豚比近海的鱼，脂肪更丰富，味道更鲜美。

岛上1000多座巨型石像就是这一时期雕刻建造的。考古学家们从地下挖掘出了500多件石斧、石锤等雕刻工具。根据考古发现，岛上的人们可以识别不同岩石的软硬，并利用这种软硬程度的不同来区分原料和工具（如用比较软的火山岩做雕像的材料，用比较硬的玄武石做工具，来雕刻巨型石像），还可以用巨木建造大型木车、木轮来运输石像，而且有宗教信仰，这说明当时岛上的文明已经很先进了。

甚至，他们还有了自己的文字。在考古中，人们发现了一些深褐色的木板，上面刻满了一行行图案和文字符号。有长翅两头人，有大眼、头两侧长角的动物，有螺纹、小船、蜥蜴、蛙、鱼、龟等，考古学家和古文字专家经过研究，发现它们是复活节岛的古文字。复活节岛文明甚至已经有了复杂的象形文字。目前，很多考古学家和语言学家在研究复活节岛的古文字。复活节岛的古文字被称为“郎戈朗戈语”。目前世界很多国家都收藏了这种刻有复活节岛古文字的木板，全球共有20多块，分别保存在伦敦、柏林、维也纳、华盛顿、火奴鲁鲁、圣地亚哥、圣彼得堡等的博物馆。

3

对岛上自然资源过度开发导致先进文明的衰退

可是，这样兴盛的文明，怎么就衰败到岛上几乎人类灭绝的地步呢？

复活节岛孤零零地悬在浩瀚的太平洋上，即使离它最近的岛屿也不是当时的航海技术可以到达的。复活节岛上部落竞相建造巨型石像，导致岛上资源耗竭，他们没有办法从岛外获得资源补充，也没有办法转移到其他岛。

大量砍伐树木导致森林的消失。部落之间的竞争需要雕刻建造更多、更高、更大的石像，需要砍伐大量的树木；人口增加，人们需要更多地进入深海捕海豹、海豚，以获得更多、更鲜美的肉食，还有用它们的牙齿或者骨头做装饰品（如用来做女人的饰品，用来象征男人的地位，以及用于房屋的装饰等），这就需要更多的大船，砍伐更多的树木；建造更多的房屋，以显示地位的尊贵，也需要砍伐更多的树木。而且，农业的产出比森林的产出高，随着人口的迅速增加，需要砍伐更多的树木，将林地开垦成良田。森林树木被大量砍伐。

当时的人们并没有意识到这会产生怎样的后果，他们忙着部落之间的竞争。森林的产权是不明晰的，在这种情况下，每个部落都想砍伐更多的林木，获得更多的资源，从而获得更多的人口增长，建造更多、更大、更高的石像，建造更多、更大的木船，希望成为一统岛屿的英雄。

但是，复活节岛的森林主要构成是大棕榈树，这种树的成长是非常缓慢的，当森林砍伐的速度超过林木再生的速度时，森林的衰退和面积的急剧减少就是不可避免的。根据考古学家的发现，在公元800年，森林的毁灭就已经开始。从那时起，地层中的大棕榈树和其他树木的花粉就越来越少。岛民大量砍伐树木，用来制造大型木船、制造木车木轮、建造房屋，或者烧毁作为耕地。

岛上先进的技术被用来征服自然以满足人们的各种急剧扩张的需求，而不是探索如何顺应自然。森林最终在岛民的暴虐下消失了，它们的再生能力和自我修复能力赶不上岛民破坏的脚步。自此，人类和大自然拉开了互害的帷幕。

没有了大棕榈树等大型树木的维护，岛上生态环境开始恶化。因为没有大木头可以建造大船进入深海捕鱼，人们只好更多地将草地开垦成农田，以供养人口。农田的土壤是松散的，没有了草稳定根系，没有了森林阻挡狂野粗暴的海风，岛上的水土流失严重，土壤越来越贫瘠。很多地方开始出现石漠化。很多土壤都被冲刷掉了，露出了裸露的岩石。除了生命力顽强的甘薯，其他的植物物种在岛上灭绝了。没有了森林的卫护，岛上的鸟类也越来越少。到最后，所有的陆地鸟类和大部分海鸟都在岛上灭绝了。

可吃的食物越来越少，人们越来越饥饿。于是，不可避免地，岛上各部落开始了战争，以争夺食物或者捍卫食物。战胜的一方就会推倒对方建造的巨大石像，以此宣告胜利，并希望借助神灵的力量置对方于死地。食物越来越少，越来越多的人被饿死，或者战死。考古学家甚至发现，他们开始吃人，也许是战败的其他部落的人，如俘虏。在考古分析当时遗留的食物垃圾时，考古学家们在这一时期再没有在食物垃圾中发现海豚、海鸟或者其他动物的骨头，而是发现了人的骨头。

消耗掉岛上所有资源的人类，也想向岛外突围，寻求新的生存之地。但复活节岛是孤悬在太平洋的岛屿，他们没有飞机，没有森林，没有木头甚至连大型木船都制造不了。他们只好被围困在复活节岛，为自己疯狂征服大自然的行为，接受大自然的惩罚。他们也幻想过飞出去，所以衍生出飞鸟图腾崇拜，他们幻想出鸟人这样的神灵，可以带领他们飞离这座资源已经被他们消耗殆尽的岛屿。但终究，没有实现。

复活节岛的先进文明就这样衰落了。所以，当1722年4月5日荷兰航海家洛加文登上这座岛屿的时候，看见的就是仅仅几百人分散地住在岛上，没有文化，没有组织，有的住在茅草棚里，有的住在石洞里。他们只有一点点甘薯、老鼠可以吃，或者海边的一点儿小鱼虾，总是处在饥饿之中。岛上没有森林，只剩下孤零零的几棵小树，还有零零落落的荒草。

4
复活节岛就是地球的缩影

还记得当年我第一次听导师讲述复活节岛的故事的时候，十分感慨，觉得导师说得很对，复活节岛的历史就是人类的命运史呀。技术是“双刃剑”，如果我们运用技术来找到自然和人类和谐共处的方式，技术就会推动人类走向更好的前途；如果我们运用技术来与自然对抗，只想征服自然，自然会狠狠地回击我们。

生态经济学家鲍尔丁提出的宇宙飞船经济理论就已经指出，我们地球就像茫茫太空中一艘小小的宇宙飞船，孤独地在太空航行。没有外援，没有其他星球的资源互助。目前传统工业文明引导下的这种以征服自然、改造自然为目标的经济增长方式，迟早会让这艘大型宇宙飞船内有限的资源消耗殆尽，而生产和消费过程中排出的废物将污染飞船并毒害舱内的乘客，最终导致宇宙飞船系统的崩溃和坠落。

本来经过几十万年的进化和演进，大自然已经形成了一个良性互动的生态系统。比如，人类在新陈代谢中会吸收氧气，产生二氧化碳；而森林却刚好会吸收二氧化碳，释放氧气。人类和自然这种共存共生的良性互动，却被人类大规模征服自然的行动摧毁了。

传统的城市化、工业化，很少在设计中考虑如何与自然共存。人类为满足自己大量的奢侈需求而不是必要的需求，开始大量砍伐树木，采掘各种化石能源等矿产资源，并在使用这些物质的过程中大量排放二氧化碳以及废水、废气、废渣。工业革命发生后不到300年时间，人类排放的二氧化碳已经超过了地球自有人类以来100万年所排放的二氧化碳总量。这样的发展模式如果不改变，地球上的陆地都将变成灰色、黄色、黑色而不是绿色，人类的可持续生存真的堪忧呀。

地球上生命生生不息的奥秘，就在于地球是一个自给、自足、自我循环的生态系统，在这一生态系统的循环中，从来就没有污染物的概念。例如，人类呼出的二氧化碳是植物生长必需的物质，而植物生长所释放的氧气又是人类生存必需的依托。在太阳能的推动下，地球生态系统日复一日、年复一年地进行着物质的周期循环，而生命就在这川流不息的物质循环中得以体现。

在大自然给予我们的这样完美的生态系统循环中，二氧化碳怎么会是污染物呢？没有二氧化碳，植物怎么生长？现在这种全球气候变暖的恶劣局面的出现，不是二氧化碳的错，而是人类的错。我们以为我们可以征服自然，可是我们自己本身就是自然的产物，我们自己就是自然的一部分，把自然征服了，人类还能存在吗？

复活节岛是太平洋上一个孤零零的小岛，而我们地球是太空中的一艘孤零零的宇宙飞船。我们都在不顾后果地大量消耗着自然资源，我们都没有任何外援可以补充和供给。复活节岛的悲剧就是地球的缩影呀。

为了防止复活节岛的悲剧成为人类最终的命运，生态经济学家鲍尔丁指出，我们必须改变将自己看成自然界的征服者和占有者的态度，必须认识到地球资源与地球生产能力是有限的，必须改变我们目前的经济增长方式，要从“消耗型”改为“生态型”，要实现人与自然的和谐共生发展。鲍尔丁指出的人与自然生态系统融为一体的发展道路，就是我们现在的生态文明建设之路。

5
踏上复活节岛

复活节岛属于智利，而且已经被智利设立为国家公园，用国家公园的体制来帮助恢复复活节岛的生态环境。1995年，复活节岛作为国家公园被列入《世界遗产名录》。虽然复活节岛作为国家公园开放给大家旅游参观，但是，帮助岛上恢复生态环境是首要任务。为了防止游客过多给复活节岛的生态环境恢复带来影响，控制上岛人数，智利政府没有开放除圣地亚哥之外的任何航班，也没有在复活节岛上修建大码头，除了小帆船，不允许任何大船停靠在岛上。

我是在圣地亚哥坐上了去复活节岛的航班，从圣地亚哥到复活节岛，要飞5个小时。从飞机机窗往外看，是白云如絮、浩瀚无边的太平洋。飞机飞进复活节岛上空时，整个岛屿像一块峭立在茫茫海洋上的巨石，岛上还是没有恢复茂密的森林，更多的是草地。

作为国家公园，智利一直努力在岛上种树，按照考古学家发现的在复活节岛出现过的树木品种，移植了大量的棕榈树，还有波罗蜜树，努力想把复活节岛的生态恢复到历史时期较好的状态。另外，担心旅游影响生态恢复，复活节岛上的所有东西都不是复活节岛上生产的，包括蔬菜，全部都是从圣地亚哥空运过去的。

因为复活节岛的生态太脆弱，就好像一个大病一场的人，正在恢复之中。智利政府担心，即使是农地开垦，因为土壤裸露松散，在海风的袭击下，也会产生水土流失。所以，目前复活节岛基本维持全部原始的状态，连农业也没有。尽管智利政府为修复复活节岛的生态做了很多努力，但目前来看，树木还是稀疏的，无法形成森林的密度。砍伐和毁掉森林是容易的，但要重新恢复，则非常艰难。

5个小时，终于飞到了复活节岛。机场到达厅入口，是一个茅草棚，顶棚是用一艘倒扣的木船撑起来的，很有特色。因为入岛游客数是严格控制的，很少，所以，就可以享受一些特殊的温馨服务。比如，出了机场，旅馆就派了工作人员来接，一位温暖、亲切的中年女士凯伦夫人，她举着牌子在飞机场出口处等待，看见我，就热情地帮我戴上很美丽的花环。坐在车上，她特意慢慢开，好让我在车上可以欣赏复活节岛的风景。

复活节岛上人很少，一路几乎看不到游客或者其他人。为了恢复生态，智利政府在复活节岛移植了很多树和花。树不太多，可能生长不太容易，但沿途草地上确实有一些鲜花，特别是很多黄灿灿的小花，我叫不出名字。土坡草地上有牛羊在吃草，但非常少。很少的牛羊在面积如此大的空旷的草地上吃草，牛羊也是非常悠闲的。沿途还有一匹马，它也在草地上吃草。凯伦夫人说那是从欧洲带来故意放养的野马，牛羊也是野生状态放养的，没有主人，让它们在岛上自由繁衍，以形成良性生态链。

凯伦夫人热情地和我介绍说，岛上人很少，所以，没有公共交通，只有一个村镇——安加罗阿镇（Hange Roa），旅馆就在镇上。岛上只有一条路，是砂石铺的，环绕全岛，以便游客观赏岛上风景。一会儿就到了安加罗阿镇，镇上全是平房。只有一条街道，有超市、餐厅和租车行。凯伦夫人很热情，让我在房间里休息一下，并对我说，如果饿了，可以电话订餐送到房间，房间的桌上有送餐到房间的菜单。

窗外30米悬崖下就是太平洋，躺在床上就可以欣赏太平洋的美景。看送餐菜单，因为所有蔬菜、水果都是从圣地亚哥空运过来的，选项并不太多。但是，生命力顽强的甘薯一直是在岛上生存的“土著”。我要了一份煮甘薯。

洗了澡，换上宽松的睡衣，正喝着茶，甘薯就到了。面对着太平洋的惊涛骇浪，悠闲地躺在躺椅上吃甘薯，真是一种特殊的体验呀。夕阳慢慢浸入海面，把整个太平洋照耀得一片辉煌，海浪卷着白沫在悬崖下激烈地冲击着海岸。

6
参观神秘的摩艾石像

第二天一大早，我就赶到海边，看摩艾石像，这是我此行最重要的目的了。那个无数专家学者提到的摩艾石像，就矗立在海边。石像整齐地排列在海边的石头平台上，高矮不一，但最矮的也有6米，相当于两层楼高。它们形象奇特，神情严肃地面对着大海。这些石像是用淡黄色火山岩石雕刻而成的，有的还戴着帽子，帽子有十几吨重，是用红色的火山岩石雕刻的。为什么有些石像戴着帽子，有些石像不戴帽子呢？是不是因为石像所代表的身份不同呢？戴着红帽子的石像是不是体现这位神灵更加尊贵一些呢？

晨曦照在石像的身上，然后，太阳从海平面冉冉升起。这些历经了千年沧桑的石像，就在这孤独空旷的海边寂寞地矗立着。

复活节岛上到处都散落着这些巨型石像，有的卧于山野荒坡，有的躺倒在海边，还有几十尊竖立在海边的石台上，单独一个，或者成群结队，面对大海，静默不语。靠近火山口的斜坡上有一个遗址，据说是当年的采石场，很多的摩艾石像在那里散落着，有的站着，有的卧在草地上，有的只有头部露在外面，其他部分埋藏在土里。在山坡上，还坐落着迄今为止发现的最大的摩艾石像，足有22米高，300多吨重。

沿着山路往上走，有岛上居民在鼎盛时期建造的石头房子的遗迹，很宏伟，都是大块巨石建造而成的。再往上走，是火山口，里面是积聚的雨水，水里的绿藻净化了湖水。从山顶往下看，大部分是草地，树很少，但山坡上开着很多灿烂的小黄花。在另一个火山口，里面是薄薄的草层，并没有其他火山口森林茂盛的景象，有一棵小树，孤独而又顽强地矗立在火山口。

在一片绿草幽幽的山坡上，一些非常完整的石像竖立着，神态各异，有些姿态甚至还很妖娆。在蓝天白云的衬托下，依靠着群山，好像在静静地告诉我当年他们那些辉煌的文明历史。可惜当初的鼎盛文明并没有带给岛上居民永远的美好生活，反而使他们陷入了生态毁灭的困境。

7
博物馆考古文物再现岛上曾经辉煌的先进文明

复活节岛上有一个小小的博物馆，博物馆的介绍告诉我们，岛上一共有1020尊石像。

博物馆里展出了很多石制工具，是1000多年前岛上居民用来制作石像的石斧、石锤。博物馆里还展出了古代岛上居民用动物牙齿和骨头打磨的装饰品，很精美。古代复活节岛居民，男性用这些装饰品显示地位，女性用来修饰和展现容貌，还用来装饰屋子。

展品中还有一个只有一米高的女性摩艾石像，身形纤细修长，甚至雕刻出了胸部的女性特征，脸部五官也明显区别于男性。真是令人惊讶，这是石器时代呀，竟然可以雕刻出这么精细的石像，说明当时的雕刻技术确实比较高，这是当时具有较发达文明的重要体现呀。

博物馆还展示了刻有郎戈朗戈语言的木板，被称为“会说话的木板”。郎戈朗戈木板是一种深褐色浑圆的木板，有的是长条形，有的是圆形，还有的像一条鱼的模样，上面刻满了一行行图案和文字符号。

最先意识到这种木板价值的，是法国传教士厄仁。厄仁在复活节岛上生活了将近一年时间，识别出这些木板上的图案和文字是古老的复活节岛古文字。这个发现立即引起了考古、历史、语言文学等学科学者的广泛兴趣。人们希望通过这些文字和语言，了解更多复活节岛的故事。

后来，有一位名叫棉托罗的青年从复活节岛来到泰堤岛，自称能识别郎戈朗戈木板上的文字。他立即被大主教召进府读唱了15天，主教在旁急速记录符号，并用拉丁语批注，写了一本日记。泰堤岛主教佐山很重视郎戈朗戈文字，认为这是在太平洋诸岛所见到的第一种文字遗迹。它证明了复活节岛当时比其他太平洋诸岛的文明都要先进。

1915年，英国考古学家凯特琳女士率领一支考古队登上了复活节岛。听说岛上有位老人懂郎戈朗戈语言，立即前去拜访。老人叫托棉尼卡，不仅能读郎戈朗戈木板上的文字，还写了一页给凯特琳，但不知什么原因，已经重病垂危的老人至死不肯说出它们的含义。

1954年，一位研究民族志的学者巴利伐在罗马僧团档案馆发现了一本油迹斑斑的本子，识别出那就是“佐山主教的笔记”。他立即潜心研究，两年后，他声称已经破译了郎戈朗戈文字，并根据一些郎戈朗戈木板上的文字符号和图案，翻译出记录的一些复活节岛古老的宗教仪式。

1996年，俄罗斯历史学博士伊琳娜经过30多年的研究，声称已经破译了现存的一些郎戈朗戈木板上的文字。

8
鸟人文化寄托着绝望的岛人开拓新生存空间的企盼

我还参观和考察了复活节岛的鸟人文化。复活节岛的鸟人文化主要聚集在奥朗戈村。鸟人文化的产生，是因为复活节岛上雕刻巨型石像几乎耗费了岛上的所有自然资源。随着森林的大量砍伐和消失，土地日益贫瘠，岛民为争夺有限的自然资源以维持生存，各部落间不断发生战争厮杀，日益加速岛上资源的耗竭。这时候，开始出现鸟人文化和飞鸟图腾，绝望的复活节岛人向往着可以像飞鸟一样离开这个岛屿，开拓新的生存空间。

但是，因为复活节岛孤悬在太平洋，离其他岛屿都很远，他们无法像飞鸟一样离开这个自然资源已经逐渐耗竭的孤岛。

在奥朗戈村很多的岩石上，都刻着鸟人图像。这些鸟人图像，都是半鸟半人，长着人的手脚，却有鸟的翅膀。在奥朗戈村，有300多幅鸟人图像被雕刻在岩石上，甚至这一时期出现的摩艾石像的背后，都刻着飞鸟的图案，代表着这一时期岛上的飞鸟图腾崇拜。但会发现，这些刻着飞鸟图案的摩艾石像，已经没有以前的石像高大了。资源的匮乏，让岛上的人们已经无法雕刻出巨大的石像了。

我忍不住感叹，这不是像我们现在派出各种宇宙飞船去太空，希望可以找到除地球之外其他适合生存的星球一样吗？

令我更为感慨的是，根据介绍，当年的奥朗戈村，还坐落着全岛唯一的一尊用坚硬的玄武石雕刻的巨人石像，而岛上其他的石像则全是用较软的灰黄色凝灰岩火山石雕刻的。可惜1886年英国人来到复活节岛，将这尊石像陈列在了英国伦敦博物馆。但我看到了这个石像的照片。这尊石像高2.5米，确实没有以前的石像高大，但雕刻得极为细腻、精美。

能克服石制工具硬度的限制，在坚硬的玄武石上雕刻石像，说明鸟人文化时期，摩艾石像文化也已经发展到顶峰。可惜，再先进的科技，如果不是顺应自然，而是征服自然、利用自然，虽然短期可以带来繁荣，却终将是灾难。

9
静默的石像“述说”着千年悲伤的故事

复活节岛的日落非常晚，晚上8点了，复活节岛还是一片夕阳灿烂。我再次来到海边，这里一排连续竖立着15尊巨大的摩艾石像。这些石像雕刻得很精细，即使经历了1000多年，面部特征依然明显，长脸，长耳，双目深陷，削额高鼻，下巴棱角分明。因为年代太久远，很多石像的巨大的红色石帽子已经跌落，只有一尊石像还完好无损地戴着巨大的红色石帽子。

我站在这座巨大的摩艾石像前，仰头注视着这尊戴着巨大红色石帽子的石像。红色石帽子有十几吨重，当时还是石器时代的人们，要有多么先进的文明，才能把十几吨重的石帽子，戴到十几米高的巨大石像上呀！可惜，这样先进的文明，却因为与自然的对抗，衰落了，只留下这些默默的石像，在夕阳下，展示当年的辉煌文明。可是，他们的子孙，已经全部灭绝了。据说，现在这世上，已经没有来自这一辉煌文明的后代了，复活节岛现在的居民，都是后来迁移过去的。

复活节岛上的夕阳很美，阳光在重重暮霭的后面折射出万丈金色的光芒，把整个太平洋都染成了灿烂的金黄色，海边的大棕榈树，这些曾经在复活节岛灭绝的树木，在重新移植回岛上后，又在艰难中重新生长。在金色的霞光中，静默的摩艾石像显得如此高耸突兀和神秘，好像在“述说”着千年悲伤的故事。

楼兰古城：罗布人回不去的家乡

我曾经跟着我的罗布朋友一起考察过废墟下的楼兰古城遗址。在古籍文献中繁盛辉煌的楼兰古国，已经只剩下起伏的沙埂、错落的残垣断壁。但残存的废墟河道，淹没在黄沙中的古钱币，还有微笑千年的楼兰美女小河公主等，都印证着楼兰古国曾经的繁盛文明。当年的楼兰古国，在这样漫漫黄沙的沙漠世界，要怎样的幸运才能出现孔雀河、塔里木河等河流的交汇？要怎样的幸运才会在茫茫沙漠中奇迹般地形成一个梦幻的绿洲世界？需要怎样的小心、感恩和珍惜，才可以将这个奇迹维持下去？可是，楼兰古国的人们，罗布人的先祖，他们没有珍惜大自然这样的恩赐，他们大肆砍伐胡杨树林，以建造越来越豪华的宫殿住宅，以供养越来越庞大的军队。他们大肆开垦草地森林，将其变成农田，以获得更多的经济收入，来交换中原的绸缎和印度的琉璃香料。然而，这样烈火烹油般的繁华，终究不是荒漠中的绿洲可以提供得起的。这个繁盛的绿洲之国，最终成为深深黄沙掩埋下的废墟。有些东西必须珍惜，因为一旦错失，就不会再有后悔的机会。就好像楼兰古国，无论罗布人如何无惧无畏、不离不弃地坚守，楼兰古国也依然深陷漫漫黄沙之中。

这是一个被黄沙深深掩埋的楼兰古国的悲伤故事，可是，如果我们不警示，地球上很多城市都有可能成为第二个楼兰古国。地球从来不需要人类，大自然也可以没有人类而安然运转，就像这孤寂荒凉的罗布荒漠，太阳还是在照常升起。但我们人类，不可以没有地球，必须依存于大自然。这世间除了生死，哪一桩不是小事？如果我们人类不可以让自己可持续地生存下去，所有的强大都失去了依附。我们不是大自然的主人，和地球上的其他每一种生物一样，我们只是大自然的产物，是大自然的儿女。人类过于膨胀的欲望所导致的任何大的生态变动，都会导致现有生态系统的失衡，从而反作用于人类。

1
黄沙埋葬下的神秘文明

第一次听到楼兰古国的故事，是因为我的历史地理学朋友。我一直都很喜欢历史，特别是古代历史。在昏暗的古籍室，专注地抱着一本古籍，沉浸在悠悠古史中，心情是那样地安然宁静。而且，因为是少数民族，我还很喜欢走遍千山万水的地理考察，这两样，历史地理学都占了。所以，我对历史地理学很向往，看了很多历史地理学文献，也交了一些历史地理学的朋友。在我阅读的许多历史地理学故事中，楼兰古国是让我印象最深刻的。后来，我又专门跟着考察队去了楼兰古国考察，面对漫漫黄沙下的孤寂废墟，真不敢相信这就是历史文献中丝绸之路上最繁华的楼兰古国。

楼兰古国是沙埋文明，就是黄沙掩埋下的高度文明。为什么曾经那么生机勃勃的楼兰古国会被漫漫黄沙所淹没，类似的其他国家和地区，同样的悲剧是不是也会发生呢？例如，邻近楼兰的敦煌，它的命运是什么？如果我们不吸取楼兰古国的教训，沙漠甚至可能会蔓延到六朝古都西安，这座昔日的长安城。

通过分析楼兰古国从繁荣到消亡的过程，我们可以反思和警醒，只有人与自然和谐共生的经济发展，才是长期可持续的。

所以，我是如此渴盼地想把楼兰古国的故事写下来，这个掩埋千年的神秘古国，曾经也有着经济的繁盛、熙熙攘攘的人群，有着风吹草低见牛羊的美景，有着骑着骏马飞奔的美丽少女，有着无限诗意的爱情和美酒，有着唱不完的歌曲和跳不完的舞蹈。这曾经是丝绸之路上最繁盛的国家呀，最终，却寂寞地埋没在了深深的沙漠之下，成为世界著名的沙埋文明。

当年楼兰古国的民众，在经历了烈火烹油的繁盛之后，生态环境的严重损害，导致其土地迅速沙漠化、荒漠化，绿洲消失了，河流消失了，溪水消失了，茂密的草原消失了，胡杨林消失了……所有可以承载人类文明的自然资源就这样都消失了。

那些楼兰古国的民众，就这样，失去了他们的家园，失去了他们的民族，失去了他们的文化，失去了他们的根。幸存的楼兰人，就这样不甘心地围绕着罗布泊漂泊，在一次次的海市蜃楼中，渴盼着曾经的家园、曾经的绿洲、曾经的草盛羊肥。他们漂泊了千年也不肯放弃，直至，成为最后一代的罗布人。

我的一位朋友是罗布人，她的眼泪和哀伤，让我更想写下楼兰古国的故事，这不是一个传说中的凄美爱情故事，这是一个曾经的绿洲国家、一个曾经的繁盛民族，因为对生态环境资源过度开发和利用，而带来的国破家亡的悲伤历史。

楼兰古国，这个埋藏在深深黄沙下的神秘文明，千百年后，就在历史地理学家和考古学家们一次次的沙漠挖掘和考察中，在我的罗布朋友的眼泪和哀伤中，越来越清晰地展现在了我的眼前。

2
西域最富饶的绿洲之国

楼兰古国曾经是丝绸之路上最重要的国家，是西域三十六国中的强国，与敦煌相邻。历史时期，楼兰古国是一个水源丰沛、森林沼泽遍地、动植物众多的富饶的绿洲，西邻罗布泊，南接孔雀河。当时的楼兰古国，水草丰茂，碧波粼粼，到处都是胡杨林、红柳树，到处都飘荡摇曳着芦苇絮，到处都盛开着罗布麻花，红的，白的，紫的，星星点点，在茂盛的绿色草丛映衬下，缀满了绿洲。各种动物在森林、草丛中奔跑，野骆驼、野马、马鹿、鹅喉羚，还有狡猾的沙狐、莽撞的野猪、凶狠的豹狼、仰天长啸的新疆虎……《汉书·西域传》记载：“国出玉，多葭苇、柽柳、胡桐、白草。民随畜牧逐水草，有驴马，多橐它。”

当时的丝绸之路，出了玉门关之后，就是一望无垠、不辨东西的白龙堆沙漠，古称“八百里沙河”。东晋高僧法显路过沙河时记录：“沙河中多有恶鬼、热风，遇则皆死，无一全者。上无飞鸟，下无走兽，遍望极目，欲求度处，则莫知所拟，唯以死人枯骨为标帜耳。”这是死亡之地的沙漠，没有生命，没有飞鸟，没有绿色，没有希望，只有枯骨。

就在使者、商旅们绝望艰难地长途跋涉时，突然，沙漠的尽头出现了一个海市蜃楼一样的世外桃源，有碧波粼粼的湖泊、翠绿茂盛的水草、郁郁葱葱的森林。绿色，突然满目都是充满盎然生机的绿色，碧绿的水，碧绿的草，碧绿的树，碧绿的瓜。干渴而又疲惫的旅行者和干渴而又疲惫的骆驼一起，立即伏在水边畅饮。人们步入楼兰城，看到孔雀河支流从城中穿行而过，胡杨木搭就的高大楼房，各种果蔬。疲惫饥饿而干渴的旅行者，愿意用他们所有的东西，去交换这里醉人的葡萄酒、美丽的璧玉、可口的烤鱼……他们感叹，这就是大漠天堂呀！

这是丝绸之路南来北往商家的必经之地。西行的旅行者，留下了中国的丝绸、瓷器、茶、砂糖等；东行的旅行者，留下了西域的良马、胡桃、胡麻、胡瓜、香料、琉璃等。楼兰成了丝绸之路上重要的商贸重镇，各种东西方的奇珍异宝在这里交易。当时的楼兰，驼峰拥挤，征人接踵，羌笛幽幽，驿马声声，呈现的是一派商旅云集、经济繁荣的富足景象。对于丝绸之路的使者、商人、僧侣，楼兰是他们心中的灯塔、精神的港湾。凭借着优越的地理环境与自然资源，楼兰人构建了令人叹为观止的绿洲文明。

3
神秘消失的楼兰古国被沙漠考察队发现

但是，这个西域最繁华的国家，却神秘地消失了。

直到1900年，瑞典探险家斯文·赫定在他的向导——罗布人奥尔德克的引导下，在罗布荒漠探险。他们在沙漠中找到了一处长着几棵红柳的低洼地，向导说，有植物生长的地方必定有水。所以，赫定决定停下来挖水并在此地宿营。但在此时，向导奥尔德克发现，考察队仅有的一把铁锹被他遗忘在刚才经过的一个废墟了。因为铁锹对整个考察队在沙漠中生存非常重要，所以，奥尔德克返回去寻找铁锹。

奥尔德克很顺利地在废墟中找到了遗忘在那里的铁锹，迅速返回营地。但他在返回营地的过程中，遇到了一场特大风暴。他躲进了一个避风的沙丘之下。等第二天风暴停了，他死里逃生地爬出沙丘，却发现，经过一夜的狂风吹啸，一座原来被沙埋起来的古城显露出来。有高高的佛塔，一道人工河的干枯河道穿行其间，细沙之下覆盖的是官署、寺庙、僧舍、马棚、街市、瞭望塔，还有遍地散落的木板、纸本汉文文书、汉文木简、佉卢文文书等。考古学家们通过这些文书，确认这个被风暴吹开的沙埋古城，就是楼兰古国。

1909年，引起世界巨大轰动的《李柏文书》的出土，再次确认了这个沙埋古城，就是楼兰古国。《李柏文书》共有三页麻纸，是一封书信的三件草稿，写信人是进驻楼兰的前凉国西域长史李柏，收信人是焉耆王龙熙，时间是前凉建兴十六年（公元328年）五月。当时，西域长史李柏奉命征讨反叛的戊已校尉赵贞，为了取得焉耆王龙熙对前凉讨逆的支持，李柏在书信中对焉耆王龙熙表现得很尊敬。信中说：“……今遣使苻大往相闻通知消息，书不悉意。李柏顿首顿首。”

4

为什么繁盛的楼兰古国变成了沙漠废墟?

在楼兰古国刚刚从沙埋中被发现时，学术界普遍研究和争论的话题是：这是楼兰古国吗？但《李柏文书》的出土，终结了这些争论，毫无疑问，这就是楼兰古国。所以，从1909年《李柏文书》出土之后，学术界争论的焦点就转变为：是什么导致当初丝绸之路的重镇楼兰古国从繁荣变成如今人迹罕至沙漠戈壁中的废墟？

很多专家认为，最主要是人为砍伐大量森林树木，导致森林植被锐减，使河流湖泊失去防护，在干旱和风沙风暴的侵蚀下，导致了河流湖泊的干涸和改道，使生命失去了依存，原来的天堂之国，变成了不适宜人类居住的不毛之地。

对于沙漠绿洲来说，水和森林植被是紧密不可分割的。没有水，森林植被无法存活，没有森林植被的保护，在沙漠地区如此干旱、风沙如此大的情况下，水很快就会被蒸腾挥发，河流很快就会干枯。所以，在沙漠中，森林植被和河流水域总是共生共存的。

当时楼兰人砍伐大量森林的第一个原因是为了太阳墓葬。太阳墓外表奇特而又壮观，围绕墓穴的是一圈套一圈共七圈粗细不等的原木。原木插入地下形成的木桩，由内而外，粗细有序。圈外有呈现放射形状四面展开的列木，颇为壮观。整个外形酷似一个沧桑而古老的太阳。

太阳墓葬有七圈规整的环列胡杨木树桩，最小内圈直径两米，似一个圆圆的太阳，人被埋葬在太阳的中心，以这个最小环圈为中心，又有六圈粗大胡杨木树桩呈放射状排列，似太阳的光芒。

学术界的研究认为，太阳墓葬是来自楼兰人的太阳崇拜，这来源于对光明、温暖、生命力与力量的崇拜与赞美，对黑暗、寒冷、死亡的恐惧。由于太阳墓葬盛行，大量胡杨木被砍伐，仅仅在已经发现的七座墓葬中，成材的原木就已经达1万多根。

大量砍伐森林树木的第二个原因是为了发展农业和畜牧业。沙漠绿洲中有土壤的土地是稀少的，周边都是漫漫黄沙的不毛之地。楼兰人原来并不以农耕和畜牧为主业，主要以狩猎采摘为生，农耕和畜牧只是辅助产业。但是，随着城市的繁荣，人口日益增加，且由于楼兰古国在丝绸之路上占据着非常重要的位置，当时的西汉和匈奴都希望能控制这个国家，因此，长期以来，楼兰古国就在西汉和匈奴的夹缝里生存。

为了在大汉与匈奴的夹缝中生存下来，楼兰古国经常不得不采取迂回策略，哪方势力更强就站在哪方，就连一向正直的太史公司马迁，也在史书中说：“楼兰不两属，无以自安。”这描述了楼兰古国在当时两大势力的争夺中艰难生存的苦难局面。

在当时的战乱年代，要在这种夹缝中生存，就必须有更强大的军队以求自保。而要供养更强大的军队，就必须大力发展农业以获得更多的粮食，大力发展畜牧业以获得更多的用于战争的良马。而无论是发展农业还是畜牧业，都需要更多的土地。于是，当时的楼兰人砍伐大量树木，好腾出尽可能多的空地种植粮食，或者变成牧场的草地。

当时，楼兰古国为了在西汉和匈奴的双层压力下生存，经常派王子去西汉和匈奴处担任质子。这些质子很小就被派到西汉和匈奴长期生活，学习了西汉和匈奴先进的农耕和畜牧经验，并将这些经验带回楼兰。这些先进的农耕和畜牧经验确实在短期内刺激了楼兰古国的经济增长，但为了扩大耕地和牧场，大量的森林被砍伐了。

例如，史书记载，楼兰王尉屠耆曾经在长安生活很多年，娶的王后是西汉的昌邑公主。作为嫁妆，昌邑公主带了善于农耕和水利的技工到达楼兰。这些技工教会了楼兰人农耕，并带领楼兰人兴修了大量人工沟渠，以利于灌溉农田。

适度的农耕和水利是可以使楼兰古国更加强盛的，但是，在一个四周是漫漫沙漠的绿洲，作为农业屏障的胡杨树林被大量砍伐，裸露的耕地土壤没有森林屏障的保护，在大漠风暴狂扫之下，裸露的耕地土壤很容易被风暴卷走，露出里面的岩石或者砂石，从而形成新的沙漠。这就是土地的沙漠化和石漠化。在土地利用中，森林对农耕文明的保护是至关重要的。为了扩大农耕面积而大量砍伐森林，对于面临严重生态挑战的沙漠绿洲来说，犹如杀鸡取卵。

可是当时的楼兰王尉屠耆并不明白这个道理。他只看到了农耕文明支撑下西汉王朝的强盛，却没有看到从碣石到龙门这条农牧分界线两边差异非常大的生态和地理条件，这是从半湿润到干旱半干旱气候过渡的地理区域。

楼兰古国在干旱的沙漠有着如此富饶美丽的绿洲，河流密布，周围层层护卫着大量茂密的胡杨林，这是大自然的精心安排。胡杨被称为沙漠中的英雄树，抗风沙能力非常强，而且，大片的胡杨树，还可以在干旱地区局域性地形成较湿润的绿洲气候，捍卫肥沃土壤，促使其他绿洲植物的生长。所以，在我国西北地区，胡杨林对于稳定绿洲生态平衡、防风固沙、调节绿洲气候、形成肥沃土地，具有十分重要的作用，是在绿洲发展农牧业必需的天然屏障。

胡杨树的生长，需要较长的时间。它的树龄可以达200年以上。在沙漠地区，传说胡杨树有3000年生命，生而千年不死，死而千年不倒，倒而千年不烂，在沙漠中生命力极其顽强。但是，在自然界具有这样顽强生命力的胡杨树，却在人类毫无顾忌的砍伐中大片地倒下了。

尉屠耆发布了“全民垦荒令”，要求从王室到平民，人人参与开垦。他和昌邑公主也脱下了锦衣，挽起了裤腿，与军民一起，奋力将绿洲中大片胡杨树林砍伐，大片草地拓荒，经过艰辛努力，终于将原来的森林草地开垦成耕地。

每次我读到古籍中这些记载，我都有想要哭泣的感觉。我就好像看到这位勤政的楼兰王，正激情昂扬地带领着楼兰民众奋力砍伐那些让绿洲得以存在的胡杨树，奋力挖掘固植土壤的丰茂绿草。我好像听见了胡杨树的哭泣，那些挣扎屹立了3000年的胡杨树呀，沙漠那么狂野的风暴没有击垮它，恶劣的干旱没有击垮它，太阳的灼热燃烧甚至超过70摄氏度的沙漠高温也无法击垮它，它却挣扎着倒在了被它庇护的人类的脚下，变成烧火的木材、建房的材料、太阳墓葬的木桩……而它原来生长的地方，却变成了一望无垠的麦田。

这是在漫漫黄沙的大漠呀。当时的楼兰人一定很兴奋，他们征服了自然，创造了奇迹。但是，他们怎么知道，大量的胡杨树被砍伐掉之后，就等于毁掉了绿洲的根基。

为了获得战争急需的马匹，尉屠耆也发布各种政策鼓励积极发展畜牧业，鼓励楼兰人大量开垦荒地进行密集型农业耕种，鼓励楼兰人大量密集地养殖马匹。

为了推动楼兰古国的密集型农业和畜牧业发展，楼兰王尉屠耆发布了“十一税”，将楼兰民众农业和畜牧业创造的税收，由过去征收五分之一，转变为只征收十分之一，并配套各种奖励措施鼓励民众积极发展农业和畜牧业。楼兰民众发展农耕和畜牧业的积极性高涨，粮食产量和畜牧数量急剧上升。到后来，楼兰以大麦生产闻名于西域，不仅自己丰衣足食，还有大量的麦子卖给西域其他国家。

靠着强盛的农耕产业和畜牧产业，尉屠耆建立了强大的军队，楼兰古国人口也迅速增加。军队和增加的人口都需要更多的房屋，于是需要砍伐更多的胡杨树来建造房屋。靠着大量出售丰产的麦子，楼兰古国扩建了城池，装备了自己的强大军队。积极发展畜牧业为军队提供了大量的良马，出售小麦还有其他农作物换来了盔甲、铁弓箭、长剑、钢刀、铁质流星锤等。总之，西汉和匈奴有什么军事装备，楼兰立即也购买配齐。

但是，这样昙花一现的繁荣，是建立在激烈地破坏和改变绿洲原有生态系统的基础上的，很快，绿洲的自然生态系统就出现了危机。

水源和树木是沙漠中绿洲能够存活的关键。楼兰古国当年的繁荣就是依靠当时水系发达的孔雀河下游三角洲和长势茂盛无边无际的胡杨树林。水域和森林就这样相依相偎、共生共存。但是，当时的楼兰人扩建了10多万平方米的巨大城池，砍伐了大量森林来开垦农田，灌溉农田又在孔雀河开了很多人工渠，建太阳墓葬需要继续砍伐胡杨树。失去了胡杨树卫护的河水，被灼热的太阳烘烤，被强劲的风沙粗暴强劲地摧残。土壤也越来越少，大量土壤变成沙漠戈壁，加剧了河流河水的蒸发。孔雀河的河水越来越少。

生态恶化到一定程度，就会进入恶性循环。森林树木的大量砍伐，导致河流河水失去庇护，大量河水在高温、灼热、风暴、风沙袭击下蒸发消失。而水源干枯又会加剧仅存的树木草地干枯枯萎，土壤进一步沙漠化和石漠化。此时，孔雀河的河水越来越少，楼兰古城周边绿树、游鱼、飞鸟也几乎绝迹。

现在，有些人不太重视生物多样性，但是，大量原来和我们共生共存的动植物，大面积的死亡、灭绝，会导致人类所依存的生物链的崩溃呀！

到了这个地步，楼兰人终于明白了生态保护的重要性，认识到胡杨树林对卫护绿洲的极端重要性。考古学家斯坦因收集的第482号佉卢文文书，上面写道：“绝不能砍伐沙卡的树木。法律严禁砍伐活树，砍伐者处罚一匹马，如果砍伐树杈，则要处罚一头母牛。”这应该是目前已知的世界上第一部森林保护法规。

可是，已经太晚了。生态系统恶性循环一旦开始，就很难阻止恶化的脚步。就好像当初，人们要砍伐胡杨树林，将其变成良田，自然界也进行了顽强的修复，在田地里复生了胡杨树木和野草，但总是被人们及时地清除了。到最后，大自然终于认输、终于放弃了，河流干枯，仅存的胡杨树枯死，土地干旱再也无法播种，变成了沙漠或者戈壁。曾经鲜花盛开、绿树如云的天堂之国，成了不再适宜人类居住的地方。最后，曾经繁盛的楼兰古国，被漫漫黄沙所掩埋，成为沙埋古城，漫漫黄沙下的一座废墟。

根据考古发现，楼兰古城有大量的水渠灌溉农业的遗址，大面积的农耕遗址。它们主要位于孔雀河附近，存在“目”字形和椭圆形反射状两种人工灌溉的痕迹，干、支、斗、毛各种灌溉渠系的遗址依稀可见。这里土地平整，田埂交错，农业灌溉用的渠道、防洪堤坝贯穿其间，是明显的耕地特征。由于千百年大风的侵蚀，耕作层土壤早已被风沙吹走。但通过选取土壤结构样本进行分析，楼兰古城东发现有大面积农耕遗址，植物孢粉直径大于47微米。通常直径大于40微米是粮食作物的孢粉，因此，可以断定，这里曾经大面积地种植过粮食作物。

也就是说，考古发现和古籍整理所叙述的楼兰故事是一致的。楼兰古国遗址，到处都是水、森林和生命的遗迹。但是，遗迹终归是遗迹，现在的楼兰古国遗址上，黄沙漫漫，地上没有一滴水，天上没有一只飞鸟，已经成为死亡之地。

5
微笑千年的楼兰美女小河公主

记录和印证着楼兰古国繁盛文明的，还有微笑千年的楼兰美女小河公主。这是一位年轻女孩的木乃伊，头戴尖顶毡帽，脚蹬牛皮筒靴，身裹毛织斗篷，胸前用非常漂亮的木制别针别住，微微闭着双眼，睫毛非常长而浓密。这是一张年轻美丽女孩的脸，她似乎在熟睡，脸上绽放着如花一样的笑容。

这个年轻的楼兰姑娘，有着令人难以忘怀的绝艳和美丽，而最令人动容的是她的微笑，简直美得令人心醉的神秘微笑。历经几千年，这个美丽的姑娘依然留给人们一个凝固而永恒的微笑。

小河公主令人着迷的神秘的微笑，就如蒙娜丽莎的微笑一样，吸引着大批的专家、学者、文学家去研究。在普通人群中，小河公主神秘微笑的知名度也许没有蒙娜丽莎那么广泛，但是，在考古学界，小河公主神秘的微笑牵动着世界各国考古学家的心。他们从世界各地赶来，会聚到这里，静静地观察着小河公主神秘的微笑，希望从她神秘的微笑中破解楼兰古国更多的谜团。

这个微笑了千年的美丽姑娘，就这么静静地躺着，考古学家们对小河公主神秘的微笑给出了很多不同的解释，但始终没有统一的答案。也许，就像研究蒙娜丽莎为什么会展示出这样神秘的微笑一样，没有答案也是一种神秘的美丽。

席慕容有一首诗，叫《楼兰新娘》："我的爱人曾含泪，将我埋葬，用珠玉用乳香，将我光滑的身躯包裹，再用颤抖的手将鸟羽插在我如缎的发上。他轻轻阖上我的双眼，知道，他是我眼中，最后的形象。把鲜花洒满在我胸前，同时洒落的，还有他的爱和忧伤……"

小河公主静静地沉睡，在沉睡中保持着千年神秘的微笑，是因为，她在沉睡中一直在梦见爱人英俊的脸庞吗？是因为一直在回味爱人轻抚秀发的温柔吗？梦里，一切的爱恋都可以重新开始，一切的甜蜜都可以慢慢诠释。

但是，当我们从考察楼兰古国文明的角度，去考察小河公主的微笑的时候，需要考虑的问题却是，小河公主的微笑为什么可以保持千年，当年的文明已经可以让防腐技术如此先进了吗？

小河公主可以保持千年微笑，首先是沙漠气候本身的干燥，另外，和埋藏技术也有关系。小河公主是埋葬在船型棺材中，船型棺材的制作最初是将胡杨木剖开，中间按照人形挖空，然后，将人放进胡杨木棺材中，上面再用十几块胡杨木小木板拼接覆盖。

按照小河公主高贵的穿戴，这是一位来自贵族家庭的姑娘，祭奠仪式中，会当场宰杀活牛祭奠。将活牛的皮整张地剥下来，用整张的新鲜牛皮包裹棺木。刚宰杀的牛皮充满水分，当牛皮包裹住整个棺材后，随着时间的流逝，沙漠的干旱气候会让牛皮中的水分慢慢蒸发流失。随着牛皮慢慢脱水收缩，牛皮会越绷越紧，这样就可以阻止细沙和空气渗透进棺木，形成干燥密闭的环境，细菌就没有办法进入了。

而且，胡杨木本身是具有耐盐碱性的，可以千年不腐，这也在一定程度上保护了小河公主不受细菌的侵袭。这些是小河公主可以千年不腐一直保持神秘微笑的重要原因。

这证明楼兰古国当时的文明确实非常先进，在尸体的防腐保存技术方面，在某种程度上，甚至超过了古埃及。古埃及在制作木乃伊和防腐时，工序是非常复杂的，要经过一系列的特殊处理，除水，掏出内脏放入不同的容器中，然后使用各种防腐香料才可以保证千年不腐。

但是，在小河公主身上没有看到任何被人工处理过的痕迹，只是在小河公主的脸上看见有薄薄的白色乳浆痕迹，这应该是类似于奶酪的奶制品。因为没有经过任何人工处理，而且防腐技术又非常好，没有受到细菌的侵扰，所以，小河公主才能保持这么美丽的千年微笑。

6
楼兰古城：罗布人回不去的家乡

我曾经跟着我的罗布朋友一起考察过废墟下的楼兰古城遗址。在古籍文献中繁盛辉煌的楼兰古国，已经只剩下起伏的沙埂、错落的残垣断壁。

城墙只剩下残垣断壁，是一个不太规则的正方形。东面城墙长333米，南面城墙长329米，西面和北面同长，都为327米，总面积约为11万平方米。由于顺风，南北城墙保存得比较好，其他城墙残破得比较厉害。遗留的北城墙，长35米，宽8.5米。在北城墙中间有个缺口，经过分析，应该是北门，而不是残破口，因为发现有夯土层，层高80～120厘米，土层间有20～30厘米红柳芦苇层。

剩下的城墙全部采用夯土技术，所以城墙比较结实。要知道，当时的其他丝路国家，建筑材料基本还是用芦苇和红柳编织，外面再涂上黏土。夯实的土墙，当然比芦苇和红柳编织后涂上黏土的建筑更加结实，更能抵御外敌的入侵，可见当时楼兰古国的文明已经比丝路其他国家发达。

按照古籍介绍，这里原本有古运河从西北到东南斜贯全城，现在只剩下干涸的古河道痕迹，尚有零星的小螺、贝壳散落在古河道，还有一些陶器的碎片。较多的陶瓷碎片，说明陶器已经是当时主要的器皿，包括做饭的炊具等。城内大型古建筑，都分布在运河的两侧。但是，这些土建筑都已经被风沙毁坏，只剩下房基和满地的胡杨树枯树枝。这些胡杨树枯树枝曾经是楼兰古国的一座座房子、城墙、佛塔、府衙、宫殿。但是，现在，这些记录着楼兰古国上千年往事的胡杨木遗骸，就静静地躺在荒漠中。

1000多年前的楼兰古国，就已经懂得了运用榫卯结构来建造房屋，这应该是从西汉王朝学来的。榫卯结构这种建筑技艺就是不使用钉子，而是利用卯榫加固物件，在两个木构件中采用凹凸部位相结合的方式，非常牢固而且富有弹性。这种建筑技艺已经成为中国非物质文化遗产。

我在楼兰古城，还捡到了一枚西汉古钱币残留的屑角。在这荒漠之中，透过这枚古钱币屑角，我好像看到了千年前楼兰古城的繁华。这枚古钱币屑角，应该是西汉的某位商人留下的吧，他们匆匆行走在丝绸之路上，在这繁华的楼兰古城休息做短暂的停歇，可能是要赶往西域某个国家购买良马或是印度香料。这里，曾经是熙熙攘攘的商贸之都呀，现在怎么变成了生命禁区的荒漠呢？除了满地的胡杨木枯枝、破败的陶器碎片、零星的古钱币屑角，地上还躺着一些不知来路的动物白骨碎末，这是闯入生命禁区的生物，留下的最后生命形态吧。

位于城东北高高矗立的佛塔是楼兰古城最高的建筑，也是楼兰古城的标志性建筑。佛塔虽然经过千年的风蚀，仍然高达10.4米，一共九层。一到三层是黄土夯筑的，第四层夯土中夹有土坯，五层及以上全系土坯垒砌，在每层砌垒的土坯之间，还有胡杨树木，应该是为了加固。由于塔身高大，在第六层中，夹入了长约1米的方木，露在塔身外面，方木上有卯眼，应该是佛塔上的檐廊。从佛塔的外形看，是古印度的风格。可以看出，楼兰古国作为丝绸之路上的重镇，与古印度的往来也是十分密切的。这座佛塔是用来供奉和安置佛舍利、经卷以及各种法物的。

紧靠塔身的东侧，有一个土台，是用土坯砌成的。土台与塔身间有台阶可以上下，但因为千年风蚀，台阶只是依稀可见，需要仔细察看才能发现，现在远看就像是坡道。在塔顶，有几个巨大的胡杨树方木交叉与土坯相连，应该是为了加固塔身。塔顶圆形。

在佛塔南面的台地上，连接着一大片的大型建筑遗址，地上散乱着各种木材，大小不等，长短不一。还有屋顶和倒塌的墙壁，仔细察看，可以发现墙壁是用红柳枝、芦苇编成的，外面再涂上泥土，这是那个时期西域丝路国家主要的平房建筑采取的砌墙方法。

在城的西南部，是成片的居住区遗址，看起来像是贵族的住宅，由一座座大院组成，而且全部是用大型胡杨木建造，有厅房、厢房、后院等。历经千年，有三间房屋的门框依然屹立不倒，体现出胡杨木建筑极端的牢固性，还有一扇门是敞开的，好像是居民推门刚刚离去。我站在这一片建筑前，想象着千年前这里是一户户大户人家，人声鼎沸，大家围坐在胡杨木打造的精美桌子边，男子英俊魁梧，女子温柔妩媚，穿着罗布麻编织的衣裙，或者是羊毛纺织的漂亮衣裙，质地细密的斜纹毛织布被染成红色、褐色或者黑色，并用从中原商人那里购买的丝绸镶嵌在领口、袖口或者裙边。

丝绸虽然美丽，但是太贵了，当时的文献记载：“锦，金也。做之用工众，其价如金。”即使是楼兰贵族，可能也不能全身穿丝绸之衣，但是，依托丝路重镇，可以购买漂亮鲜艳的丝绸作为衣服的点缀和装饰。据说，当时，楼兰美女非常著名。她们既有来自中原的丝绸做美丽的衣裙，又有来自印度的琉璃香料装饰，再加上本身就姿容绝艳。在这楼兰贵族大院里，是否有个正在待嫁的楼兰美女呢？打开闺房的窗户，对着碧波粼粼的运河，运河岸边那一排排郁郁葱葱的胡杨林，吹荡起的春风，飘拂起楼兰姑娘闺房的窗纱。

据说，当时的楼兰姑娘们美貌极其有名，是因为喝了葡萄酒。楼兰古国当时已经可以酿造很好的葡萄酒了，很多古文献，都提到楼兰古国甜美的葡萄酒。1988年，考古队员在城东南发现了酒窖池遗址。葡萄酒能刺激新陈代谢，促进血液循环，有激发肝功能和防止衰老的功效，酒中含有的烟酸还能保护皮肤神经的健康，起到美容的作用。我觉得，楼兰姑娘长得那么漂亮，肯定是和她们经常喝葡萄酒有关。

古籍记载，当时西凉王张骏就娶了一个美貌的楼兰姑娘。一般人看这个故事，就以为仅仅是霸道君王强逼美女，其实，西凉王张骏也是翩翩美男子，长相英俊、身形壮美，九岁就封霸城侯，十七岁封西平郡公，拜凉州牧。虽然年轻，却能征善战，西域各国都臣服于他，经常给他送汗血宝马、孔雀、大象等奇珍异宝。后来，他十九岁的时候准备攻打楼兰，想把楼兰兼并进他的版图。当时的楼兰王大惊，知道肯定打不过，急忙派使臣携带了大量奇珍异宝去进献求和，可是张骏对这些奇珍异宝看多了，根本不动心。后来楼兰王把他的公主，据说是当时楼兰古国中最漂亮的美人送给了张骏。楼兰公主的惊世美貌立即让张骏意乱情迷，在楼兰公主的哭泣下，他立即放弃了攻打楼兰的计划，还赐给楼兰公主很多珠宝，并特地为她建造了一座华美的宫殿，叫“宾遐观”。

根据古文献记载，当时楼兰古国的葡萄酒税收，是楼兰王室一项很重要的财政收入。

在城中偏南，有一组建筑，是采取夯土方式建构的，是官署，闻名世界的楼兰三间房就处于其中。现存遗址呈并排形，坐北向南，用土坯砌成，每堵墙的厚度都在一米以上。最初这里到底是什么，是有很多争议的，但可以肯定的是，这里不是普通民居。因为，即使楼兰贵族的民居，也主要是采用木架结构，除了承重墙，一般的墙采用的都是红柳枝、芦苇等编织，再涂上黏土。使用土坯建构，需要的工具比较复杂，需要很多人共同劳动，因此，一般都是用在城墙、官衙、寺庙等。但具体是什么，一直有争议。

一直到1909年，一位18岁的日本小和尚橘瑞超到楼兰古城来探险，搜寻到这个三间房。突然，他看到墙壁离地大概10厘米的地方有一道宽过指头的缝隙，好像缝隙里堵塞着一些东西。他捡起一根干树枝伸进缝隙中，小心翼翼地从墙缝里掏出了一个已经发黄的纸团，打开一看，是四页墨迹清晰、书法优美的汉文文书，这就是震惊世界的《李柏文书》。《李柏文书》是前凉西域长史李柏写给焉耆王龙熙的信件，这封书信证明了目前所在的这座古城就是楼兰古城，也证明了三间房是当时的官衙。

在楼兰古城的城外，可以看到三条干涸的河道，还有开垦的农田的遗迹。想像当时楼兰古国的人们，登上城墙，就可以望见罗布泊湖，湖面湛蓝得如蓝色锦缎，湖岸是无边无际的胡杨树林，林里还茂密地生长着红柳和其他灌木丛。湖边湿地，则长满了芦苇和荻草。密林之外交织着许许多多的水渠，水渠与水渠之间是一块块耕地，麦苗在耕地里随风摇曳。

根据考察，水渠大部分是人工开凿的，但也有些是把塔里木河水引入旧河道形成的。无论如何，当时的楼兰古国虽然位于沙漠地带，却是沿着罗布泊建造于土地肥沃的塔里木河三角洲地带的富裕城市。

但是，曾经美丽而风情无限的楼兰古国，已经淹没在漫漫黄沙之中，湛蓝的天空已经被风沙染成昏黄，地面也全是沙丘，再也不是郁郁葱葱的绿洲，波光粼粼、水色潋滟的罗布泊已经盐壳重重，再也看不到浪花飞溅，再也看不见密林丛丛，再也听不到熙熙攘攘的驼铃声，只剩下这断垣残墙，这是罗布人回不去的家乡……

7
楼兰古国的后裔：最后的罗布人

楼兰古国的后裔，就是罗布人。楼兰古国因为生态失衡陷入漫漫黄沙之后，幸存的楼兰后裔，还是顽强地留在罗布荒漠，他们失去了罗布泊这样可以形成大型绿洲的湖泊，只能在罗布荒漠流浪，希望可以寻找到新的绿洲。但罗布荒漠生态恶化，已经再没有第二个大绿洲了，他们就依托一些小的海子生存下来。

在沙漠中也是偶尔有降雨的。但是，那些迅速渗透到沙漠深处的雨水，因为在地底下，可以免受太阳和风暴的蒸发，就保留了下来，它们顺着沙漠的坡度，会聚集在低洼处，形成一个个小小的湖泊，就叫海子。

海子的规模不能和罗布泊这样的大湖泊比，所以能够支撑的人口也有限，一般一个海子周边也就几户人家。剩下的人必须继续流浪、继续寻觅，所以，罗布人村寨规模都很小。罗布人在罗布荒漠里不停地搜寻可以停留的海子，这样的搜寻，让罗布人非常分散地分布在罗布荒漠深处的不同海子附近。

大漠里降水量很少，很大区域才可能形成几个海子，所以，罗布人没有办法像原来在楼兰时大家住在一起，只能非常遥远地分散在罗布大漠。如果要找寻亲人，就需要翻越大漠沙丘，所以，罗布人习惯了在沙漠中不断行走。

而且，在沙漠中的海子不是固定的，是会移动或者突然消失的，因为沙漠强大的风力作用会推动沙丘移动，如果巨大的沙丘在强劲的风暴推动下慢慢移动，就会带着海子移动，甚至会将海子填埋。这时候，罗布人就必须重新出发，去寻找新的海子。所以，对罗布人来说，一辈子在一个固定的海子边安稳地过日子，只是一种美好的愿望，终其一生，他们都在罗布大漠流浪，所以，他们对罗布大漠的地形特别熟悉。在海子还没有消失之前，他们就习惯了在罗布大漠四处转悠，寻找新的海子以备突然的事故。

罗布人，终其一生都在流浪。他们是罗布荒漠的主人，却找不到稳定停留的家园。1000多年了，罗布人废弃的一个个村寨，那串起来几乎是遍布罗布荒漠的长长迁徙之路，就是楼兰后裔罗布人顽强的向生之路。在这样艰苦的自然环境下，他们还是不肯放弃家园，宁愿围绕着家园不断迁徙也不肯离去。

罗布人是追逐着海子生存的，或许是原来楼兰古国生态变化震惊到大家，或许是海子周边生态太脆弱，让罗布人不敢做任何可能触动生态的事情。所以，罗布人既不养殖牛羊，也不种植粮食谷物，不敢触动任何生态要素，生活所需都是来自大自然全天然的恩赐。平时最主要的食物就是海子里的鱼，担心捕食太多影响鱼类繁殖，所以每一个海子边都不敢聚集太多户人家。除了海子里的鱼，就是罗布麻，穿罗布麻纤维纺织的布做的衣服，吃罗布麻粉，喝罗布麻茶。有时也吃野鸭蛋，或者清水煮野鸭。

在罗布荒原，所有的海子周边，都长着胡杨树、红柳、罗布麻，还有海子里的大片芦苇，这些，就是罗布人生存的依靠了。对罗布人来说，芦苇嫩根和芦苇嫩芽直接食用，就是水果了；放在鱼汤或者野鸭汤里一起煮，就是蔬菜了。

他们的烹调方式一般就是天然简单的陶罐炖煮，或者直接用红柳枝串上烤，除了一点点盐，不加任何调料。穿的衣服是当地罗布麻纺织的，住的房子是胡杨木、红柳枝编成的墙，外面抹上泥，因为直接建在胡杨树底下，就以胡杨树冠为屋顶。每天喝的是罗布麻茶。

我在俄罗斯探险家普尔热瓦斯基写的《走向罗布泊》中，读到罗布人的村寨叫阿不旦。但是，我的罗布朋友告诉我，阿不旦在罗布方言中，意思是水草丰美、适宜人居住的地方。所以，罗布人把他们所有的村寨都叫阿不旦，并不是一个唯一的地名。因为海子会迁移或者消失，所以，罗布人在罗布荒漠像流浪汉一样不断迁移，去寻找新的阿不旦。

罗布人这一辈子都与海子、胡杨树相依相守，没有胡杨树保护的海子，水很快就会被荒漠酷热的太阳蒸发，被沙尘暴淹没。他们用胡杨树枝盖房子，用胡杨木树干做独木舟捕鱼，用胡杨泪（就是胡杨树干上流出的液体）洗衣服。用胡杨木树干做的独木舟，罗布方言叫卡盆，等他们去世后，就用两个卡盆把遗体镶嵌在里面，外面再用他们用过的罗布麻织成的渔网裹上。而且，他们也不是埋葬在沙漠中，而是埋葬在海子里的芦苇丛中。但是，因为后来沙丘把海子淹没，所以，墓葬也就淹没在沙丘之中了。

我看资料里介绍罗布人埋葬的时候，独木舟是竖着埋在沙丘里的，我问我的罗布朋友，这是为什么呢？她静默半晌，说：“因为罗布人即使死了也必须站着！”

很多学者都不理解为什么罗布人要死死守在罗布泊不肯离开，明明罗布泊已经成为不适合人类生存的区域。但是，我从我的罗布朋友身上懂了，虽然沙漠外的世界是那么美好和繁华，虽然罗布荒原已经是那样的荒凉，可是，那是对家园的坚守，因为，离开罗布泊，他们就不再是罗布人了，那是对延续了几千年的罗布文明的坚守。但是，她们，可能注定将是最后一代罗布人了。

8
楼兰人的哭泣

我的朋友曾经带我回过阿不旦。在荒漠中，胡杨树，一排排的，像沙漠卫士一样，围护着一个小湖泊。胡杨树林下，是红柳、骆驼刺等灌木丛。海子不是很大，长满了芦苇，几只野鸭在海子里游弋。

听到开车的轰鸣声，村寨里的人都走出来观看和迎接。住在这与世隔绝的地方，只要有客人来，都会引起全村人出动。领头的是一个看样子有80多岁的老人，穿着罗布麻织就的袷袢，系着腰带。可是，他告诉我，他已经102岁了。

老人的家，是用红柳枝和芦苇束搭建的房子，外面抹着海子里挖出的泥。地上铺着厚厚的芦苇编织的席子，席子上面又铺着罗布麻织成的厚厚的毯子。大家就在毯子上坐下来。很多的罗布老人也跟进来，拿来了瓦罐，放入罗布麻茶，开始煮罗布麻茶。他们说，经过罗布荒原，一定要喝罗布麻茶，可以治疗在罗布荒漠中的疲惫和热躁之气。

热热暖暖的罗布麻茶，一碗喝下去，确实感觉非常舒畅。又喝了一碗，顿时浑身都出汗了，好像所有的不适都随着汗珠溢出消失了，全身都轻松起来。一会儿，一个老太太端着木盆进来了，木盆里装的是洗得白白净净的芦苇根。很甜，很好吃。大家开心地端着木碗喝罗布麻茶，吃芦苇根。

又有老人进来，说是已经从海子里打上来一些鱼，准备清炖和火烤都做一些，让大家到外面去一起帮忙。大家立即跟着老人走出屋子。老人们说，以前，海子大，有很多大鱼，最大的鱼甚至有一人高。但是，罗布荒漠环境越来越恶化，海子越来越少，能生长出一人高的鱼的海子几乎绝迹了。现在的鱼，小多了。

老人们把鱼洗净剖开，将鱼的内脏掏干净，用红柳枝撑开。然后，点上枯树枝，将用红柳枝撑开的鱼串插在篝火的四周。然后，将鱼的内脏和一些肥肥的鱼，放进一个大陶罐中去，点上另一堆篝火，架起木架，将陶罐放在篝火上炖。一会儿，就飘来烤鱼和炖鱼的香味。老人们把烤鱼串从地里拔出来，递给大家，又继续串新的鱼串，接着烤。

烤鱼真是非常鲜美。沙漠海子里的鱼，好像比平时大家吃的鱼更肥美，有种油润的感觉，特别是鱼腹部位，柔软、鲜美、油润。鱼汤就更鲜美了，只放了少许盐的鱼汤，盛鱼汤的木碗里竟然浮出一些鱼油，白白浓浓像奶汁一样的鱼汤，肥美丰润的鱼肉，我眯着眼睛喝得一滴不剩。

但是，我们在阿不旦遇到的都是老人，没有遇到一个年轻人。我的罗布朋友告诉我，年轻人都离开了，离开罗布荒漠了，他们坚守不下去了，外面的世界那么精彩，而罗布荒漠，四处都是沙漠，与世隔离，年轻人受不了。现在只有老人，还不舍得离开，还坚守在罗布荒漠。

没有了罗布泊的罗布人，1000多年来，就这样在希望与失望之间煎熬，在死守和离去之间徘徊，那种无法割舍的故土恋情，那种梦里缠绕的河流、湖泊、胡杨树森林，还有飞翔的天鹅、吼叫的新疆虎，那是他们梦里的家园呀。他们生生世世地做着重返罗布泊的梦想，直到，1000多年后，这个在罗布荒漠中流浪了1000多年的民族，只剩下，最后一代罗布人。

面对这孤寂的大漠，我的罗布朋友忍不住哭泣。她哭泣的，是她再也回不去的家乡。她哭泣的，是那种深藏心间的伤痛，那种千年流浪的痛楚和无奈。

人类，我们到底想要什么？为什么我们要那么自傲地以为是自然的主人，一直到无可挽回才开始痛哭后悔呢？可是，即使痛哭，即使撕心裂肺地痛哭，也回不去了。大自然一旦开始反击，就不给我们后悔的机会。就像1000多年来，坚守在罗布荒漠流浪的罗布人，无论他们怎么后悔，无论他们怎么不屈不挠地坚守和等待也无济于事。但失去了就是失去了，那个梦中的家园，再也回不去了。

我们人类在地球上的产生，不是必然，而是偶然，是宇宙间的奇迹。就像当年的楼兰古国，在这样漫漫黄沙的沙漠世界，要怎样的幸运才能出现孔雀河、塔里木河等河流的交汇？要怎样的奇迹才会在茫茫沙漠中形成一个梦幻世界？罗布泊湖水丰沛而湛蓝，茂密的胡杨树森林，铺满罗布泊的随风摇曳的芦苇丛，湖中水鸟与野鸭惊飞，一人多长的大鱼在湖中畅游，森林和芦苇丛中有各种野兽出没，野骆驼群在湖边和深林里安逸地拖家带口吃着嫩草。入夜，甚至可以听到声声虎啸，那是新疆虎在呼唤伴侣……

在漫漫沙漠中这样生机勃勃的世外桃源，是大自然赐给罗布人的奇迹呀。需要怎样的小心、感恩和珍惜，才可以将这个奇迹维持下去！可是，楼兰古国的人们，罗布人的先祖，他们没有珍惜大自然这样的恩赐，他们大肆砍伐胡杨树林，以建造越来越豪华的宫殿住宅，以供养越来越庞大的军队。他们大肆开垦草地森林，将其变成农田，以获得更多的经济收入，来交换中原的绸缎和印度的琉璃香料。但是，这样的繁华，终究不是大自然可以提供得起的。楼兰人的后裔，在罗布荒漠流浪千年的罗布人，就这样丧失了自己的家园。

有些东西必须珍惜，因为一旦错失，就不会再有后悔的机会。就好像楼兰古国，无论罗布人如何无惧无畏、不离不弃地坚守，楼兰古国也依然深陷漫漫黄沙之中。

这是一段被黄沙深深掩埋的楼兰古国的悲伤历史，可是，如果我们不警示，地球上很多城市都有可能成为第二个楼兰古国。气候科学家詹姆斯·汉森给我们描绘了气候危机下地球未来的情景：因为极端气候的影响，北极的森林和大多数沿海城市都将消失；印度和孟加拉国的广大地区将变成以沙漠为主的地域；波利尼西亚将被海水吞没；科罗拉多河将变得仅剩涓涓细流；美国西南部将在很大程度上变成不适合人类居住；最终，是人类文明的终结。

地球从来不需要人类，大自然也可以没有人类而安然运转，就像这孤寂荒凉的罗布荒漠，太阳还是在照常升起。但我们人类，不可以没有地球，必须依存于大自然。这世间除了生死，哪一桩不是小事？如果我们人类不能让自己可持续地生存下去，所有的强大都失去了依附。我们不是大自然的主人，和地球上的每一种其他生物一样，我们只是大自然的产物，是大自然的儿女。这个地球不仅仅是我们的，也是地球上所有生物的。与地球上所有生物的和谐共存，就构成了我们现在的生态系统。人类过于膨胀的欲望所导致的任何大的生态变动，都会导致现有生态系统的失衡。

我的罗布朋友告诉我，她在看《流浪地球》这部电影的时候哭了，因为里面的一句话："最初，没有人在意这场灾难，这不过是一场山火，一次旱灾，一个物种的灭绝，一座城市的消失。直到这场灾难和每个人息息相关。"

我们并不知道地球的未来是否可以保持一片璀璨，但是，面对人类命运共同体面临的可持续生存危机，作为环保人，我们正永不言败地努力着。这种努力，将转化成像钻石一样珍贵的希望，为了我们的孩子，为了我们的子孙后代……

碳中和的『前世今生』

碳中和循环中 碳基能源的沧海桑田

我们正处在一个由碳基化石能源支撑的经济神话面临严峻挑战的时代，能源危机和气候变化逼迫着我们必须进行新能源转型。这是一场世界领域的能源战争的“春秋战国”时期，也是一场人类命运共同体的碳中和保卫战。期盼地球再次回归森林茂密、气候温润、生命繁盛、鸟语花香的碳中和常态。

人类使用碳基能源经历了三次大的革命。第一次，是人类学会通过薪柴等能源的燃烧，来狩猎、烹饪和进行刀耕火种的农业文明。这一段历史，在能源史上被称为薪柴时代。第二次，是通过煤炭燃烧带动燃煤蒸汽机的煤炭革命，在能源史上被称为煤炭时代。第三次，是通过石油和天然气的开发，推动柴油机和汽油机的发明和广泛使用，在能源史上被称为石油时代。这三次能源革命，无论是薪柴，还是化石能源的煤炭、石油，都是碳基能源，燃烧产生能量的关键，都是这些能源中的碳元素在高温下与空气中的氧气结合，形成二氧化碳并重新释放到大气中的过程。人们通过获取这些能量增强了改造大自然的能力，但同时，也人为地增加了向大气层排放的二氧化碳量，从而在一定程度上破坏了自然界上亿年才形成的碳中和平衡系统。

煤和石油的形成历史，本身就是地球从碳中和、碳失衡、碳修复重新回到碳中和的循环过程，每一次地球从碳中和到碳失衡的过程，就是地球生命大灭绝的过程，而每一次地球从碳失衡回归到碳中和的过程，就是地球新的生态系统重建的过程。

1
碳基化石能源支撑的经济神话面临严峻挑战

碳中和是目前最热的话题。其实，地球生命发展的历史，就是碳基生命和碳基能源演进的历史，碳中和是历史的常态。如果碳中和状态改变，碳基生命就会失去依托。就连碳基能源的形成，也是历史时期碳中和循环演进的产物。

人类使用碳基能源经历了三次大的革命。第一次，是人类学会通过薪柴等能源的燃烧来狩猎、烹饪和进行刀耕火种的农业文明，这一段历史，在能源史上，被称为薪柴时代。伴随着6000多年农业文明的漫长的薪柴时代，薪柴是人类第一代主体能源，火也是人类掌握的第一项能源技术。

第二次，是通过煤炭燃烧带动燃煤蒸汽机的煤炭革命，在能源史上，被称为煤炭时代。工业革命的兴起使煤炭时代开始于17世纪中叶，随着燃煤蒸汽机的发明，机械力开始大规模代替人力，低热值的木材已经满足不了巨大的能源需求，煤炭以其高热值、分布广的优点成为全球第一大能源。这也带动了钢铁、铁路、军事等工业的迅速发展，大大促进了世界工业化进程，煤炭时代所推动的世界经济发展超过了以往数千年。

第三次，是通过石油和天然气的开发，推动柴油机和汽油机的发明和广泛使用，在能源史上，被称为石油时代。石油作为主力能源的崛起之路始于1854年，随着美国宾夕法尼亚州打出世界上第一口油井，石油工业由此发端，世界进入了“石油时代”。19世纪末，人们发明了以汽油和柴油为燃料的内燃机。福特成功制造出世界第一辆量产汽车。从这一时期起，石油以其更高热值、更易运输等特点，于20世纪60年代取代了煤炭第一能源的地位，成为第三代主体能源。石油作为一种新兴燃料，不仅直接带动了汽车、航空、航海、军工业、重型机械、化工等工业的发展，而且影响着全球的金融业，人类社会也被飞速推进到现代文明时代。

这三次能源革命，无论是薪柴，还是化石能源的煤炭、石油，都是碳基能源。燃烧产生能量的关键，都是这些能源中的碳元素在高温下与空气中的氧气结合，形成二氧化碳并重新释放到大气中的过程。在这一化学反应过程中，会释放出巨大的能量。人们通过获取这些能量增强了改造大自然的能力，但同时，也人为地增加了向大气层排放的二氧化碳量，从而在一定程度上破坏了自然界上亿年才形成的碳中和平衡系统。

而薪柴、煤炭、石油，都是地球漫长碳中和过程中动植物的产物。我们正处在一个由碳基化石能源支撑的经济神话面临严峻挑战的时代，能源危机和气候变化逼迫着我们必须进行新能源转型。能源是一国经济的命脉，谁掌握了新能源核心技术，谁就会成为下一任经济的霸主。无论为攻为守，各国都必须应战。这是一场世界领域的能源战争的“春秋战国”时期，也是一场人类命运共同体的碳中和保卫战。期盼地球再次回归森林茂密、气候温润、生命繁盛、鸟语花香的碳中和常态。

2
碳中和的薪柴时代

薪柴时代，是碳中和的时代。约100万年前，当时森林茂盛，种子植物的产生加大了森林碳库的碳含量，枯死干燥的粗壮林木为火的产生提供了条件，闪电带来的高温引燃了森林的大火。

虽然，在地球碳基生命5亿年的历史上，火山爆发等也会带来高温大火，但毕竟是地质事件，不频繁，刚刚从树上走下地面的人类，在其居住和生活范围内，一辈子也很难见到一次。但100万年前，作为植物进化最高等的类群种子植物出现后，高大树木在森林中开始大量繁衍，使闪电雷击带来的森林起火事件更加频繁，使初期的人类有更多的机会接触、观察和感受到自然界火的作用和威力，从而开启了人类探索性地使用能源的历史。

种子植物是植物界中最高等的类群，根、茎、叶发达，用种子繁殖后代。它们适应陆地生活的能力较蕨类植物更强，主要表现在以下三方面：

一是受精过程中有花粉管形成，花粉管将精子直接输送到卵细胞附近，因此，受精作用已完全摆脱了水分的限制，这在植物系统发生史上是一个飞跃，使种子植物成为真正的陆生植物。

二是产生了种子，胚被保护在种子里，能长时间抵抗不良的环境条件。种子里贮存了供胚发育所必需的养料，因此，种子的出现对种族的繁衍极为有利。花粉管和种子的出现，是植物适应陆地生活水平的新发展，使种子植物发展到比蕨类植物更高级的水平，并取代了它们在陆地上的优势地位。

三是种子植物的根、茎、叶内部都已经拥有非常发达的营养输导组织，可以为其植株提供更充足的营养。种子植物的这些优势，使其植物体都是多年生的木本植物，植株高大，寿命长，多数为常绿植物，通常组成大面积的森林，常见的有松、杉、柏等，还有被称为“活化石”的银杏、水杉和苏铁等。

在植物界的演进中，种子植物的出现使森林树木更加高大茂密，由闪电雷击导致的森林起火事件也就更为频繁地发生。

3
薪柴能源的发明使人类成为地球生命新霸主

在刚遭遇由闪电雷击而产生的森林起火事件时，我们远古时期的人类一定是害怕的。熊熊大火产生的高热，威胁着人类的生命，人们纷纷慌张逃窜，有一些人甚至被山火烧伤、烧死，这让人们感受到火的威力。当大火熄灭，他们重新返回原来的居住地的时候，森林大火已经把树木烧毁，一些没有及时逃出的动物被烧死，地面被厚厚的草木灰覆盖。

人们战战兢兢地在被森林大火烧毁的居住地转悠，捡拾被山火烧死的动物吃，没想到，这些被火烧烤过的动物肉更加鲜美可口，更加容易消化，甚至原来没法儿吃的坚硬皮肉和鱼类，经过山火的烧烤，也变得美味易于咀嚼。人们认识到，火是可以用于狩猎的，火可以杀死动物，而且火的烧烤可以让动物的肉变得非常美味。

人们开始追逐和保留火种，用于狩猎和食物的烧烤。原来人们只能捕捉小型的猎物，但是，掌握了火的使用后，群居的人类开始使用火来狩猎大型动物。在一个选好的地方事先堆满可以助燃的枯死树木，集体将大型动物引诱到这个潜在火圈，投掷火把引燃柴木，大型动物就被烧死了。而且，经过烧烤的动物肉，不仅更加美味和易于消化，而且可以延长储藏时间。

因为掌握了使用火的技能，人类的食物更充足，人类的生存和繁衍能力更加强大，人类族群数目不断增加。

动物是有记忆的，人类使用火把狩猎，导致很多大型动物被杀死，另外，自然山火也导致很多动物被烧死，导致了动物们对火的畏惧心理。人们发现，在需要休息时，只要在山洞的洞口保持一堆木材的燃烧，无论多么凶猛的动物也不敢来侵袭进攻，所以，人类又学会了使用火来防御和保护族群，并获得更好、更安全的休息和睡眠，这对人类的演进和脑部的发育非常重要。而且，在黑夜的森林，人们发现火还具有照明功能，可以使人们在夜间也做一些工作，如缝制兽皮衣等。

到了来年春天，被山火燃烧过的山地，因为被厚厚的草木灰覆盖，土壤变得松软肥沃，一些被子植物的种子破土而出，如番薯、山药、玉米、旱稻等。这些植物本来在森林里是稀疏分布的，因为有大量高大树木在土地中占位，很难有一整块大的松软肥沃平地，所以这些可食用的果实块茎等植物，需要人们反复搜寻，搜寻成本很高。但山火把高大林木烧毁了，留下的灰烬有着充足的养分，又遇上来年淅淅沥沥的春雨，各种灰烬中蕴藏的被子植物种子在肥沃土壤和温柔细雨的催生下都开始竞先地开花结果，给初期的人类带来巨大的惊喜。这简直是天然食物库呀。

在大自然这样的实践教学中，初期的人类开始模仿，发展出了刀耕火种的初期农业。

薪柴燃烧这种第一代碳基能源，使人类了解和掌握了能源使用的威力。在100多万年前至50万年前这段时间，古人类相继掌握了人工控制天然火的技能，这对人类的发展是具有跨时代意义的，因为火种的保存和使用，人类在恐龙灭绝之后，开始逐渐成为地球碳基生命的新主宰。

从生产角度来看，刀耕火种的农业文明的开始，使古人类可以不需要为了觅食而不断迁移流浪，开始有了村落，焚山开荒，有意识地培育可食用的被子植物，获得较为稳定的食物来源；在狩猎方面，没有火之前，人类体型和身体自身的攻击能力并不是很强大，比如，并没有可以杀死猛兽的很锋利的牙齿和爪子，遇到猛兽只能殊死搏斗，狩猎只能猎取一些兔子等小型动物。但当人们学会使用火之后，人类群居和群攻的优势就发挥出来了。古人类通过群攻的方式用火把驱赶野兽，用火围剿野兽，用火防御野兽的攻击和猎杀。在猛兽面前，古人类不再是被动地逃跑或者无力地被猎杀，而是成了主宰，主动地进攻和猎杀大型猛兽，成为恐龙灭绝后新一代森林之王。

从人类进化的角度来看，薪柴燃烧可以烧烤食物，人类摆脱了茹毛饮血的时代。经过烧烤的食物不仅味道好，而且易于咀嚼和消化，高温加热的食物可以形成200多种新的化合物，人们可以获得更多营养物质，促使人体内脏、大脑、口腔的进化更快，大脑更加发达。北京猿人的颅骨内腔结构证实，人类的分节语能力产生于50万年前，与人类掌握火的使用在同一时期。

人类开始直立行走。直立行走不仅解放了人类的双手，而且引起了身体各部位的改变。例如，在发音器官上，随着人类直立行走和颚部的隆起，人类吻部逐渐萎缩，口腔和喉部形成直角，非常有利于发出各种声音。因为烧烤带来了熟食，人们不再需要很强大的咀嚼器官，咀嚼器官逐渐萎缩，牙床变小，口腔内发音器官的活动余地逐渐变大，非常有利于人类语言当中共鸣和唇音的形成。正是熟食使人类身体产生了这些进化，最终形成了人类的语言。语言是文化形成的基础，也是人类区别于其他动物的标志性特征。

从人类生存和繁衍的角度来看，碳基能源薪柴燃烧带来的光能和热能，扩大了人类的食物来源，提升了人类的智力，增强了人类生存和繁衍的能力。特别是冬季，由于寒冷的威胁、食物的缺乏，是各种动物死亡的高发季节。在森林里，到处是瘦骨嶙峋的狼、饥饿难耐的虎。因为碳基能源火的使用，刀耕火种的农业提供了稳定的食物来源，人类可以储存玉米、番薯等过冬食物，还可以在山洞里通过烤火抵御寒冷，这大大增强了人类的生存和繁衍能力，扩大了人类族群，使人口数目迅速增长，从而进一步增加了集体进攻防御能力。

村寨、部落，甚至农业国家，就是在人口增长的基础上形成的。而这些人类集体组织的形成，又进一步加强了人类团体作战的能力，使人类在与自然界其他动物猛兽的竞争中，成为当之无愧的霸主。恐龙灭绝之后，新一代地球主宰物种人类终于确定了其无可争辩的主宰地位。

从武器和器械发展角度来看，在人类没有学会使用碳基能源之前，可以使用的武器只有天然的石头和树枝，用石头砸，挥舞树枝抽打，是主要的进攻方法。但是，第一代碳基能源薪柴的使用，可以烧死烧伤猛兽，成为捕猎和防御的有力武器。在这个基础上，6000年前的人类又发现，在低氧气中，薪柴的部分燃烧可以形成碳含量更高的木炭，木炭燃烧可以达到1100摄氏度高温，这足够将岩石中的金属分离出来，于是金属冶炼术得以发展，开创了人类的金属时代。利用金属，人类制造出各种更加尖锐、杀伤力更加强大的金属工具、武器，如刀、剑等。

人类通过使用第一代碳基能源薪柴的燃烧，开始掌握光能和热能，使人类走向了文明，这一时代被称为薪柴时代。人类学会使用火之后，生产力不断提高，社会随之进步。人类在火光中得到光明，在寒冷中得到温暖，因为火的使用，人类获得了比狮子、老虎、野狼等顶级的猛兽更强大的攻击和防御能力，可以说，没有火就没有人类文明。

所以，无论是古老而神秘的东方文明，还是充满宗教色彩的西方文明，火都是文明的起源，是世界文明的基石。在古老神奇的中国历史中，燧人氏钻木取火使人类摆脱了茹毛饮血的时代，从而开创了华夏文明。与此同时，在浪漫的西方历史中，普罗米修斯为人类盗取天火，使人类成为万物之灵。

4
燧人氏钻木取火神话

燧人氏钻木取火来自我国古老的神话。传说在远古蛮荒时期，人们并不懂得使用火，夜幕降临，到处漆黑一团，猛兽的嚎叫连绵不绝，遥相呼应，人们蜷缩在一起，又冷、又饿、又怕。因为没有火，人们不得不生吃食物，不但生吃植物果实，就连捕来的猛兽，也是“生吞活剥”，连毛带血一块吃，就是茹毛饮血。这导致人们经常生病，抵御野兽攻击的能力也很弱，饥饿、疾病、寒冷、野兽的攻击和撕咬，使人们的寿命很短，死亡率很高。

有一天，山林里忽然起火了，许多飞禽走兽葬身火海。人们受到雷电和大火的惊吓，到处奔逃。火熄之后，逃散的人们又聚到了一起，他们惊恐地看着燃烧的树木，发现原来经常在周围出现的野兽的嚎叫声没有了，大火中烧死的野兽肉散发出诱人的香味。人们聚到火边，分吃烧过的野兽肉，觉得自己从没有吃过这样的美味。随后，人们发现火还可用来取暖和照明。于是，人们开始有意识地保存和利用火，将天然火种带回洞穴中保存起来。但是，天然的火种很难保存，稍不留神就会熄灭。人们又重新陷入黑暗和寒冷之中。

神仙伏羲在天上看到了这一切，动了恻隐之心，于是给一个伶俐的年轻人托梦，告诉他：“在遥远的西方有个燧明国，那里有火种，你可以去那里把火种取回来。”年轻人醒后，便下定决心去燧明国取回火种。他翻过高山，涉过大河，穿过森林，历尽艰辛，终于来到了燧明国。可是这里没有阳光，不分昼夜，四处一片黑暗，根本没有火。

他非常失望，就坐在一棵叫“燧木”的大树下休息。这时候他发现就在燧木树上，有几只大鸟正在用短而硬的喙啄树上的虫子。只要它们一啄，树上就闪出明亮的火花。年轻人看到这种情景，脑子里灵光一闪。他立刻折了一些燧木的树枝，用小树枝去钻大树枝，树枝上果然闪出火光，可是却着不起火来。年轻人不灰心，他找来各种树枝，耐心地用不同的树枝进行摩擦。他取来一根很粗的树干，用石刀先将其刨平，再拿起一段较细的木棒用石刀削尖，将其扎到刨平的木板上，在周围覆盖上易燃的干叶、枯草，再飞快地转动削尖的木棒。不一会儿干叶、枯草中就有黑烟冒出，他再使劲一吹，氧气的作用使树枝燃起了红彤彤的火焰。

年轻人激动地回到了家乡，为人们带来了永远不会熄灭的火种——钻木取火的办法。从此，人们再也不用生活在寒冷和恐惧中了。人们被这个年轻人的勇气和智慧折服，推举他做首领，并称他为“燧人”，也就是取火者的意思。发明钻木取火的燧人氏被后人尊为“火祖”，受到人们的世代景仰。

5
薪柴时代的碳循环

农耕文明时代的人们使用的碳基能源主要是薪柴，这是第一代碳基能源，所以在能源史上被称为薪柴时代。薪柴的主要成分是碳，所以，原始人类使用火的历史，就是人类将薪柴中的有机碳转化为二氧化碳并排入大气的过程，就是人类开始大规模通过碳基能源的使用介入自然界碳排放和碳吸纳循环的开端。

薪柴的主要成分是碳，将薪柴加热到可燃点时，其与空气中的氧气产生化学作用，就能释放光能和热能，产生二氧化碳。薪柴燃烧的过程，就是薪柴中的碳与氧气结合后释放二氧化碳的过程，就是释放能量的过程，这就是火可以产生高温烧死动物、人们可以利用火将食物烤熟的原因。

我们如果燃烧一块薪柴，就会发现，一斤薪柴燃烧之后，剩下的灰烬不到一两，好像薪柴的燃烧是会产生亏损现象的。但物质守恒定律告诉我们，物质不会凭空消失，也不会凭空产生。那么，薪柴燃烧后，除了残留很少的灰烬，其他的物质究竟去哪里了呢？实际上，薪柴的主要成分是碳，在与空气中的氧气发生剧烈的氧化反应发光发热后，生成了二氧化碳气体，融入大气中了。所以，薪柴燃烧后，我们看到的，只有很少的灰烬，其他的物质，主要转化为气态的二氧化碳，进入了大气层。

所以，我们可以看到，薪柴燃烧的过程，就是人类通过火的燃烧，人为向大气层排放二氧化碳的过程。但是，100万年前的原始时期，森林浓郁茂盛，人类数量还很少，薪柴燃烧排放的二氧化碳，相对于当时森林巨大光合作用产生的吸纳能力和海洋吸纳二氧化碳能力来说，是非常微不足道的，不足以影响地球碳吸纳和碳排放循环的平衡，也不会破坏当时碳中和状态。

但是，人类使用碳基能源的历史是一个长时间跨度的历史。当人类感受到农业文明相较于狩猎更为稳定和有丰富的食物回报时，因为族群之间资源和土地的争夺，各个族群都迫切需要增加粮食和食物供给，以保障本族群人口的不断增长，增加族群的战斗力，使族群在战争中成为获胜的一方，占领更多的土地和资源。于是，不断砍伐和烧毁森林，以开垦更多的农田，种植更多的粮食和经济作物。

而且，金属冶炼也急需更多的木炭。由于对薪柴需求量巨大，人类大量砍伐森林树木，烧制木炭。例如，16世纪末期，因为金属冶炼对木炭的巨大需求，英国90%的树木被砍伐，导致伦敦木材价格飙升。在欧洲其他地区以及亚洲也发生过类似的事件，这便是世界上第一次能源危机。

森林的大量砍伐肯定会减少大自然二氧化碳的吸纳能力，而大量碳基能源薪柴的燃烧又会加大大气层二氧化碳的排放量。但大自然碳吸纳和碳排放的循环系统是巨大的，海洋和当时大量存在的原始森林、湿地等产生的巨大二氧化碳吸纳作用，使第一代碳基能源的广泛使用并没有引起碳中和的剧烈失衡。

但毫无疑问，人类对第一代碳基能源薪柴燃烧的使用，使人类自此踏上了改变地球碳循环的道路。第一代碳基能源薪柴的使用，激发了农业文明的诞生，人类对地球碳循环的影响随着人口的增长、农耕文明的扩张而加大。随着森林的大量焚烧和砍伐，本应在生物圈中存留数百年的碳，提前结束了碳循环的旅程，被排放到大气中。人类因为大量砍伐和燃烧第一代碳基能源薪柴而额外排放出的二氧化碳，逐渐突破了自然界碳中和平衡器的自动调节和保护，导致了大气层中二氧化碳浓度的上升。但是，这一上升速度非常缓慢。所以长达6000多年的农业文明，并没有导致大自然显著的碳中和失衡。

6
碳中和中的地球成煤时期

第二代碳基能源是煤炭。煤炭的发现和利用到今天已有2000多年的历史。煤炭成为第二代碳基能源，是因为燃煤蒸汽机的发明和广泛使用。

学会用火，大大加速了人类的进化。在薪柴时代，人们生活、生产所用的能源几乎全部来自生物质的木材、秸秆。木柴烧制的木炭让人们注意到煤炭，其单位体积/重量产出的热量明显高于薪柴。燃煤蒸汽机发明之后，煤炭的使用量明显上升，第一次工业革命爆发。20世纪初，煤炭超越薪柴，在能源构成中占绝对优势，能源进入煤炭时代。

薪柴时代长期、大量使用木材带来了大片森林的毁灭和相应地区的荒漠化，减少了自然界吸纳大气层二氧化碳的能力，而以煤炭作燃烧和动力的大规模的城市群、大规模的工业和交通又显著增加了大气层二氧化碳的排放量，导致大自然碳中和失衡危机的初步显现。

煤炭的形成是历史时期碳中和时代的产物，是碳基生命碳循环的过程，是森林深埋地下由有机碳转化为无机碳的过程。

煤炭是几亿年前植物死亡后，因为缺氧状态，没有和空气中的氧气作用，就被埋入深深的地下，因为地下的高压，经过压实、失水、硬结等变化而导致碳含量的上升，从而形成燃烧热值更高的煤炭。薪柴的碳含量一般是50%以下，而煤炭的碳含量要远远高于薪柴，最初级的褐煤中的碳含量是65%～75%，烟煤中的碳含量为75%～90%，无烟煤达90%～98%。

所以，地球上的煤实际上是远古时代因为大量植物残骸的缺氧化埋藏，深藏在地下的碳元素。这种缺氧状态一般发生在沼泽、湖泊地带，树木因为死亡等各种原因倾倒后，立即淹没在水底、泥沙中，与空气中的氧气隔离。在隔绝空气的情况下，经过漫长的地质年代和地壳运动，经过地下的高温高压，经过生物物理化学作用，逐步演变成煤炭。

在正常情况下，森林碳库的有机碳循环应该是，树木依托太阳的光能，吸收空气中的二氧化碳，通过光合作用，将二氧化碳转化为碳水化合物等树木生长需要的有机碳物质，并向空气中释放氧气。树木在生长的一生中，依托光合作用，不断吸纳大气中的二氧化碳，转化为生长需要的有机碳，并释放氧气。这一过程，实际上就是森林吸纳二氧化碳，并将其固化到树木中去的过程。所以，森林树木的生长可以吸纳二氧化碳的碳汇。

但是，碳循环必须是闭环的，有吸纳有排放，在碳中和状态下才能实现碳平衡。树木衰老死亡后，或者树木被砍伐燃烧后，通过有氧细菌的分解，通过木柴燃烧的化学反应，固化在树木里的碳又重新以二氧化碳的形态释放进大气层，从而保持大气层二氧化碳浓度的恒定。

而煤的形成，是植物死后，因为倾倒在充满水和泥沙的沼泽、湖泊、河流等地带，在与空气隔离无氧的状态下被深埋进地下，因此没有完成将树木中固化的碳重新以二氧化碳形态释放回大气层的过程，反而在地下高温高压作用下，碳的固化进一步凝练聚合，单位体积含碳密度更大。在森林有机碳循环中，煤的形成，减少了返回到大气层的二氧化碳。但是，因为煤的形成是几亿年的地质历史过程，时间跨度很大，形成过程非常漫长，这种碳储存也是非常缓慢进行的，所以，并没有对自然界有机碳循环和碳中和平衡造成很大的影响。

煤的形成分为两个阶段：泥炭化阶段和煤化阶段。当树木死后倾倒在充满水的沼泽、湖泊、河流地带，树木遗骸被水和泥沙淹没，形成了无氧的与空气隔绝状态。由于地壳的变动、沉积地带下降、泥沙的不断冲积，树木遗骸被一层层地埋在地层中，在缺氧的条件下，受厌氧细菌的作用，发生复杂的生物、化学、物理变化，逐渐变成泥炭。这是成煤过程的第一阶段，泥炭化阶段。

由于地壳下沉、高温高压的作用等，泥炭层开始进一步发生变化，被脱水、压紧，含碳量逐渐增加，腐殖酸含量减少，从而形成了含碳量在65%～75%的初级煤——褐煤。随着地壳的继续下沉，温度和压力更大，促使煤层的煤质继续发生变化，煤化过程进一步加深，褐煤逐渐变成含碳量为75%～90%的烟煤，最后变成含碳量达90%～98%的无烟煤。

人们常在煤矿的横截面上发现树木的纹理，而在有些煤层，还存在着很多煤化的植物化石，仿佛在“述说”这些树木的前世。在几亿年或者千万年前，它们也曾经是郁郁葱葱、生机盎然的模样。

根据考古发现，地球上的煤主要在四个地质时期形成，分别是石炭纪、二叠纪、侏罗纪、古近纪。石炭纪距今3.5亿年，二叠纪始于距今2.99亿年，侏罗纪是大家都很熟悉的恐龙主宰地球的时代。这些时期，都是地球生命中生机勃勃的碳中和时期。

侏罗纪始于距今1.99亿年，这是植物非常繁盛的时期，才使栖息在高大密林中的恐龙成为森林和地球之王，我国大部分煤矿都是形成于恐龙时代的侏罗纪。古近纪始于距今6500万年，是在行星撞击地球导致恐龙灭绝后，地球生态系统逐渐修复、森林重建的基础上形成的，经历了4200万年。从上述成煤年代我们可以知道，煤的形成，碳在地球深层的固化和凝聚，绝不是一朝一夕的变化，而是几千万年乃至上亿年地质历史跨度的深深蕴藏。而煤炭形成的基础，是碳中和时期适宜温润的气候下繁茂森林。

目前发现的特厚煤层已经超过100米厚，人们就会诧异，远古地球得有多少的森林和树木，而且这些树木还需要在沼泽、湖泊、河流等易于形成缺氧环境的地带，那总的森林和树木资源太庞大了。但是，如果我们考虑到成煤年代和时间跨度，就可以理解了。这么厚的煤层不是短时间形成的，而是数千万年乃至上亿年形成的，如此大的时间跨度，即使煤层的厚度每年只增加0.01毫米，在1000万年以后，厚度也可以达到100米，何况很多煤矿的成煤时间是距今上亿年。

考虑上亿年的成煤时间，也可以使我们更好地认识到煤的燃烧使用和碳中和失衡的关系。这些上亿年自然界埋藏在地下的固态碳，我们却只用了不到300年的时间就几乎将其用到耗竭了。也就是说，自然界用了上亿年将大气层二氧化碳转化为固态碳并深埋存储于地下，人类只用了不到300年，就将这些固态碳通过煤的燃烧，重新以二氧化碳气体的形态释放到大气层，这必然会提升大气层二氧化碳的浓度，导致气候变暖，出现碳中和失衡危机。

煤的形成历史，本身就是地球从碳中和、碳失衡、碳修复重新回到碳中和的循环过程，每一次地球从碳中和到碳失衡的过程，就是地球生命大灭绝的过程，而每一次地球从碳失衡回归到碳中和的过程，就是地球新的生态系统重建的过程。所以，回顾煤的形成史，对于我们理解碳中和对于碳基生命的重要性，非常有帮助。

7
二叠纪成煤期碳中和下郁郁葱葱的森林

二叠纪是古生代的最后一个纪，也是重要的成煤期。二叠纪始于距今2.99亿年。二叠纪早期，地球气候温度适宜而湿润，这给大量植物的生长创造了条件。当时，郁郁葱葱的森林在许多沿海地区密集分布，内陆地区针叶树开始大面积繁殖，形成了茂密的内陆原始森林，因为气候是湿润的，即使内陆原始森林也存在着大量的湖泊河流，星罗棋布地与原始森林交融在一起。密集的森林树木、大量的水域环境，是煤形成的必要条件，二叠纪早期和中期都具备了，因此给煤层的形成提供了充足的物质条件。

这种气候特征也在我国考古发现中得到了证实。考古发现，我国河北南部石炭纪–二叠纪古气候的变化趋势表现为：晚石炭纪到早二叠纪早期为温暖潮湿，早二叠纪晚期到中二叠纪则逐渐向干旱气候转变。世界各地的考古发现，也印证了二叠纪经历了非常剧烈的气候变化，从二叠纪早期的温暖湿润、气候适宜、森林茂密、生物繁荣到二叠纪晚期的气候剧变、干旱炎热，沙漠化急剧扩大，气候升温导致了大量生物死亡，形成了严重的地球生物大灭绝，95%的海洋生物和75%的陆地脊椎动物灭绝，三叶虫、海蝎以及很多重要珊瑚群全部消失。

二叠纪这种气候剧变，是由碳失衡造成的。在二叠纪早期，地球处于稳定的碳中和状态，所以气候湿润，温度适宜稳定。但是，从二叠纪中期开始，特别是到二叠纪晚期，地壳活动越来越活跃，古板块间的相对运动加剧，世界范围内许多地方形成了褶皱山系，古板块间逐渐拼接，形成联合古大陆（泛大陆），陆地面积逐渐扩大，海洋范围缩小。

当海洋的大陆架因为海岸线的急剧退缩而暴露出地面后，原先埋藏在海底的有机碳因为暴露在空气中被氧化，这个氧化过程消耗了氧气，释放了大量的二氧化碳。大气层中的氧气减少了，而二氧化碳浓度升高。高浓度的二氧化碳好像给地球裹上了过于厚重的棉被，引起了气候升温变暖。大气中氧气的减少，影响了陆地动物的生存。大气中二氧化碳浓度的提升，使海洋超额吸纳二氧化碳，导致了海洋缺氧酸化，大量海洋生物因此死亡和灭绝。

这一时期地层中大量沉积的富含有机物的页岩是这场灾难的证明。气候剧变还导致了火山更频繁地爆发，引燃了海底的可燃冰，释放甲烷，进一步加剧了气候变化的危机。因氧气减少，厌氧的紫细菌活动更加频繁，其释放的毒气杀死了大量的生物。整个地球的生物圈一片死寂。

二叠纪时期的气候变化规模非常大，二叠纪早期海平面比今天高出约200英尺（约61米），二叠纪晚期海平面暴跌至当前海平面下约20米（也就是低于现今20米），大气升温，特别是在大陆内陆更是炎热干燥。随着气候干燥和海平面下降，靠近海岸的针叶林让位于泛滥的沙漠，沙漠成了这一时期内陆的主要特征，这种焦土景观成为有记录以来世界上最大的沙漠。在二叠纪晚期，因为大气中二氧化碳浓度过高，温度波动达到了极端：夜晚极其寒冷，而白天则被太阳炙烤，极其炎热。

碳失衡导致了二叠纪时期的大规模生物灭绝，仅仅30万年，95%的海洋物种和75%的陆地脊椎动物就灭绝了。

大量二叠纪时期的成煤煤矿告诉我们，二叠纪早期，地球曾经是森林茂密、沼泽湖泊河流密布的景象。而二叠纪晚期，地球到处是没有生命的死寂和荒凉的沙漠景象。地质层岩石毫无生命特征的紫红色调，又在“诉说”着因为碳失衡，地球生命大灭绝的灾难。二叠纪的成煤煤层，向我们展示着地球从生命繁荣的碳中和状态走向碳失衡的大灭绝灾难。在这一过程中，碳循环系统的改变，剧增的二氧化碳气体向大气层的排放，逐渐导致生物的灭绝和生态系统的崩溃。

灾难发生5万年后，地球板块运动逐渐稳定，火山爆发频率减少，地球生态逐渐好转。熬过灾难期的植物在倔强的进化中不断繁衍，它们吸收大气中的二氧化碳，通过光合作用制造氧气，使得大气中的含氧量逐渐增加，二氧化碳浓度逐渐下降，全球气温逐渐降低。而且植物光合作用形成的水汽聚合后，吸纳大气中的二氧化碳变成酸雨，掉落地面，进入土壤或者海洋，被转化为固态化的碳酸盐岩，沉入海底。大气层碳吸收和碳排放的循环再次实现平衡，进入碳中和状态，地球生物大灭绝事件终于告一段落。地球生态系统经过了数百万年乃至上千万年才逐渐自我修复。

8
侏罗纪成煤期恐龙霸主的鼎盛

世界历史上第二个著名的成煤时期是侏罗纪时期，始于距今1.99亿年前，距离二叠纪晚期2.51亿年前发生的生物大灭绝事件，已经过去了近6000万年。这就是著名的恐龙世纪。

即使经过6000万年的地球自我修复，在侏罗纪前期，生物大灭绝事件还是对生态有着影响，各种动物植物不是很繁盛，属于休养生息阶段。但到了侏罗纪中晚期，地球碳循环趋于稳定，进入碳中和状态。气候变得温润潮湿，繁盛的森林植被，形成了如今澳大利亚和南极洲丰富的煤炭资源。盘古大陆，被郁郁葱葱的森林和绿洲所覆盖，沼泽、湖泊、河流众多，雨量充沛。

正是这样适宜的气候、繁茂的森林，才形成了大家非常熟悉的恐龙世纪。侏罗纪中晚期开始，恐龙进入鼎盛时期，逐渐成为地球碳基生命的霸主，统治了地球长达1.5亿年，直到白垩纪-第三纪恐龙大灭绝事件发生，因为行星撞击地球，再次打破了地球碳中和平衡系统。

侏罗纪中晚期的地球，各类恐龙济济一堂，构成了一个千姿百态的龙的世界。当时除了陆地森林巨大的迷惑龙、梁龙、腕龙等，水中的鱼龙和飞行的翼龙等也大规模发展和进化。

侏罗纪时代的地球，在碳中和状态的加持下，生机盎然，天空晴朗，气候温和，雨水充沛。郁郁葱葱的森林里，植物争奇斗艳，不只有低矮的蕨类、藻类植物，还有高大的针叶树、银杏树。侏罗纪中晚期，地球上广泛覆盖着极其茂盛的裸子植物和蕨类，这是素食性恐龙丰盛的食物天堂。

每年雨季来临之前，生活在今天南美洲的翼手龙都会飞越大西洋来到今天的法国西海岸寻找它的异性进行交配。那时候的大西洋只有300千米宽，雄性翼手龙在飞越大洋的途中，会不时地贴近海面啄食海水中跳跃的鱼类来补充体力，而且随时存在被恐怖的海洋杀手滑齿龙吞食的危险。在飞达目的地时，翼手龙已是精疲力竭。往往要休息一周多，才会去寻觅自己的配偶。

侏罗纪时的气候对恐龙的繁衍十分有利，而且在中生代，哺乳动物还处于进化的早期阶段，恐龙基本上没有任何生存竞争的对手，所以它们迅速占领各个大陆，进入鼎盛时期。丰富的食物和适宜的气候，使恐龙们迅速繁盛起来，前所未有的巨型恐龙争相亮相，在广阔的森林和草原之间游荡，粗大的脚印深深加印在泥土上。

那时候地球上的气候非常温暖湿润，植物生长茂密葱茏，良好的降雨和光照条件使植物可以长得很大。由于食物充足，动物就没有了营养缺乏之虞，无论是植食动物还是肉食动物，都不缺食物来源，所以动物也能长得很大，这也是巨型恐龙产生的原因。恐龙中最具代表性的迷惑龙，体长25米，体重达30吨。在海洋里，体型接近鱼类的爬行动物——鱼龙，族类繁多，与其他海洋掠食者，如蛇颈龙和海洋鳄目动物一起，分享着侏罗纪温暖的海水。

世界各地丰厚的侏罗纪成煤期煤矿的发现，也印证了侏罗纪时期森林的茂盛、河流湖泊沼泽雨水的众多和丰沛。例如，我国侏罗纪煤就在内蒙古、陕西、甘肃、宁夏等省区广泛分布。

但是，这样一个碳基生命旺盛的时代，却因为行星撞击地球导致的碳失衡而毁灭，并导致了恐龙的灭绝。6500万年前，一颗名为巴普提斯蒂娜的小行星，直径接近160千米，进入了地球轨道，撞击了地球，形成了著名的希克苏鲁伯陨石坑。这里的地层岩石被地质学家称为K–T边界，意思是白垩纪–第三纪界限的标记线。K–T边界岩石中含有铱，铱是一种稀有金属，然而这个岩层中的铱含量是正常含量的200倍。还能在哪里找到这么多的铱呢？只有来自太空的陨石。人们还在这层白色岩石中找到了冲击石英的证据，只有小行星才会留下这样的印记。高含量的铱冲击石英，出现在地球上许多地方的第三纪界限岩层里。这种全球性的痕迹，只可能出自最猛烈的撞击。撞击的地点就在墨西哥的尤卡坦半岛。

撞击事件引发了频繁的火山爆发，大气层二氧化碳浓度显著升高。撞击事件造成大量灰尘进入大气层，遮蔽阳光，使植物无法获得太阳光进行正常的光合作用，导致二氧化碳吸纳能力减弱，而且也导致食物链最底层依赖光合作用生存的生物，例如浮游植物和陆地植物，大量死亡。草食性动物，因为所依赖植物的剧减而死亡。同样地，顶级掠食者（如暴龙）也受到影响。大气层二氧化碳浓度的急剧升高、氧气浓度的急剧下降、碳失衡带来的生态系统崩溃，导致在撞击事件中艰难存活的物种，又在生态恶化的效应中死亡。

9
始新世成煤期被子植物的极度繁盛

世界成煤的第三个高峰期，是古近纪，又称为早第三纪，始于6500万年前，也就是恐龙大灭绝之后。早第三纪包括古新世、始新世和渐新世。古新世持续了1000多万年，此时，地球依然在修复因为行星撞击导致的碳失衡，虽然因为地球强大的自我碳中和调节功能，在经过千万年后已经逐渐修复，但地球生物仍然处于休养生息状态。

随着古新世的结束，地球生态在重建碳中和的基础上开始了复苏和新一轮的兴盛期，进入了始新世，持续了约1800万年。气候重新变得湿润适宜，给植物生命带来了新的生机，在景观上增加了多样性。被子植物开始极度繁盛。以前由古代羊齿和各种松柏组成的植被，逐渐被被子植物所取代。此时的被子植物基本上都是乔木，无论是从新科、新属，还是从个体数量上，都比以前增加很多。热带、亚热带植物，如棕榈等，大量繁殖，显花植物和草类的发展给动物界的昆虫、脊椎动物等的繁荣，创造了必要条件。

从始新世开始，哺乳动物得到了迅速的繁衍，地球开始进入哺乳动物繁盛时期。始新世的哺乳动物科目一级的总数比古新世约增加了80%，奇蹄目和偶蹄目成为动物群的重要角色，齿形动物、食肉目也有了较大的发展和繁衍。

从始新世开始，地球从碳中和失衡导致的大灭绝灾难中修复，进入了新的碳中和时期，碳基生命繁盛繁衍。而早第三纪煤矿的丰盛，也记录了该地质时期地球从碳中和失衡危机通过修复走向碳中和平衡的过程。因为森林植物的茂盛，早第三纪在历史上是一个重要的成煤时期，在我国主要见于秦岭以北，贺兰山—六盘山以东地区，以及南岭以南珠江—右江地区。

这些大自然几千万年甚至上亿年逐渐累积的煤炭，却因为燃煤蒸汽机的发明和大范围的使用，在短短的不到300年时间，就通过煤炭的燃烧，全部以二氧化碳气体的形式，返回了大气层。

10
第一次工业革命推动世界进入煤炭时代

燃煤蒸汽机和煤炭的关系非常密切而又复杂。燃煤蒸汽机的发明，本身就是为了煤炭的开采。煤炭深埋地下，不像薪柴那么易得，需要很多开采技术和开采机器。16世纪末到17世纪后期，英国的煤矿开采遇到技术故障，地下水的不断涌出成为采煤的巨大障碍。因为矿井地下水比较深，单靠人力、畜力已难以满足排除矿井地下水的需求，而煤矿又有丰富和廉价的煤作为燃料。

为了解决这一问题，18世纪初期的工程师发明了通过燃烧煤带动的燃煤蒸汽机，其原本目的是把地下水从煤矿中抽取出去。萨弗里制成了世界第一台实用的蒸汽提水机，但其吸水深度不能超过6米。为了从几十米的矿井吸水，需将提水机装在矿井深处，用较高的蒸汽压力才能将水压到地面。经过研制，纽科门在1705年发明了大气式燃煤蒸汽机，用以驱动独立的提水泵，被称为纽科门大气式燃煤蒸汽机。这种燃煤蒸汽机被广泛运用于煤矿地下水的抽取，先在英国，后来在欧洲大陆迅速推广。但是，纽科门大气式燃煤蒸汽机的热效率很低，需要耗费很多的煤炭，所以，只有在煤价低廉的煤矿，作为煤矿抽取地下水的动力，才有运用价值。

但是，当时的英国毛纺织业迫切地需要有效的新动力源。新大陆的发现和地理大扩张，使英国打开了巨大的海外商品市场。毛纺织品是英国当时对外贸易的主要产品，海外市场的扩张导致了英国毛纺织业需求的急剧增加，传统的手工操作无法满足急剧增加的市场需求。英国工程师发明了飞梭，继而发明了水力纺纱机、水力织布机，这些机械的应用大大提高了纺织业的效率。但利用水力作为能源有很大的局限性，工厂必须建在河流附近，且河流的流量流速都不稳定，这显然不适合机械化大生产的需要。于是，很多工程师开展了以煤为燃料的燃煤蒸汽机改良的尝试。

瓦特通过细致的观察和实验，逐渐发现了纽科门大气式燃煤蒸汽机热效率低的原因，并对其进行了改良，1765年，瓦特发明了带冷凝器的单向式燃煤蒸汽机，1782年又发明了双向式燃煤蒸汽机，使燃煤蒸汽机的效率提高到原来纽科门机的三倍多，煤耗大大下降，使其适合运用于毛纺织业。瓦特燃煤蒸汽机的发明和使用，使英国的毛纺织品产量，从1766—1789年的20多年增长了5倍，促进了英国对外贸易的发展。而毛纺织品海外市场的扩张，又导致了对长途运输业的迫切需求。

在船舶上采用燃煤蒸汽机作为推动力的实验开始于1776年，经过不断改良，至1807年，美国的富尔顿制成了第一艘实用的推进的燃煤蒸汽机船“克莱蒙”号。此后，燃煤蒸汽机在船舶上作为推动力达百年之久。

1800年，英国的特里维西克设计了可安装在较大车体上的高压燃煤蒸汽机。1803年，他把它用来推动在一条环形轨道上开动的机车，这就是机车的雏形。英国的史蒂芬孙将该机车不断改进，于1829年创造了火箭号燃煤蒸汽机。该机车拖带一节载有30位客人的车厢，时速达46千米/时，开创了铁路时代。

到18世纪末，燃煤蒸汽机普遍代替其他动力，成为英国和欧洲许多工业部门的主要动力来源。

燃煤蒸汽机的发明和广泛使用，带来了第一次工业革命高峰，人们的生产和生活方式因此发生了巨大的变化，极大地推进了技术进步，促进了规模化经济的发展，极大地提高了生产效率，同时也使商业投资更有效率。燃煤蒸汽机在纺织业的运用，提高了纺织业的效率和产量；蒸汽机在运输行业的运用，使载重上千吨的火车开始在大陆快速穿越，载重上万吨的轮船开始在大洋中横渡；燃煤蒸汽机在矿山开采中的运用，降低了矿工的劳动强度，并且可以昼夜不停，连续开采；蒸汽机在金属冶炼中的运用，煤炭带动大型鼓风机，更高的温度更强大的能源，提高了金属冶炼的精度和纯度，扩大了金属的使用范围，开发出各种新型设备和武器；燃煤蒸汽机在机械制造上的运用，制造出更复杂更精密的器械和工具，为近代工业的创建奠定了基础。

燃煤蒸汽机的使用，使人们从依靠人力、畜力等原始动力中解脱出来，实现了机械大生产。伴随着燃煤蒸汽机在工业领域的广泛使用，近代的能源工业——煤炭工业，开始在世界范围内广泛建立，从而带动了煤炭开采和利用的爆发式增长。1861年，英国的煤炭年产量就已经超过5000万吨，成为18世纪以来人类使用的主要能源之一。2019年，世界煤炭产量达到81.29亿吨。

但是，人类将大自然在地下储存积累了几千万上亿年的煤炭，在不到300年的时间就通过煤的燃烧以二氧化碳气体的形态释放到大气中，肯定会严重影响大气层的碳循环，损害碳中和系统，使全球气候危机初步显现。

11
碳失衡的石油时代

第一次工业革命，其核心是能源革命，燃煤蒸汽机替代了薪柴能源，推进了工业的机械化大生产，带动了交通运输创新，使人类从农业文明进入了工业文明。但是，随着生产的发展，燃煤蒸汽机的缺点也显现出来。蒸汽机是外燃机，是通过燃烧煤获得的能量加热水，通过水蒸气的动力带动机械。所以，燃煤蒸汽机的使用，需要大量的煤和水，需要笨重而庞大的锅炉。因为不是直接燃烧能源带动机械，而是先燃烧能源产生水蒸气，再用水蒸气的压力带动机械，所以，热效率不高，不足10%。

当时的人们就想，如果直接通过燃烧产生能量，而不需要二次转化，效率是不是就可以提高呢？17世纪，惠更斯曾经尝试将火药放入活塞中，通过火药的爆破燃烧直接带动活塞做功，结果由于火药爆炸难以控制，最终失败了。这时候，人们开始关注用石油燃烧替代火药。

1876年，美国人奥托发明了汽油发动机，将内燃机的热效率提升到28%。1892年，德国人鲁道夫·迪赛尔发明了柴油发动机，将内燃机的热效率提升到34%。内燃机就此逐渐取代蒸汽机，获得广泛推广运用，并引发了一系列生产技术的大变革，被称为第二次工业革命，使人类的工作效率进一步提高。

石油也是一种碳基能源，主要成分是碳，是浓缩碳能的最终形态。与同样的碳基能源煤相比，石油作为能源的主要优势是：第一，石油是液体，比固体的煤更便于运输，特别适用于通过管道连续运输。第二，石油是液体，所以容易萃取精炼提纯，形成非常纯粹几乎不含任何杂质的液体燃料，因此，燃烧效率高，没有废渣。这对内燃机非常重要。第三，比煤炭的能源密度更高，单位体积所能产生的能量远远高于煤炭，所以可以作为汽车、飞机等空间有限的交通运输工具的燃料，支撑其远距离运输。

由于汽车、坦克、装甲车、飞机、拖拉机、轮船等大都采用内燃机，推动着世界石油开采和炼油业的飞速发展，世界石油工业开始建立，确立和巩固了石油作为主体能源的地位。因此，在能源史上，第二次工业革命，就是从煤炭时代走向石油时代的转折。从此，世界能源进入石油时代。

12
碳中和下繁盛的碳基生命形成了石油

同为碳基能源，石油和煤的形成有相似之处，都是远古时期生物遗骸沉入地下无氧环境，经过几千万年乃至上亿年的地下高温高压作用形成的。地球上的生命都是碳基生命，全是由碳构成，所以这些远古时期生物遗骸的主要成分也是碳。但石油主要是海洋里的动物和藻类遗骸演化而成的，因为动物富有油脂，所以，在几千万年乃至上亿年的演进中，最后形成以碳为主体的液体的油；而煤是陆地的植物，因为死亡倒下的地点是在湖泊、河流、沼泽地带，水的隔离形成无氧环境埋入地下，植物遗骸经高温高压风干压缩，所以是以碳为主体的固体。

在现今发现的石油油藏中，时间最老的达5亿年之久。大部分石油集中形成于石炭纪、二叠纪、侏罗纪。我们可以发现，石油集中形成的时期，和历史上煤炭的成煤时期，几乎是重合的。我们在前面分析了煤炭的成煤时期形成原因，是有一个碳中和状态的气候适宜时期，温润潮湿，适宜森林植物生长，所以，为煤的形成提供了物质条件。而经历了漫长的碳中和平衡状态，这几个时期都经历了生物大灭绝阶段。二叠纪繁荣之后，地壳运动古板块撞击，导致海洋大陆架升起，形成新的山体，沉没在水下的碳酸盐大陆架因为氧化的作用，大量吸收氧气释放二氧化碳；还导致火山的频繁爆发，大量释放二氧化碳，使大气中二氧化碳浓度急剧增加，氧气急剧减少，使地球碳循环失去平衡，碳中和状态被严重打破，气温升高，各种极端气象频发，使繁荣茂盛的生物群遭受集体大灭绝。侏罗纪恐龙霸主繁盛时期的终结，则是小行星撞击地球事件，引发了地球频繁的火山爆发，产生了大量的二氧化碳气体，使大气层二氧化碳浓度急剧升高，碳中和平衡系统被打破，气温上升，气候干燥，森林树木大量死亡，海洋酸化，到处是没有生命的沙漠。

无论是石油的形成，还是煤炭的形成，都在远古时期先经历了繁盛期，所以才有了海洋繁盛的海洋动物，森林繁盛的森林树木，为石油和煤炭的形成奠定了物质基础。而繁盛期之后的地球碳基生命集体大灭绝事件，使大量的动植物遗骸埋入地下。比如，因为大气中二氧化碳浓度过高，海洋酸化缺氧引发大量海洋动物死亡，这些集体大量死亡的生物，被海底泥沙埋葬后，经过几千万年乃至上亿年，就会逐渐形成石油。

在地球不断演进的漫长历史过程中，在这些特殊历史时期，大量的海洋生物死亡后，沉入海底，被海底的泥沙掩埋。经过漫长的地质年代，这些海洋动物的遗骸与淤泥混合，被埋在厚厚的沉积岩下。在地下的高温、高压下，它们逐渐转化，首先形成蜡状的油页岩，再继续在高温、高压下，形成液态的石油。由于石油比附近的岩石轻，它们向上渗透到附近的岩层中，直到渗透到上面紧密无法渗透、本身则多空的岩层中。这样聚集在一起的石油形成油田。通过钻井和泵，人们可以从油田中获得石油。

13
中东地区石油形成的历史

石油主要是由海洋动物遗骸在无氧或者缺氧状态下，经过几千万年乃至上亿年地质时期形成的。通过中东地区石油的形成，我们可以理解石油形成的历史和原因。

中东地区是目前石油储量最多的地区。中东海湾地区地处欧、亚、非三洲的枢纽位置，原油资源非常丰富，被誉为“世界油库”。美国《油气杂志》数据显示，世界原油探明储量为1804.9亿吨。其中，中东地区的原油探明储量为1012.7亿吨，约占世界总储量的2/3。在世界原油储量排名的前十位中，中东国家占了5位，依次是沙特阿拉伯、伊朗、伊拉克、科威特和阿联酋。其中，沙特阿拉伯已探明的储量为2665亿桶，居世界第二位。伊朗已探明的原油储量为1584亿桶，居世界第四位。伊拉克已探明的原油储量为1425亿桶，居世界第五位。阿联酋为978亿桶，居世界第七位。沙特阿拉伯每天就生产石油1175万桶。

中东地区为什么会有这么丰富的石油蕴藏呢?

中东是地中海东南岸、俄罗斯高加索山脉、波斯湾以及非洲红海沿岸围成的那一片区域。中东地区是一块年轻的陆地，其前身是广阔的海洋。其形成原因是阿尔卑斯-喜马拉雅的造山运动。

7000万年前，欧亚大陆还没有完全成形，非洲板块、印澳板块不断向北推移，与欧亚板块全线碰撞。板块碰撞之处，大地崩裂，熔岩喷射，海岸边，地震引发海啸，数十米高的巨浪吞噬着一切，造成大批海洋生物集体死亡。此次碰撞范围如此之广，力量如此之大，导致了欧亚大陆南侧全线隆起，大量超级山脉和高原就此诞生。它西起大西洋东岸，东至印度尼西亚孤岛。这次造山运动，造就了阿尔卑斯山、喜马拉雅山、伊朗高原、青藏高原等，全长超过1万千米。它横贯地球，地质学上称之为阿尔卑斯-喜马拉雅造山带。

随着这次碰撞，世界地理格局也为之改变。欧亚大陆与非洲板块、印澳板块之间，原本存在的海洋大面积萎缩甚至消失。中东地区所在地域原来是特提斯海，因为这次碰撞事件，特提斯海开始缩小，无数小岛从海中冒出来，地壳运动导致海底隆起，新的陆地诞生，这里面就有中东地区。所以，中东地区丰富的石油来源于之前特提斯海丰富的海洋生物遗骸的累积。

经过几千万年的挤压，最终特提斯海消失在地球的历史中，只留下一小部分，就是今天的地中海。而那些因为这次碰撞而挤压隆起的山脉，西起阿尔卑斯山，东至青藏高原，就是阿尔卑斯-喜马拉雅山系。

中东地区就是这次造山运动产生的，由于前身是海洋，里面大量的海洋生物在这个变迁过程中埋入地壳，非洲板块又和亚欧板块发生挤压，中东处在二者的交界处，在这样的作用下，海洋生物经过复杂的物理化学反应生成了石油。因为地壳很年轻，中东的石油埋得不深，全部是浅表石油，易开采，所以中东的石油开采效率全世界最高。

14
石油被发现和利用

通过中东地区石油形成的历史，我们可以理解石油是怎样形成的。但是，石油是深埋地下的海底动物遗骸经过几千万年乃至上亿年地壳运动及高温、高压下形成的。那石油是怎么被发现的呢?

最初发现石油是因为打井取水。人们在打井的过程中，发现一些黑乎乎黏稠的液体从地底冒出来，不知道这些黏稠液体可以做什么用，后来发现它可以燃烧，就用它来煮饭。再后来，人们发现它燃烧猛烈，和柴火不同的是遇水不灭，甚至火势更加猛烈，所以，又将其用于战争中的火攻。

我国文献记载利用石油的历史有2000多年。《易经》中记载“泽中有火”，意思是湖泊的水面上有火在燃烧。这里引起水面起火的就是石油蒸汽。而《易经》成书于西周，距离现在有3000多年的历史，是我国目前有明确文字记载的石油记录。1800多年前的《汉书·地理志》上说：上郡高奴县的洧水，水像油一样，可以燃烧。上郡高奴县就是今天陕西省延长县一带，洧水是当地的一条河流。可能是由于地层压力的影响，埋藏在地下的石油跑到地面上来，浮在洧水上面，看起来好像油一样，把油捞出来点火烧着，可以用来点灯做饭。

1600多年前，我国又在甘肃玉门关附近找到了从地下流出来的石油。当时有一部古书《后汉书》上说：玉门关附近有一种泉水，像肉汤一样油腻腻的，点起灯来极其明亮，但不能吃。这种油腻腻的泉水，就是一种含有石油的水，人们不仅用它来点灯，而且还把它像漆一样涂在木桶上，所以又叫“古漆”。

在魏晋南北朝时期，《水经注》上讲到了甘肃酒泉发现含油的泉水，介绍了石油的性质、形色、产区和用途，并且指出：这种含油的泉水用来膏车，效果很好。所谓膏车，即润滑车轴的意思。唐朝时，人们称石油为“石脂水”。有一部古书上还记载了这样一个故事：一次，甘肃的酒泉被突厥人包围了，他们搭起云梯来攻城。守城的军队用干草浇上“石脂水”点着了往城下扔去，石脂水洒到突厥人的云梯上（云梯是木制的），云梯就着火燃烧起来，突厥人忙泼水抢救，结果“石脂水”遇水，燃烧更加猛烈，突厥人大败而去。这是因为石油是油类，油类着火时，遇水会更加猛烈。

“石油”一词在我国出现前，曾使用过很多种名字，包括石漆、水肥、石脂水等，而“石油”一词最早出现在宋代沈括的《梦溪笔谈》中：“鹿延境内有石油。旧说高奴县出脂水，即此也。”他还说，石油的数量很多，地下埋藏也很丰富，烧起来不留灰烬，大有发展前途。也就是说，宋代的沈括就已经观察到石油燃烧相比薪炭煤火燃烧的重要优势之一，是更纯净，燃烧后不留灰烬。

在西方国家，石油最早被发现的记录可以追溯到公元前10世纪前，当时古埃及、古代美索不达米亚文明和古印度等地出现采集天然沥青（石油沥青是原油蒸馏后的残渣，天然储藏在地下，有的形成矿层或在地壳表面堆积）的记录，这些地方的人们将沥青用于建筑、防腐、装饰等。美索不达米亚的楔形文字中就有关于在死海沿岸采集天然石油的记载。古波斯也出现人类手工挖成的石油井。

最早把石油用于战争的是公元前490年的波斯人，他们用石油作为武器攻打雅典城。荷马文学作品《伊利亚特》中记录了特洛伊人将火投上船，船上升起的火焰难以扑灭。这种燃烧的火焰就是燃烧的石油。

石油真正发挥出它的魔力还是在19世纪中叶。1852年，波兰人依格纳茨发明了从石油中提取煤油的方法，煤油相对石油原油更纯净，燃烧热值更大，因此被迅速用于早期的内燃机中。

说到煤油，大家可能想到的就是在那个尚未通电的年代给千家万户带去光明的煤油灯，老一辈人称之为 “火油”或者“洋油” 。又因为煤油看起来像水一样，却又能够点燃火种，故也被称为“火水” 。直到现在，香港、广州等地仍俗称煤油为火水 。但实际上，在汽油发明之前，煤油是作为内燃机的主燃料，绝不仅是用来点灯。所以，当我的朋友说，煤油就是用来点煤油灯的，我就告诉他，你对历史时期煤油在能源史上的地位真是一无所知。

煤油灯所使用的煤油，其实只是灯用煤油和灯油（lamp kerosene），是煤油的一种使用方式。真正化学意义上的煤油是一种通过对石油进行分馏而获得的碳氢化合物的混合物，是轻质石油产品的一类。即使到现在，虽然汽油已经几乎完全取代了煤油，但一些遥控飞机及暖炉还会使用煤油，或者使用掺有煤油的燃料，航空煤油不仅用于涡轮发动机，也是火箭发动机的燃料。

但煤油作为内燃机的燃料，相比汽油，存在一些缺点。第一，煤油中烃分子中碳原子数要多于汽油分子中碳原子数，这就导致煤油消耗空气更多、燃点更高。不易点燃，更不易压燃，因此，做内燃机燃料会导致点火困难。

汽油分子小，燃点低，点火比较容易。第二，汽油容易汽化，而且燃烧剧烈，内燃机是压缩燃烧室，汽化燃油使其爆炸做功。汽油压缩比更高，蓄的力更多，燃烧效率就更高。第三，相比煤油，汽油更稳定，不易变质，不易爆炸。第四，汽油比煤油更纯净，燃烧后基本没有灰烬。所以，在汽油机发明后，汽油就迅速替代煤油，成为内燃机的主体燃料。

汽油机的原理是：汽油在汽缸中燃烧，产生的高温高压气体推动活塞，活塞再带动连杆，就完成了能量的传递。大家都知道，汽油是危险易燃物，一点点火星也会引起燃烧，是很猛烈的。而汽油内燃机就是需要这种爆炸性的燃料，汽油在汽缸内部就好像爆炸一样产生高温、高压的气体。汽油内燃机的点火很容易，只需有一点电火花就可以，所以汽油内燃机可以做得很小，而功率很高。这就大大扩展了内燃机的用途，如汽车、摩托车、快艇、直升飞机、农林业用飞机、坦克等。

目前，石油已成为现代工业的命脉、液体的黄金，与我们的生活紧密关联。石油作为燃料，广泛用于各种类型汽车、拖拉机、轮船、军舰、飞机、火箭、锅炉、火车等动力机械；石油作为润滑剂，使各类滑动、滚动、转动的仪器减少磨损，保证效率；石油作为溶剂，是橡胶、皮革、油漆等工业必需的萃取物质，并可以用于洗涤机器和零件；我们使用的五颜六色、形态各异的塑料制品，如牙刷、盆、瓶子、iPad等，都是石油化工产品；石油还是制作合成橡胶的主要原料，合成橡胶具有高弹性、耐高温、耐低温等性能，广泛应用于工农业、国防、交通及日常生活中，我们生活中随处可见的鞋子、体育用具、轮胎、电线电缆等物品都要使用合成橡胶；我们用的清洁用品很多都是石油制品，如洗涤剂、洗发水、沐浴乳、肥皂等，里面都含有石油的衍生物；我们从衣服标签看到的涤纶、腈纶、锦纶等面料，都是由石油生产的合成纤维；最后的石油渣，成为沥青，铺成柏油马路。目前，全球铺装沥青的公路总长为1700多万千米，可以想象消耗了多少沥青！

15
石油时代的碳循环失衡

碳基能源石油的形成，也是地球碳循环的产物，是地球碳循环的重要环节。动植物死后，本来应该在氧化作用下，重新生成气体的二氧化碳和水，回到大自然，形成二氧化碳的源。但是，海洋水对空气的隔离，泥沙淤泥迅速掩埋形成的无氧环境，将这些有机碳仍然以液态的方式保存在地下，没有释放进大气中。考虑到石油形成时期经历的地球碳基生命大灭绝，行星撞击地球引发大量频发的火山爆发，大量二氧化碳从地底被带出释放到大气中，导致大气二氧化碳浓度的急剧升高。此时，大气和海洋都因为二氧化碳浓度过高，氧气含量急剧下降。所以，大量碳基生命的死亡和缺氧的环境为石油生成提供了条件，大量海洋动物因为海洋缺氧死亡，成为堆积的遗骸。这些海洋动物遗骸因为缺氧没有被重新氧化变成二氧化碳气体和水，而是以液体碳的形态埋在了地下，本身就减少了大气中二氧化碳浓度，是大自然努力调节碳循环平衡的产物，是大自然稳定碳中和的调节机制之一。

第二次工业革命后，石油被广泛运用。从地球碳循环的角度来看，这也就意味着，我们把几千万年乃至上亿年存储在地下的液态碳，通过石油燃烧的方式，转化为二氧化碳气体，重新释放回大气层中。这种人为的大量对自然碳循环的干扰，肯定会影响到自然界的碳循环平衡和碳中和状态。

1870年，全球生产大约80万吨石油，1900年，全球石油的年产量猛增到2000万吨，2016年，全球石油年产量接近39.2亿吨，2021年，全球石油产量即使在新冠疫情影响的情况下也达到了44.23亿吨。

石油支撑了人类工业的大发展，使人类在改造自然的过程中取得了前所未有的成就，但也对世界经济产生了极大的影响，几次石油危机使世界为之震撼，说明了我们目前的工业体系对石油的高度依赖。

第一次石油危机发生在1973年，因为阿拉伯国家与以色列的恩怨，阿拉伯国家决定对以色列背后的支持者美国实施报复。阿拉伯国家停止石油生产并收回标价权，这直接导致了世界的油价翻了3倍以上，整个世界的工业被按下了倒退键，美国经济倒退14%，日本经济倒退了20%。这次石油危机使世界各国都很震撼，之后成立了国际能源署，规定了每个国家必须有60天的原油储备量。

第二次石油危机发生在1978年，两个石油生产大国伊朗和伊拉克发生了战争，史称“两伊战争”。二者就波斯湾霍尔木兹海峡的所有权大打出手，战争持续了8年。作为世界石油的主力出口国，伊朗和伊拉克的战争导致了世界原油数量吃紧，世界经济承受巨大压力，国际能源署不得不将原来规定的每个国家必须有60天的原油储备量提高到了90天，以应对石油危机。

第三次石油危机发生在1990年，伊拉克因为攻打科威特，受到了国际社会的制裁，其原油出产停滞，给世界工业带来了重创，英国、美国等国家的GDP直线下跌。后来以沙特阿拉伯为首的石油出口国加大了原油产量，才勉强将危机化解，拉回了正轨。

这三次全球能源危机，都来自中东地区国家供给石油能力，因为战争等因素出现了问题。而这三次石油危机给世界经济带来的严峻影响，也引起我们的反思。我们在前面已经介绍了中东地区石油形成的历史，来自7000万年前的大陆板块运动，这说明石油的形成需要漫长的几千万年的历史，说明石油是不可再生资源，人类不可能等这样一个几千万年的地质周期。终有一天石油会被开采完，整个世界的能源将何去何从？

碳中和与地球生命的演进

碳中和是地球生命稳定存在和繁衍的基础。

地球生命的演进总是与大气层中二氧化碳浓度的变动密切相关。第一代以碳元素为核心的碳基生命是蓝细菌，它开创了地球的有氧时代，是地球最早的碳基生命。大约在24亿年前，蓝细菌进入了生命发展的旺盛期，在全球海洋大量蔓延和繁殖，吸纳了海水和大气中大量的二氧化碳，释放了大量的氧气。但与此同时，排放进大气层的二氧化碳却在逐渐减少，这就导致了碳中和状态的破坏，大气中二氧化碳浓度持续下降。地球失去了二氧化碳温室效应的保护，地球进入了长达3亿年的寒冷期，本来十分活跃的海洋生态系统遭受了毁灭性打击，85%以上的海洋生物死亡。

经过3亿年的调整，新的碳中和系统才逐渐形成，地球的地表温度才逐渐回升并稳定，生命在新的碳中和系统中继续演进，直至生命从海洋登上陆地，形成植物和动物，陆地生态系统的光合作用，又构成了新的碳中和系统。陆地生态系统的光合作用，是维系陆地碳基生命发展的关键，森林系统中的光合作用，吸纳和保存了大量的碳，构成了碳吸纳和碳排放的碳中和系统，形成了森林碳库。

但是，从二叠纪中期开始，地壳活动越来越活跃，世界范围许多地方形成了褶皱山系，古板块间逐渐拼接形成联合古大陆（泛大陆），陆地面积逐渐扩大，海洋范围缩小。当海洋的大陆架因为海岸线的急剧退缩而暴露出地面后，原先埋藏在海底的有机碳因为暴露在空气中被氧化，消耗了氧气，释放了大量的二氧化碳。大气层中的氧气减少了，而二氧化碳浓度升高。高浓度的二氧化碳好像给地球裹上了过于厚重的棉被，引起了气候升温变暖。仅30万年的时间，95%的海洋物种和75%的陆地脊椎动物就灭绝了。

地球生态系统经过了数百万年乃至上千万年的时间才从这一灾难中逐渐自我修复。到了侏罗纪中晚期，地球碳循环趋于稳定，重新进入碳中和状态，气候变得温润潮湿。正是这样适宜的气候，才形成了大家非常熟悉的恐龙世纪。侏罗纪中晚期开始，恐龙进入鼎盛时期，逐渐成为地球碳基生命的霸主，统治了地球长达1.5亿年。但是，行星撞击地球使大气层二氧化碳浓度急剧增加，再次打破了地球碳中和平衡系统，直到白垩纪-第三纪导致恐龙大灭绝事件发生。

恐龙灭绝后，经过30多万年的地球生态自我修复，地球碳基生命得以复苏，人类在恐龙灭绝之后，成为新的地球霸主。但是，传统工业革命导致的化石能源大量燃烧，人类现在又面临二氧化碳浓度急剧上升，碳中和再次被打破局面，危及地球安全。

1
碳中和是地球生命的常态

碳中和目前已经成为大家关注的热点问题了。朋友们聚会，本来是轻松的休闲，以往聊的，都是家长里短的闲话，而今天，聊天的主题，竟然是碳中和。我其实本来也是做好了聊闲话的准备。比如，爆浆豆腐的三种做法，或者炫耀一下我新写的散文和诗。没想到，聚会的主题，竟然成了我的主场，大家都要我讲讲碳中和的故事。

朋友王新对我说，听说碳中和就是近零排放，也就是碳排放为零，感觉这是一个我们可以无限靠近却无法达到的目标，我们可以努力减排，却怎么可能做到一点二氧化碳都不排放呢？

我说，碳中和是近零排放的概念，但却不是我们一点儿二氧化碳也不允许排放，而是要实现碳排放和碳吸纳的平衡，是碳排放碳吸纳达到平衡的近零排放。而且，实际上，地球生命存在和发展的历史，就是碳平衡碳中和的历史，如果碳平衡碳中和被打破，无论是碳排放大于碳吸纳的巨大正碳排放状态，还是碳吸纳大于碳排放的巨大负碳排放状态，地球生命生存都会遭遇极大灾难，甚至导致地球生物大灭绝。所以，碳中和是地球生命生存的常态，碳排放大于碳吸纳或者碳吸纳大于碳排放才是地球生命历史的异常状态，必须调整回碳中和，不然就会威胁地球生命的可持续生存。

“地球生物大灭绝？”朋友娟子吃惊地问：“有这么严重吗？” 我点点头，说：“知道吗？地球生命的起源和发展，都和碳平衡碳中和密切相关，所以，地球生命，又叫碳基生命。碳基生命就是以碳元素为有机物质基础的生物。地球上所有的生物都是碳基生物，包括人类在内都是以碳和水为基础。因为构成碳基生物的蛋白质，作为遗传物质的嘌呤和嘧啶等物质都是碳烃衍生物，所以称作碳基生物。碳基生命生存和延续的基础就是碳中和，是自然界中碳循环的净零排放。如果出现了任何打破这种平衡的非碳中和局面，时间和强度达到一定阈值，都会导致地球生物大灭绝。”

看着大家吃惊和不解的表情，我说：“要理解碳中和对地球生命系统的重要性，就要追溯到地球生命的起源。约45亿年前，地球还是一个围绕着太阳旋转的孤寂星球，没有任何生命。因为不断受到宇宙中其他天体陨石的撞击轰炸，岩浆之海席卷整个地球表面，这时的地球，就像一个熊熊燃烧的火球。这种频繁猛烈的天体撞击产生了大量的二氧化碳，所以大气中二氧化碳浓度非常高，更加剧了地球的热度，当时地球温度高达1200摄氏度。”

娟子听了，歪着脑袋疑惑地问：“为什么大气层中的二氧化碳浓度高了，就会加剧地球的热度呢？”

我看了看娟子，娟子是医生，望闻听诊都很细微，真是很能抓住关键问题。我说，娟子，你提的问题非常好，这正是为什么碳中和是地球生命存在的基础的关键原因。因为二氧化碳是一种温室气体，当其在大气层时，可以捕捉和保存太阳的热辐射和热能，使其不能返回宇宙空间，这就好像给地球盖了一层厚厚的棉被，这也叫温室效应。所以，在大气层中保持合适和稳定的二氧化碳浓度就非常重要。如果大气中二氧化碳浓度过高，就会导致地球表面升温，地球生命就会因为忍受不了过热的温度而无法很好地生存繁衍。当二氧化碳浓度持续升高，导致地球表面温度持续上升，到达一定阈值，就会导致地球生物大灭绝。但如果大气中二氧化碳浓度过低，就会导致地球表面温度降低，如果持续降低至一定阈值，地球生命也会受到严重威胁。

所以，碳中和是地球生命稳定存在和繁衍的基础，因为，只有实现地球碳循环平衡的碳中和，地球表面的温度才能稳定，生命延续赖以存在的生态系统才能稳定。例如，金星大气层二氧化碳浓度达到了96%以上，二氧化碳吸热性非常强的特点，导致了金星表面温度非常高，高浓度的二氧化碳还像一床厚厚的棉被，导致其热量无法散发，表面的平均温度高达480摄氏度，成为太阳系最热的行星。金星就像地球的孪生姐妹，因为它的大小、质量和密度都与地球相近，而且大气层也挺厚，但大气层96%以上的二氧化碳浓度，导致了金星的表面是一片炽热，任何生命都无法在这样的高温炽热中生存。

另一个例子是火星，火星与太阳的距离和地球与太阳的距离相差不大，但火星上的大气密度却不到地球的1%，二氧化碳非常稀薄，起不到大气层的保暖作用，导致火星表面的温度非常低，非常寒冷，平均气温为零下55摄氏度。在这样寒冷的气温下，生命也是无法生存的，因为无法形成液态的水。只有大气层中二氧化碳的浓度合适，并且保持碳循环平衡，即碳中和，星球表面的温度和生态系统才能稳定，适宜于生命的存在和繁衍。

“我们地球真是幸运，多亏有了合适的二氧化碳浓度”，大家围拢着我说。我一看大家不知不觉被吸引了，就高兴地继续说：所以呀！我们要珍惜地球目前适宜生命生存和繁衍的生态系统，要尽快扭转目前碳排放大于碳吸纳的碳循环非平衡状态，尽快实现碳中和，才能维持地球生态系统的稳定和地球生命的可持续生存。我们不能以一种理所当然的心态去面对大自然给予我们的幸运，地球生命的产生和存在本身就是一种偶然和幸运，生命是脆弱的，长期碳循环失衡，就会导致生命赖以存在的生态系统的不稳定，导致碳基生命根基的动摇。

大家听了，都沉默了，感受到碳中和的极度重要，也为人类的未来担忧。我打破了沉默，说，我给大家讲讲地球是怎样在碳循环平衡的碳中和环境下获得生命的诞生和演进的吧。大家立即抬起了头，很有兴趣地听。

2
碳中和与蓝细菌海洋生态时代

我看了看窗外的喷泉流水，说，地球诞生之后很长时间是有大量的天体撞击事件的，导致地球像燃烧的火球。随着地球逐渐处于稳定状态，天体撞击事件减少，地球表面温度逐渐降低，大气层中的二氧化碳逐渐回落地面，这时大气层中的水蒸气开始凝结为水滴，为地球带来了连绵不断的暴雨，雨水汇成的海洋诞生了。科学家通过研究发现，地球在41亿年前下了一场长达几百万年的大雨，从而出现了原始海洋。

海洋是地球上最大的活跃碳汇，是二氧化碳吸收器，被称为海洋碳库。如果只有海洋碳库吸纳大气层的二氧化碳，大气层的二氧化碳就会越来越少，无法达到碳中和。但大自然是神奇的，在形成海洋碳汇吸纳能力的同时，漂浮其上的大洋板块和陆地板块的冲击，导致火山的爆发，而火山爆发在喷射出大量炽热岩浆的同时，也喷射出了大量二氧化碳，并进入大气层。

重返大气层的二氧化碳也不会无限增多，会重新被海洋吸纳，还有一部分融入雨水中，成为酸雨，冲刷侵蚀地表岩石，并将剥落的矿物质带入海底，生成碳酸盐岩沉入海底。这种海洋、大气、岩石圈之间二氧化碳的循环和转化，形成了碳循环吸纳和排放的碳平衡，这就是地球早期的碳中和循环系统，也被称为无机碳循环。这个无机碳循环形成的碳中和系统，就像一个精巧的恒温器，通过稳定大气中的二氧化碳含量，使地球温度维持在一个较稳定的区间。

因为海洋吸纳二氧化碳的能力，原始的海洋中逐渐生成丰富的含碳元素的有机物，例如氨基酸、糖类、核酸碱基等，这些富碳有机物在海洋不断累积，借助海底火山所提供的热能进行结合，逐渐形成蛋白质、碳水化合物、核酸等复杂的高分子有机物。约38亿年前，这些富碳有机物聚合在一起，逐渐演变成细胞，以碳元素为核心的碳基生命就在地球上诞生了。约27亿年前在海洋中出现的蓝细菌，又通过光合作用，开启了有机碳循环平衡系统，形成了新的碳中和系统。

蓝细菌是海洋生态系统的重要组成部分和海洋初级生产力的重要组成部分，也是地球生命的开路先锋。它是一种单细胞的微生物，大小只有几微米，这种小小的生物十分神奇，即使到现在，我们呼吸的氧气有30%都是它们制造的，它曾经改变过地球，开创了地球的有氧时代，是地球最早的碳基生命。

地球无氧状况在地质历史上持续了20多亿年，直到蓝细菌的出现才得以改变。蓝细菌含有光合片层、叶绿素和藻蓝蛋白，可以利用太阳光，将二氧化碳和水变成自身所需的养分，并释放氧气。蓝细菌的光合作用发展，不仅创建了有机碳中和系统，还使整个地球大气从无氧状态发展到有氧状态，从而孕育了一切好氧生物的进化和发展。但是，蓝细菌并不是一出现就立马改变了大气环境，它还需要经过漫长时间进化，以适应地球环境和大量繁殖。大约在24亿年前，蓝细菌进入了生命发展的旺盛期，在全球海洋大量蔓延和繁殖。

我看大家静静地听着，说的兴趣就更高了。

所谓成也萧何败也萧何，蓝细菌的大量繁殖，吸纳了海水和大气中大量的二氧化碳，释放了大量的氧气，这意味着大气层中二氧化碳被大量吸纳和消耗，但与此同时，排放进大气层的二氧化碳却在逐渐减少，这就导致了碳循环的失衡和碳中和状态的破坏。二氧化碳的排放主要靠火山爆发，随着地球作为天体在太阳系稳定下来，其诞生之初的那种高频率山崩地裂的撞击和火山爆发在逐渐降低。随着火山爆发频率的减少和蓝细菌繁殖速度的加快，大气中二氧化碳的吸纳大于二氧化碳的排放，碳中和状态被打破，大气中二氧化碳浓度不再保持稳定，而是持续下降。

地球失去了二氧化碳温室效应的保护，这床包裹着地球的大棉被失去了，太阳的热辐射和热能来到地球后直接被反射回宇宙，几乎没有热能可以保留在地球表面，这导致了地球表面温度的逐渐下降，地球进入了长达3亿年的寒冷期，整个地球的温度下降，冰川锁住水，海平面降低，本来十分活跃的海洋生态系统遭受了毁灭性打击，85%以上的海洋生物死亡。大家听到这里，情绪也跟着低落了。

3
碳中和与陆地蕨类植物的繁盛

我被大家的情绪感染，语速也慢了下来。继续说道，海洋生物的大量死亡，导致地球光合作用几乎停止，意味着大气层吸纳二氧化碳的能力逐渐减弱，而火山爆发释放二氧化碳的排放行为还在照常进行。经过3亿年的调整，新的碳平衡碳中和系统才逐渐形成，地球的地表温度才逐渐回升并稳定，生命在新的碳中和系统中继续演进，直至生命从海洋登上陆地，形成植物和动物，陆地生态系统的光合作用，又构成了新的碳中和系统。

我讲到这儿，娟子笑着说，真是柳暗花明又一村。娟子的笑声，一下感染了大家，纷纷催着我快些讲。

大约4.5亿年前，由海洋藻类进化而来的苔藓、蕨类植物最早登上陆地。蕨类植物为了适应陆地上的生活，进化出了维管束植物。维管束植物像四通八达的管道一样，向植物各个部位输送水、矿物质以及由光合作用生产的有机物。另外，蕨类植物也进化出了功能各不相同的器官——根、茎、叶。一直以来荒芜得只有岩石的陆地，在蕨类植物的繁盛演进过程中，终于披上了绿衣。而且，蕨类植物枯萎了的茎等部位中的纤维素（多糖）为下一代的生长带去养分，同时，也为细菌的繁殖做出了贡献。

稍迟于植物，约4亿年前，昆虫类也登上了陆地。昆虫因身体上长有气门，也就是有用于呼吸的孔洞的特性，很快适应了在陆地上的生活。脊椎动物的登陆，是以淡水鱼类的进化为开端的。河川等比海洋浅，障碍物也比在海洋中更多。有时，比起在水中游动，爬行更便于移动，因此，淡水鱼类的鳍便有必要像脚一样发达有力。同时它们的皮肤、呼吸方式等，也为适应陆地生活而发生了进化。约3.5亿年前，经历过这一系列进化而诞生的两栖动物，终于登上了陆地。

陆地生态系统的光合作用，是维系陆地碳基生命发展的关键，首先出现在森林。森林系统中的光合作用，吸纳和保存了大量的碳，构成了碳吸纳和碳排放的碳中和系统，形成了森林碳库。

二叠纪始于距今2.99亿年。二叠纪早期，地球气候温度适宜而湿润，这给大量植物的生长创造了条件。当时，郁郁葱葱的森林在许多沿海地区密集分布，内陆地区因为针叶树开始大面积繁殖，形成了茂密的内陆原始森林，因为气候的湿润，即使内陆原始森林也存在着大量的湖泊河流，星罗棋布地与原始森林交融在一起。

森林是由无数生物与各种非生命因子有机结合的整体，在3亿年以前，地球上便有了茂密的森林，以木本蕨类为主。森林中的植物利用太阳能，吸纳大气中的二氧化碳，与水作用后，转化成糖类等有机物和氧气。植物的光合作用，也就是植物的生长过程。森林植物吸收的二氧化碳，在太阳光的推动下，与水结合，变成了粗壮的大树，枝繁叶茂、郁郁葱葱，稚嫩的小草，盛开的鲜花，累累的果实。这些，给森林中的食草动物提供了营养。森林植物光合作用释放的氧气，还为这些森林动物提供了必需的呼吸支持。而肉食动物通过捕猎和食用这些食草动物，将食草动物从森林植物中获取的碳基营养，转化为其自身成长和维系生命需要的营养。

陆地的光合作用，使大气中的二氧化碳转化为碳基生命的营养支撑，地球物种变得更加繁杂多样。而动植物死后，微生物会将动植物尸体中的有机碳分解成二氧化碳，重新回到大气层，从而完成陆地生态系统碳吸纳和碳释放的平衡，形成新的碳中和系统。缤纷多彩的生物多样性世界，就是根基于这个新形成的碳中和系统，碳基生命在新的碳中和系统中得到了更大发展。

在二叠纪早期，地球处于稳定的碳中和状态，所以气候湿润，温度适宜、稳定。但是，从二叠纪中期开始，特别是到二叠纪晚期，地壳活动越来越活跃，古板块间的相对运动加剧，世界范围内许多地方形成了褶皱山系，古板块间逐渐拼接形成联合古大陆（泛大陆），陆地面积逐渐扩大，海洋范围缩小。

当海洋的大陆架因为海岸线的急剧退缩而暴露出地面后，原先埋藏在海底的有机碳因为暴露在空气中被氧化，这个氧化过程消耗了氧气，释放了大量的二氧化碳。大气层中的氧气减少了，而二氧化碳浓度升高。高浓度的二氧化碳好像给地球裹上了过于厚重的棉被，引起了气候升温变暖。大气中氧气的减少，影响了陆地动物的生存。大气中二氧化碳浓度的提升，使海洋超额吸纳二氧化碳，导致了海洋缺氧酸化，大量海洋生物因此死亡和灭绝。

这一时期地层中大量沉积的富含有机物的页岩是这场灾难的证明。气候剧变还导致了火山更频繁地爆发，引燃了海底的可燃冰，释放甲烷，进一步加剧了气候变化的危机。因氧气减少，厌氧的紫细菌活动更加频繁，其释放的毒气杀死了大量的生物。整个地球的生物圈一片死寂。

二叠纪时期的气候变化规模非常大，二叠纪早期海平面比今天高出约

200英尺（约61米），二叠纪晚期海平面暴跌至当前海平面下约20米（也就是低于现今20米），大气升温，特别是在大陆内陆更是炎热干燥。随着气候干燥和海平面下降，靠近海岸的针叶林让位于泛滥的沙漠，沙漠成了这一时期内陆的主要特征。这种焦土景观成为有记录以来世界上最大的沙漠。在二叠纪晚期，因为大气中二氧化碳浓度过高，温度波动达到了极端：夜晚极其寒冷，而白天则被太阳炙烤，极其炎热。

碳中和失衡导致了二叠纪时期的大规模生物灭绝，仅30万年95%的海洋物种和75%的陆地脊椎动物就灭绝了。

4
碳中和与恐龙世纪

我说，恐龙的诞生和灭绝，都与碳中和息息相关呢。恐龙是上一任地球霸主。大家立即被激起了兴趣，都期待地看着我，等着我讲解。我说，地质研究显示，在过去5亿年，地球的碳中和状态曾经遭受五次严重的破坏，其中就包括大约6500万年前的小行星撞击地球事件，这次事件很多人都知道，因为它导致了地球恐龙的灭绝。

恐龙是生活在距今大约2.4亿年至6500万年前的陆生动物，属于陆生爬行动物，曾经支配地球陆地超过1.6亿年。侏罗纪中晚期，地球碳循环趋于稳定，进入碳中和状态，气候变得温润潮湿。正是这样适宜的气候、繁茂的森林，才形成了大家非常熟悉的恐龙世纪。

侏罗纪时代的地球，在碳中和状态的加持下，生机盎然，天空晴朗，气候温和，雨水充沛。郁郁葱葱的森林里，植物争奇斗艳。

丰富的食物和适宜的气候，使恐龙们迅速繁盛起来，前所未有的巨型恐龙争相亮相，在广阔的森林和草原之间游荡，粗大的脚印深深地印在泥土上。

但是，6500万年前，有一颗直径大约160千米的小行星撞击了地球，一下在大气中释放出了约1400吉吨的二氧化碳（1吉吨等于10亿吨），大气层的二氧化碳浓度剧烈上升；与此同时，猛烈撞击导致大量的气体和灰尘进入大气层，以致阳光不能穿透，地球一片昏暗，森林植物和海洋藻类都无法进行光合作用，无法吸纳大气层猛烈剧增的二氧化碳。大气层的碳中和状态被破坏，地球被突然裹上了极其厚重的被子，大气层高浓度的二氧化碳捕捉和吸纳了大量太阳热辐射和热能，使其不能返回宇宙，地球上的气候发生了异常的变化，温度急剧升高。

行星猛烈撞击地球带来的浓厚黑云，使地球光合作用停止，植物不能从阳光中获得能量，海洋中的藻类和成片的森林逐渐死亡，食物链的基础环节被破坏，大批的动物因饥饿而死。当时地球上大约80%的生物，包括沧龙科、蛇颈龙目、翼龙目、菊石亚纲以及多种植物与无脊椎动物，都因为这次事件而灭绝。这是地质年代中最严重的生物集体灭绝事件。

恐龙的灭绝告诉我们，碳基生命是脆弱的，碳中和状态的维系对碳基生命的存在和繁衍发展是至关重要的。当地球上碳中和状态被破坏，无论是浓度过高还是过低，都会影响地球气候，导致地表温度过热或者过于寒冷，地球上的植物都将因为生存环境的剧变而难以生存，更不用说进行稳定的光合作用。地球的有机碳循环从源头就会遭受严重破坏，动物不仅会因为碳循环中断，造成食物链的断裂而饿死，还会导致各种身体机能的长期破坏和改变，生态系统也随之走向崩溃。

恐龙灭绝后，经过30多万年的地球生态自我修复，主要依靠无机碳循环中二氧化碳融入雨水和海洋，形成碳酸盐岩沉入海底，大气中二氧化碳浓度逐渐降低。大气层因为行星剧烈撞击导致的大量尘埃也慢慢回落地面，浓厚黑云逐渐散去，海洋藻类和陆地幸存的植物重新开始光合作用，也加速了大气层中二氧化碳的吸纳，从而形成了新的碳中和状态，地球碳基生命得以复苏，并进入新的发展阶段，哺乳动物开始成为地球新的主宰，人类在恐龙灭绝之后，成为新的地球霸主。

但是，传统工业革命燃烧大量化石能源，导致人类现在又面临二氧化碳浓度急剧上升、碳中和被打破的困境，危及地球安全。

听我讲到这儿，大家纷纷说："蓝教授，听您这么讲碳中和，我们懂了。"大家开始讨论怎么才能减少碳排放，实现碳中和，保护好我们的地球家园。

碳中和我们在行动

北京冬奥会：我国碳中和的样板和方案

我国在申办2022年冬奥会时就承诺，北京冬奥会所产生的碳排放将全部实现中和。筹备6年多，通过低碳场馆、低碳能源、低碳交通、低碳办公室等措施，最大限度地减少碳排放，同时采取林业碳汇、企业捐赠等碳补偿方式，保障了北京冬奥会碳中和目标的顺利实现。

1
什么是碳中和?

因为北京冬奥会，我在朋友圈里小范围地成了网红。北京冬奥会在申报时，就已经做出了“冬奥会所产生的碳排放将全部实现中和”的承诺。媒体在会前的宣传中也指出，这届冬奥会将是第一届实现碳中和的奥运会。而我作为环境专家，立即就被朋友们频频咨询，关于冬奥会碳中和的很多问题。

碳中和的冬奥会，引起了大家的高度关注。可是，什么是碳中和呢？朋友们纷纷向我这个环境专家提问，瞬间我感觉在朋友圈的地位获得了提升。过去，最获得大家关注的是曼妮，她是海归医生，医术非常好，连我都是她的粉丝，经常在线咨询她，如何减肥，如何养生等。特别是新冠疫情期间，如何防疫。她一直是我们这个女教授朋友圈的网红。我是环境专家，之前在群里并没有太多存在感，只比数学教授朋友李教授强点，她一在群里宣讲她的研究进展，我们就顾左右而言他，实在是隔行如隔山。

正好是春节假期，大家都在期待着2月4日的冬奥会开幕式。趁着这股东风，我赶快在群里普及碳中和。

什么是碳中和呢？碳中和就是近零排放，也就是说，这次冬奥会，碳排放值将为零。

“碳排放值为零？那就是说，这次冬奥会一点碳都不排放了吗？这怎么可能呢？我觉得我们可以努力减排，但是，不可能做到一点儿二氧化碳也不排放呀。我感觉这是一个我们可以无限靠近却无法达到的目标。” 李教授说。

我说：“碳中和并不是说一点儿二氧化碳都不排放，而是尽量减少碳排放，并通过碳汇吸纳作用，将所有排放的二氧化碳吸纳掉，从而实现整体的碳排放值为零。”

“哦，二氧化碳还可以吸纳掉，怎么吸纳呢？”李教授好奇地问。

我告诉她们，这大千世界，有碳排放源，同时，又有碳汇，就是碳吸纳源。比如，我们开汽车、煮饭，我们呼吸，工厂燃烧化石能源发电、炼钢等，都在排放二氧化碳，都是碳排放源。同时，森林、海洋、湿地，都具有吸纳二氧化碳的能力，所以，是碳汇源。只要碳排放等于碳吸纳，就可以实现碳净零排放。

这次冬奥会，就是准备尽量减少碳排放。同时，在北京市和张家口市，从2018年开始，就已经大规模开展冬奥林的建设，实现百万亩新增林地。用新增林地产生的吸纳二氧化碳能力，来中和这次冬奥会的碳排放量，就可以实现碳中和了。

立即就有朋友找出北京冬奥组委总体策划部部长李森如的讲话发到了群里。李森如说："我们在申办时就承诺，北京冬奥会所产生的碳排放将全部实现中和。筹备6年多来，我们通过低碳场馆、低碳能源、低碳交通、低碳办公室等措施，最大限度地减少碳排放，同时采取林业碳汇、企业捐赠等碳补偿方式，保障了北京冬奥会碳中和目标的顺利实现。"

2
森林为什么可以吸纳二氧化碳?

"为什么植树造林可以吸纳二氧化碳呢？" 李教授追问道。

我说，大家想想看，一棵小树苗，是怎么长成参天大树的呢？因为光合作用呀。植物通过光合作用，吸收大气中的二氧化碳，与水作用后，制造树木生长需要的有机物质，并释放氧气。植物光合作用制造的有机物质，主要是碳水化合物和葡萄糖等。我们人类所需的粮食、油料、纤维、木材、糖、水果等，都是来自植物的光合作用，没有光合作用，人类就没有食物和各种生活用品。

植物在生长中，通过光合作用，吸纳了大气中大量的二氧化碳，将其由无机碳转化为可以供植物生长的有机碳。这些有机碳，就转化成了粗壮的大树、郁郁葱葱的树叶、稚嫩的小草、盛开的鲜花、累累的果实。

我拿起一个苹果，咬了一口，说："看，我吃的这个苹果，它里面含的碳水化合物，就是苹果树通过光合作用，吸收大气中的二氧化碳和水并发生作用转化而来的。"

"确实，最近这些年，北京的植树造林进展很快，我们小区附近就新增了公园绿地，生态环境越来越好了。"做化学的王教授说。

"是呀，"我说，"我还在小区附近的公园看见黄鼠狼了呢，这种肉食动物在城市核心区的出现，说明北京绿地和生态确实很好呢，不然，一般在城市里，能看见野兔子就不错了"。

"黄鼠狼？"曼尼问："黄鼠狼在城里，它吃什么？它要吃肉，也不能吃草呀，我记得黄鼠狼是要吃鸡的，在城里，它到哪里找鸡吃呀？"

我立即在群里上传了几张照片。这是我在小区附近的社区公园拍的，一只鬼鬼祟祟的黄鼠狼，刚从湖里捕捉到一条鱼，正叼着鱼，奋力把鱼朝岸上拖。朋友圈里立即发出一片惊叹之声，看看这小可爱，为了生存，已经转行当渔夫了呢。

我又上传了几张照片，是我和松鼠朋友Amy的亲密照。我说，"知道吗？Amy是我们小区的小松鼠呢，典型的与人和谐共存的城市核心区野生小动物，这就是北京森林城市建设程度的活指标呀"。

我的照片立即抓住了大家的心。曼尼说，"是真的野生的吗？不是你养的小宠物，怎么和你这么亲热呀"？

我说，"当然是野生的呀。我花了很长时间才取得它的好感，Amy是个敏感警觉而又高傲的小王子呢，我第一次见到它，刚好口袋里装了松子，是我自己爱吃的零食，为了讨好它赶快就殷勤地送给它。后来，我经常故意到它活动的区域，每次都没有空着手，给它送瓜子、松子、花生，锲而不舍地追求，终于打动了松鼠小王子，允许我近前去亲亲抱抱"。

曼尼说，"北京真是森林城市呀。我以前在纽约的时候，经常在小区看到野生松鼠，没想到，北京的小区也逐渐有野生松鼠了”。

李教授说，“我在小区也看到过野生松鼠，在树上窜来窜去的，只是，没有像蓝教授一样，这么仔细地观察亲近”。

她对曼尼说，“你们小区肯定也有的，不过你早出晚归的，太忙了就没见到”。

曼尼说，“真是的，每天都是天蒙蒙亮就赶去上班，晚上11点才回家，小区到底什么样，都有些模糊了”。

3
碳中和是人类历史的常态

我说，知道吗？其实碳中和才是人类历史的常态。比如，历史上的侏罗纪时期，就是恐龙时代，是恐龙最繁盛时期。稳定的碳中和状态，让气候适宜并温润潮湿，繁盛的森林植被，形成了如今澳大利亚和南极洲丰富的煤炭资源。盘古大陆被郁郁葱葱的森林植被覆盖，沼泽、湖泊、河流众多，雨量充沛。

正是稳定的碳中和状态，才有适宜和稳定的气候、繁茂的森林，才形成了恐龙的鼎盛时期，使它逐渐成为地球生命的霸主，统治了地球长达1.5亿年。

“恐龙竟然统治了地球1.5亿年！”曼尼有点儿吃惊，疑惑地问，“我们这个上一任地球霸主，最后怎么就灭绝了呢？”

“因为碳中和状态被打破了呀，导致地球气温的急剧变动！”我说，恐龙的灭绝，非常典型地说明了，维持碳中和状态对地球生命的重要性。

6500万年前，一颗名为巴普提斯蒂娜的小行星进入了地球轨道，撞击了地球，撞击事件引发了频繁的火山爆发，大气层二氧化碳浓度显著升高。撞击事件造成大量灰尘进入大气层，遮蔽阳光，使植物无法获得太阳光进行正常的光合作用，导致二氧化碳吸纳能力减弱，而且也导致食物链最底层依赖光合作用生存的生物，例如浮游植物和陆地植物，大量死亡。草食性动物，因为所依赖的植物的剧减而死亡。同样地，顶级掠食者（如暴龙）也受到影响。大气层二氧化碳浓度的急剧升高，氧气浓度的急剧下降，碳中和失衡带来的生态系统崩溃，导致在撞击事件中艰难存活的物种，又在生态恶化的效应中死亡。

当时地球上大约80%的生物，包括沧龙科、蛇颈龙目、翼龙目、菊石亚纲以及多种的植物与无脊椎动物，也因为这次事件而灭绝。这是地质年代中最严重的生物集体灭绝事件之一。

曼尼说，“看来，地球生命历史中，碳中和真的是常态，如果碳中和状态改变，生命就会失去依托呀”。她想了想，又问，“蓝教授，那目前的碳中和失衡的状态是怎么形成的呢”？

4
过高浓度的二氧化碳给地球裹上了厚厚的棉被

我说，像我们现在这样，碳排放远远超过自然界的碳吸纳能力，也只是最近不到300年的传统工业革命以来才出现的。在工业革命之前，全球二氧化碳排放量非常低，大自然的吸纳能力完全可以中和掉，实现净零排放的碳中和状态。直到20世纪中叶，排放量的增长仍然相对缓慢。根据牛津大学的汇总统计，1950年全球二氧化碳排放量仅超过50亿吨。到1990年，这一数字翻了几番，达到220亿吨。此后排放量继续快速增长，现在全球每年的碳排放量已经超过360亿吨，是1950年的7倍多，才仅仅70多年呀。

“那……二氧化碳排放多了，有什么危害呢？”李教授问。

就会导致地球升温呀。我说，因为二氧化碳是一种温室气体，当其在大气层的时候，可以捕捉和保存太阳的热辐射和热能，使其不能返回宇宙空间，这就好像给地球盖了一床棉被，这就叫温室效应。地球为什么在45亿年的演进中，可以形成地球生命，就是因为形成了最适宜的大气层二氧化碳浓度。

感觉到大家还在困惑之中，我想了想，就更形象一些地说，这就好像我们盖被子，被子盖多了，气温会太热，生命会被热死。被子盖少了，气温会太冷，生命会被冻死。我想了想又说，二氧化碳浓度高了，气温升高，对于地球人来说，有点儿类似于我们酷夏里停放在烈日下的汽车车厢内的感受，又热又闷，会窒息的。

“哦。” 大家纷纷表示理解。于是我接着说：地球通过45亿年的演进，最终形成了目前最适宜生命的二氧化碳浓度，大约是0.03%，所以地球平均温度基本维持在15摄氏度左右。这个平均温度，是生命最适宜的温度。如果二氧化碳浓度增加过多，地球就会变得太热，甚至不适宜人类生存。比如金星，各种状况都与地球很相似，只是，其二氧化碳浓度高达96.5%，所以金星表面气温高达464摄氏度，显然不适宜任何生物生存。

“是呀，最近几年，每到夏天，各地的热射病病人增多了。”曼尼说。

“我女儿在澳大利亚留学，澳大利亚2022年1月，竟然出现了51摄氏度的高温，40多摄氏度已经成为常态了。我原来送我女儿去澳大利亚留学的时候，是因为觉得澳大利亚生态环境好。现在澳大利亚的高温，我都觉得有点儿不适宜人类居住了。夏天太热了，我真是担心。”王教授忧心地说，以前一直不知道为什么澳大利亚气温变化这么快，原来是二氧化碳浓度太高，全球气温升高导致的。

我说，是呀，没有万亩冬奥植树造林之前，北京夏天气温也高得可怕。我在电视里看到，一个记者去中午的马路上煎鸡蛋，中午的大太阳把马路烤得灼热，竟然把鸡蛋煎熟了。

仅70多年，全球年排放二氧化碳就从50亿吨剧增到360亿吨以上，而大自然的碳吸纳能力却因为森林的砍伐、湿地的填埋、海洋的酸化等，而减弱了。碳排放远远大于碳吸纳，就破坏了原有的碳中和状态，导致大气层二氧化碳浓度剧烈增加，气温的上升，地球好像被盖了太厚的被子，让我们热得透不过气，所以，我们要努力通过减少二氧化碳排放，增加二氧化碳的吸纳能力，来回到碳中和的常态。

我说，所以，我们现在要减碳，要实现碳中和，要把盖得太厚的被子减掉，让地球盖的被子适宜，我们才能觉得舒服。如果像现在这样持续增加排放，地球气温越来越高，我们人类会热死的，我们自己没法儿生存，我们的孩子们更没法儿生存。

“那是，那是。”王教授不断地点头。她的女儿在澳大利亚，经受了2022年1月的高温，她真是又担心又心疼。好几天女儿闷热得中暑了，躺在床上起不来，她心急得不行。所以，她很坚决地对我说，一定要碳中和，气温一定不能继续升高了。

我说，其实，全球气温升高，不仅会导致各种热病，引起人类健康损失，还会导致海平面升高，很多太平洋的岛国都被淹没了，将要因为气候变化消失了。我在群里播放了太平洋岛国之一基里巴斯群岛的视频，到处都是海水、海浪甚至海啸，居民的房子被淹没，椰子树被冲倒，原来的陆地变成了海洋。人们在避难所生活着，不知道自己可以到哪里去。

而且，二氧化碳浓度过高，导致异常炎热的天气大大增加，高温会把地表的水蒸发到大气中，最终变成暴雨降落。这就是为什么这几年世界各国频频下暴雨发洪水的原因。一些地方大量降雨，另一些地方则会越来越干，因为空气温度越高，能容纳的水分就越多，紧接着热空气会从土壤和植物中汲取水分，这就会导致很多地方田地和河流干涸，农作物减产，引发全球粮食危机，这是最致命的。

大家都叹息，没想到气候危机的危害这么大。

王教授说，“听说，2019年至2020年澳大利亚引起全球震惊的特大山火，也是由气候变化引起的”。我点点头。王教授皱紧了眉头，可能想起了在澳大利亚留学的女儿，默默地叹了口气。

我说，气候变化导致极端气候，这种极端气候在我国也有了体现。比如，2021年7月河南郑州特大暴雨，共造成1478.6万人受灾，因灾死亡失踪398人，直接经济损失1200亿元。同年10月又暴发了山西洪灾，导致175.71万人受灾，12.01万人紧急转移安置，284.96万亩农作物受灾，1.7万余间房屋倒塌。这些灾难给我们敲响了警钟，气候变化导致的极端天气正在逼近和逐渐深刻地影响着我国的经济生活。气候危机，已经不是影响我们后代的生产生活，而是实实在在地影响着我们现在的生活和生存，就是现在，就是当下。

5
北京冬奥会是我国碳中和的样板和方案

大家纷纷叹息。但北京冬奥会还没召开就坚定地打出了碳中和的旗帜。北京冬奥会要实现碳中和，要举办一个碳中和的冬奥会，在冬奥会筹备阶段就已经明确了，引起了全世界的关注。因为，这是我国向世界释放实现碳中和的决心和信息，是向世界展示碳中和的中国方案和样板。

这将是人类命运共同体面对气候危机的积极行动。这为全球提供了一个碳中和的案例和样板。所以，这届冬奥会，全球都十分关注，北京冬奥会真的可以实现碳中和吗？北京冬奥会会采取哪些手段实现碳中和呢？来自世界各国的媒体记者纷纷齐聚北京，想最先向世界揭示中国碳中和的样板和方案。

路透社在报道中就提到，可持续发展是中国办奥的核心。而且路透社还指出，北京冬奥会委员会在1月的一份赛前报告中表示，部署低碳能源和低碳场馆，已经减少了约15.83万吨温室气体排放。《自然》报道，北京冬奥会将减少碳排放约130万吨。这一成就的价值在于，证明了实现碳中和是可能的。

国际奥委会企业与可持续发展部主任玛丽·萨洛伊斯表示："中国希望可持续发展成为他们筹备和举办奥运会的核心。" 她补充说，"北京冬奥会是第一个从筹备初期就考虑到从各个方面减少碳排放的奥运会"。

冬奥会还没召开，碳中和就已经成为其名片和特色了，全球都在注视和期盼着这届奥运会——历史上第一届碳中和的奥运会。它将给陷入气候危机的人类命运共同体带来振奋和希望。

北京冬奥会 碳中和的绿氢微火火炬

作为冬奥会实现碳中和的一种重要手段，不仅这次冬奥会火炬燃烧采用的是绿氢，比赛期间所用的运输汽车也全部采用的是氢能汽车，零碳排放。而且，这些绿氢，都是张家口市生产的。绿氢微火主火炬设计，不仅可以减少大量二氧化碳排放，而且也与当代人类生活理念——极简主义是一致的。而极简主义的生活方式，正是实现碳中和最重要的基础，因为所有的扩张性生产，都是为了满足奢侈过量的消费，如果大家都采取极简主义的生活方式，以消费引导生产，碳排放就会极大地减少。

在大家的期盼中，2月4日，冬奥会开幕式终于举行了。大家期待了很久，而且，开幕式的总导演张艺谋在之前的答记者问中，已经剧透，这将是一个低碳绿色的冬奥会开幕式，点火方式，将是百年奥运史从未出现过的，有望成为2022年冬奥会开幕式最大的亮点。这个剧透，激起了我无限的好奇。我早早地就坐在电视机前等待，并在朋友群里发布剧透，号召朋友们上线观看。

1
绿色建筑的鸟巢

冬奥会开幕式是在鸟巢举办的。在开幕式热场文艺节目播放的时候，我就在群里发送解读本次冬奥会开幕式的第一个绿色亮点：鸟巢，典型的绿色建筑。

鸟巢是一座环保型体育场，通过对绿色技术、绿色方法的运用，很好地体现了绿色奥运的理念。比如，鸟巢的外观之所以独创为一个没有完全密封的鸟巢状，就是考虑既能使观众享受自然流通的空气和光线，又尽量减少人工的机械通风和人工光源带来的能源消耗。而且鸟巢的建设中对大面积窗户也做了外遮阳处理，以全面提高建筑物的节能水平。“巢”内使用的光源，都是高效节能型环保光源。在室外照明中也尽可能地采用太阳能发电照明系统。

看见大家都发来“赞”，我又提供了更详细的解读。鸟巢安装了312口地源热泵系统井。因为井水是相对恒温的，一般在16～20摄氏度，所以井水相对于外部温度，就显得冬暖夏凉。地源热泵系统利用这种井水的特性，通过地埋换热管，冬季吸收土壤中蕴含的热量为鸟巢供热，夏季吸收土壤中贮存的冷量向鸟巢供冷，从而节省电力，减少碳排放。

鸟巢70%的供水都来自回收水，其中23%来自雨水。在鸟巢的顶部装有专门的雨水回收系统，雨水会通过专门的管道排放到鸟巢周边地下的6个蓄水池中，再经过系统先进的过滤处理工艺，这些被收集起来的雨水最终就变成了可以用来绿化、冲厕、消防甚至是冲洗跑道的回收水。

在鸟巢的四周共有12个安检棚，这些安检棚上都安装了具有世界先进水平的太阳能光伏发电系统，所产生的电力直接并入鸟巢的电力供应系统，这样鸟巢的电力供应排放的二氧化碳就大大减少了。

群里朋友们纷纷点赞和感叹，我还想继续进行更详细的解说，冬奥会开幕式进入倒计时了。

2
春意盎然的立春

这次冬奥会开幕式倒计时是非常新颖、非常唯美、非常中国的，是以二十四节气倒计时。在二十四节气的流转中，倒计时从“雨水”开始，到“立春”落定，2022年北京冬奥会开幕式正式拉开大幕，满目绿色在鸟巢中央涌动滋长。整个过程一气呵成，充满了令人激动神往的生命力。

“二十四节气”是中国文化中一个科学的综合性知识体系，它总结太阳在周年运动过程中到达相应的位置、时令、气候、物候、动物、植物、人所出现的特定状态，引导人们科学地运用这些节气来安排生产劳动，顺应自然，例如立春阳气转，雨水沿河边，惊蛰乌鸦叫，春分地皮干，清明忙种麦，谷雨种大田……充分体现了我国传统文化中人与自然和谐发展的天人合一理念，这是这次冬奥会开幕式的第二个绿色亮点，也是中国传统文化的精髓。我在群里赶快进行绿色解读。

“律回岁晚冰霜少，春到人间草木知。便觉眼前生意满，东风吹水绿参差。”做中文的刘教授吟出了立春诗，说，“真是巧呀，今天正是立春日呢，春到人间草木知，果然就是绿色的”。

满目都是绿色的春苗，新草萌芽，拂动舒展，那种春意盎然的感觉。镜头拉近，我才发现，这些春意盎然微风轻拂的青草和柳枝，原来是一个个演员轻轻舞动着长长的绿色枝干，演绎着一丛丛嫩绿小草随风摆动，象征着生生不息的春天和希望破寒而来。

在音乐中，演员们手中的发光杆变为白色，幻化成一朵朵蒲公英，缓缓飘扬在场中，场地一侧的儿童轻轻一吹，种子随风飘散，逐渐升空，瞬时，璀璨焰火在鸟巢上空绽放，打出“立春”和“SPRING”字样，英文焰火造型同时展现，惊艳线上线下无数观众。

绿色的草海太美太梦幻了，那青青碧草，那新草萌芽、绿意舒展的生命之歌，那万物复苏、生生不息、春意涌动、希望萌生的立春节气，为所有美好，赴一场灿烂春光。

国旗在五十六个民族中传递，现场响起嘹亮的国歌声，国旗庄严升起。一名男孩站在旗杆下，用小号吹响了嘹亮深情的《我和我的祖国》，小号声响起的瞬间，全世界观众的目光都落在这个稚嫩可爱的孩子身上。

一滴冰蓝色的水墨从天而降，幻化为“黄河之水天上来”，又化作晶莹冰立方，将历届冬奥会一一展示。几记冰球，电光石火，定格在2022年北京冬奥会。

美丽的引导员姑娘们，穿着美丽的雪花裙，高举各参赛国家（地区）名字的雪花引导牌，通过舞蹈与地面光影的互动，让所有雪花聚合，通过橄榄枝的缠绕，共同构成了一朵大雪花。大雪花在场内飘逸地摇荡，并缓缓升起，形成一个洁白、浪漫、纯净的冰雪梦幻的雪花台。

一群天真无邪的孩子，以纯净空灵的天籁之音，用希腊语完美演绎了奥运会会歌《奥林匹克圣歌》。

3
绿氢火炬终于入场了

在期盼中，终于等来了火炬入场。我立即激动地告诉大家，高潮来了，这是这次冬奥会最绿最绿的亮点，冬奥会的火炬燃烧的是氢气，是绿氢，是目前最绿的能源。

我简单地向大家科普这次火炬绿氢的知识。绿氢氢能是这次冬奥会实现碳中和的重要手段。因为氢气燃烧只产生能量和水，不排放任何二氧化碳，是完全的零排放燃料。根据氢气制造的来源，以煤炭为燃料制取的氢气被称为灰氢，以天然气为原料制作的氢气被称为蓝氢，用可再生能源电解水制造的氢气被称为绿氢。绿氢是最为环保绿色的氢气，这次冬奥会的火炬，燃烧的就是绿氢。

曼尼问我："你怎么提前就知道了火炬燃烧的是绿氢？不应该是惊喜吗？"

我说，火炬燃烧绿氢方案，2020年8月就确定并发布了，作为冬奥会实现碳中和的一种重要手段。而且，不仅这次冬奥会火炬燃烧采用的是绿氢，比赛期间所用的运输汽车，也全部采用氢能汽车，零碳排放。而且，这些绿氢，都是张家口市生产的。

曼尼说："你还有什么内部消息剧透给大家？这次大家都说火炬是最大的惊喜，是不是指火炬燃烧的是氢能？"

我说，不是呀。火炬燃烧绿氢，是早就作为冬奥会碳中和方案公开发布了的。可是，点火方案，我一直没有看到预告和剧透呀。我看到张艺谋导演的答记者问，也只是充满诱惑地说，点火的方式乃至主火炬台的方式，是百年奥运史上从没有出现过的。

我努力地在鸟巢场景内搜索，主火炬台在哪里？我怎么没看见主火炬台？是为了给大家惊喜，所以，一直都掩盖起来了吗？张艺谋导演那诱惑的话，让我忍不住不断搜寻主火炬台，好像要找到谜底一样。

4
绿氢微火的主火炬

主火炬如何以令人印象深刻的方式点燃，历来是奥运会开幕式的高潮和点睛之笔。我想起2008年的北京奥运会开幕式，也是张艺谋导演的，最后的点火仪式上，李宁高举火炬腾空而起，在体育场上空一幅徐徐展开的中国式画卷上矫健奔跑，画卷上同时呈现出北京奥运会圣火全球传递的动态影像，最后点燃引线，巨大的火炬顿时燃起蓬勃的火焰，熊熊燃烧的奥林匹克圣火，把体育场上空映照得一片辉煌。

我还想起1992年的巴塞罗那奥运会点火仪式，由1984年、1988年两届残疾人奥运会射箭金牌获得者，37岁的巴塞罗那选手雷波洛射箭点火。只见他从轮椅上站起来，用火种点燃箭头，然后准确地射向70米远、21米高的圣火台，圣火随之而起。

2022年，张艺谋导演的冬奥会点火仪式，又会带给我们怎样的惊喜呢？

场内已经开始奥运火炬的传递了。火炬手赵伟昌、李琰、杨杨、苏炳添、周洋依次传递火炬，最后一棒是迪尼格尔与赵嘉文。他们的年龄，从“50后”，到“60后”，到“70后”，一直到“00后”，迪尼格尔和赵嘉文都是“00后”，体现了我国冰雪运动的代代相承。

全世界的眼光都紧紧地盯着他们，因为，他们是最后一棒，他们要去主火炬台点燃主火炬。可是，主火炬台在哪里？

他们举着最后一棒的火炬，在全世界人们的注视下，跑步到了那朵大雪花的下面，然后，大雪花周边盛开了很多晶莹美丽的小雪花，突然爆发出荟萃的灿烂。他们站立的平台也缓缓升起，靠近那朵有所有参赛国家、地区名字的雪花牌围绕成的大雪花。我立即意识到，这个我原来认为是冬奥会开幕式最美装饰的大雪花，竟然就是……主火炬台。我一直看它悬挂在空中，可是，它太轻盈，太灵巧，完全和我想象的要承载熊熊大火的主火炬台不符合，所以，我从来也没有想到，这个大雪花，竟然就是主火炬台。

迪尼格尔与赵嘉文，这两个年轻的“00后”运动员，就这么举着火炬，升到了大雪花中间。我看见，大雪花中间有个火炬基座，我想，那是点火设备了，是会突然让整个大雪花变成熊熊奥运之火吗？从冰雪转化为熊熊大火，张艺谋导演设计的惊喜真是让人非常意外呀！

但是，但是，迪尼格尔与赵嘉文，他们并没有点火，他们只是把他们手中的火炬，插到大雪花的中央。然后，他们就退出了主火炬台！他们并没有点火！

在诧异中，我听到解说员激动地说，两位运动员将手中的火炬，留在了大雪花的中心，这是一个由所有代表团共同构建的火炬台，这最后一棒的火炬，留在大雪花的中心，继续燃烧，这，就是我们的主火炬。这是一个突破传统大胆创新而又别出心裁的设计，在这一刻，没有点燃主火炬的动作，没有火炬台的熊熊燃烧，但留下了一棒火炬，接续传承的微火。微火虽微，却永恒绵长，生生不息。

我在诧异中，终于理解了张艺谋导演所说的惊喜，这确实是百年奥运史上从没有过的点火设计。而且，确实是低碳绿色的。微火的设计，肯定是比熊熊燃烧的大火，要节省能源。

以往的主火炬的熊熊燃烧，都需要消耗大量的能源，释放大量的二氧化碳。比如，2008年的北京夏季奥运会，主火炬的熊熊大火，一个小时大概要消耗5000立方米的天然气，排放大量的二氧化碳。为了给主火炬供气，鸟巢甚至专门配了一个燃气站，日夜不停地为主火炬输送能源。而这次冬奥会主火炬的微火设计，可以说是将碳中和的绿色奥运理念发挥到了极致。

冬奥会开幕式结束了，大家还在群里议论点火仪式，实在是太意外了！

这个微火主火炬设计，不仅可以减少大量二氧化碳排放，而且与极简主义当代人类生活理念是一致的。而极简主义的生活方式，正是实现碳中和最重要的基础，因为所有的扩张性生产，都是为了满足奢侈过量的消费，如果大家都采取极简主义的生活方式，以消费引导生产，碳排放就会极大地减少。

这种点火方式真的很美。外沿是橄榄枝，璀璨的雪花中央，一支微火的火炬在燃烧。灵动的小火苗，圣洁的雪花，见一叶落而知岁之将暮，睹瓶中之冰而知天下之寒。

5
绿氢微火主火炬背后的故事

第二天，我听到了张艺谋导演对主火炬微火的阐释以及背后的故事。

在主火炬设计之初，主创人员回顾了2008年的技术资料，发现李宁点燃的火炬要消耗大量的天然气，并排放大量的二氧化碳，这显然和碳中和目标不符。为此，主创人员开始想怎么把火焰变小，以减少二氧化碳排放。最初甚至提出了用光代替火的方案，但是，这个方案被国际奥委会否定了。

在古代奥运会上，人们点燃火种以纪念古希腊神话中为人类盗取火种的普罗米修斯。因此，开幕式上必须有火，不可改变，它是生生不息、永远燃烧不能熄灭的一个象征。

我很理解，无论是古老而神秘的东方文明，还是充满宗教色彩的西方文明，火都是文明的起源，是世界文明的基石。在古老神奇的中国历史中，燧人氏钻木取火使人类摆脱了茹毛饮血的时代，从而开创了华夏文明。与此同时，在浪漫的西方历史中，普罗米修斯为人类盗取天火，使人类成为万物之灵。所以，奥运会的点火仪式，必须是真正的火，它代表着文明的起源和发展。

奥运会起源于古希腊。根据古希腊神话，人间最初是没有火的，人们的生活十分危险困苦，没有火来抵御野兽的侵袭，没有火烧烤食物，没有火带来光明。为了解救危险困顿饥寒交迫的人类，大力神普罗米修斯，瞒着宙斯到阿波罗太阳神处偷取火种带给人间。而火种到了人间就再也收不回去，宙斯只好规定，燃起圣火前，必须向他祭祀。于是古代的奥运会，开幕式前必须举行隆重的点火仪式。

必须要有火，但又要节能和减少碳排放，因此，导演团队设计出了这个具有颠覆性的微火方案。最终，国际奥委会高层特别召开了高级会议，对微火设计方案予以支持。

“这次开幕式最大的创新是点火方式和火炬台的设计，可谓百年奥运史上前所未有。将熊熊燃烧的奥运之火，幻化成雪花般圣洁、灵动的小火苗，这一创意来自低碳环保理念。”张艺谋导演介绍说。奥运火种是奥林匹克精神的重要象征，随着低碳环保理念日益深入人心，他坚信，以往熊熊大火的形态总有一天要改变。而北京冬奥会恰好抓住了机遇。

“这种改变是颠覆性的，有时，我甚至问自己是不是离经叛道。最终，这一方案获得了国际奥委会的支持，说明无论火焰大小，只要点燃大家的心中之火，就是最璀璨的圣火。”

张艺谋导演阐释了微火火炬的寓意，他说："中国古老的哲学，一叶知秋，一滴水看太阳。这种从一个最小、最细节的角度来看整个世界，我觉得这种意境是很美，很浪漫的。"

"一叶知秋，我们都熟知这句话，从一片叶子可以想象领悟感受到整个秋天的璀璨和金黄，很美、很有诗意的感觉，这就是我们的微火火炬。"

"所以，这次主火炬的点燃方式，就是一叶知秋的意境。一个小小的手持火炬，一个小小的火苗，但闪烁的是伟大的奥林匹克精神，是全人类熊熊燃烧的激情和浪漫。"

最后，张艺谋导演霸气地说："无论你喜欢，还是不喜欢，它传达的低碳环保的理念是如此清晰。"这么霸气的回应，非常张艺谋。

经过张艺谋导演的阐释和解读，我觉得，对冬奥会绿氢微火火炬的感受就更深了。感觉这个独特的冬奥会点火仪式，宛若一杯中国绿茶，初饮清甘，细细品味，更是浓郁绵长、意蕴悠远。

而且，这个微火火炬，也体现着我国大道至简的哲学，这正是我们要实现人与自然和谐发展的基础。

6
羚羊飞渡悬崖的故事与人类可持续发展

传统工业革命，为我们带来了急速增长的财富，也更具威力地改变着地球。我们作为地球霸主，对地球的统治、影响和改变，远远超越恐龙时期。如今，我们人类的牙齿和铁爪是原子弹、火箭、远程导弹等，地球上没有任何一种地球生命有我们那么巨大的威力，地球所有其他生物的尖牙利爪，在我们的核武器或者其他重威力武器面前，都是浮云。过去的愚公移山，我们现在只需要一天就可以完成。我们过着远超我们需求的生活，消费着远远超过地球承受力的资源。

我们改变地球的力量，曾经令我们人类获得了巨大的发展。但是，盛极必衰的古训，地球资源的有限性，已经对我们这种奢侈浪费、消耗无度的生产生活方式敲响了警钟。地球资源是有限的，如果我们不开始转向简约的生活方式，我们还能给子孙后代留下多少生存资源?

在联合国大会上，一个小姑娘的发言令人心痛和震惊，她含着眼泪说，“你们大人总是说，你们是爱我们的，可是，你们不关心，几十年后，我们还会有多少的森林，多少的水，多少可生产粮食的土地，你们不关心我们是否有足够的资源可以继续生存下去，你们只关心你们现在的消费，你们不关心我们未来的生存”。

小姑娘对我们现在这些大人的控诉，令人震惊和心痛。我想起斑羚羊飞渡悬崖的故事。

一群狩猎队员带着一群猎犬，把一群斑羚羊逼到了悬崖边，这是一个有七八十只斑羚羊的族群。这个斑羚羊的族群似乎是陷入绝境了，往后退，是咆哮的猎犬和十几支猎枪。往前走，是几十丈深的悬崖绝壁。如果能跳过悬崖，当然就绝处逢生、转危为安了，但悬崖间最窄的地方也有6米宽。斑羚羊虽有肌腱发达的四条长腿，极善跳跃，但就像人跳远有个极限一样，在同一个水平线上，再健壮的公斑羚，最多也只能跳出5米的成绩，母斑羚、小斑羚和老斑羚只能跳4米左右。

开始，斑羚们发现自己陷入了进退维谷的绝境，非常惊慌。一只斑羚想突围猎手和猎犬组成的封锁线，立刻被猎狗撕成了碎片。一只斑羚退后十几步一阵快速助跑奋力起跳，想跳过6米宽的山涧，但失败了，它在离对面山峰还有一米多的空中做了个挺身动作，哀嚎一声，像颗流星似的笔直坠落下去。好一会儿，悬崖下才传来扑通的水花声。

前后的突围尝试都失败了。绝望中的斑羚群反而渐渐安静下来，所有的眼光都集中在一只身材特别高大、毛色深棕、油光水滑的公斑羚身上，它是这群斑羚羊的头羊。头羊神态庄重地沿着悬崖巡视了一圈，抬头仰望雨后放晴湛蓝的苍穹，发出了悲哀而尖锐高昂的鸣叫。这叫声与平常斑羚羊叫声迥然不同，悲哀高亢却沉郁有力，透露出某种坚定不移的决心。

随着头羊的吼叫，整个斑羚群迅速分成两拨。老年斑羚为一拨，年轻斑羚为一拨。两拨分开后，老年斑羚的数量显然要比年轻斑羚那拨少得多，大概少十几只。头羊本来站在年轻斑羚那拨里的，它眼光在两拨斑羚间转了几个来回，悲怆地叫了一声，迈着沉重的步伐走到老年斑羚那一拨去了。有七八只中年公斑羚也跟随头羊自动从年轻斑羚那拨走出来，归进老年斑羚的队伍。一直到两拨斑羚的数量大致均衡。

头羊再次发出高亢的吼叫。从那拨老斑羚里走出一只老公羊来，老公羊走出队列，朝那拨年轻斑羚示意性地叫了一声，一只半大的斑羚应声走了出来。一老一少走到悬崖边，后退几步。突然，半大的斑羚朝前飞奔起来。差不多同时，老公羊也扬蹄快速助跑。半大的斑羚跑到悬崖边缘，纵身一跃，朝山涧对面跳去。老公羊紧跟在半大斑羚后面，头一勾，也从悬崖上蹿跃出去。

这一老一少，跳跃的时间稍分先后，跳跃的幅度也略有差异，半大斑羚角度稍微高些，老公羊角度稍微低些，等于是一前一后，一高一低。半大斑羚只跳到4米左右的距离，身体就开始下倾，从最高点往下降落，在空中划出一道可怕的弧形。但是，正在这个时刻，老公羊凭着娴熟的跳跃技巧，在半大斑羚从最高点往下降落的瞬间，身体出现在半大斑羚的蹄下。

老公羊的跳跃能力显然要比半大斑羚略胜一筹。它的身体出现在半大斑羚蹄下时，刚好处在跳跃弧线的最高点。半大斑羚的四只蹄子在老公羊宽阔结实的背上猛蹬了一下，它在空中再度起跳，下坠的身体奇迹般地再度升高。而老公羊在半大斑羚的猛力踏之下，像只被突然折断了翅膀的鸟，笔直地坠落下去。

虽然这第二次跳跃的力度远不如第一次，高度也只有地面跳跃的一半，但足够半大斑羚跨越剩下的最后两米路程了。只见半大斑羚轻巧地落在对面山峰上，兴奋地叫了一声，就钻进了茂密的树林。

试跳成功。紧接着，一对对斑羚凌空跃起，在山涧上空划出一道道悲壮的弧线。每一只年轻的斑羚羊成功飞渡，就意味着有一只老年斑羚羊摔得粉身碎骨。那是一座用死亡做桥墩架设起来的桥。从头至尾，没有一只老斑羚在逃避，它们心甘情愿用生命为下一代开通一条生存的道路。

老斑羚用自己高超的跳跃技艺，让年轻斑羚平安地飞渡到对岸的山峰。在面临种群灭绝的关键时刻，斑羚群竟然毅然用牺牲一半挽救一半的办法来赢得种群生存的机会。老斑羚们就那么从容悲壮地走向死亡。

只剩下最后两只斑羚，就是那只成功地指挥了这场斑羚群集体飞渡的头羊，还有一只小斑羚羊。头羊看了看小羊，发出最后一声高亢的鸣叫，示意小羊起跳，它接着用它精准的跳跃和力量，在半空中接住了小羊，小羊在它的助力下二次起跳，成功地跳跃到悬崖的对面。而这只威武的头羊，也和其他老年群的羊一样，坠落了悬崖。

而悬崖那边的年轻斑羚羊，迅速地集合，共同飞奔，消失在了猎人的视野中。

当我看到这个故事的时候，我流泪了。即使是斑羚羊，为了自己族群的持续繁衍和生存，都可以毅然牺牲自己。我们人类，为什么不可以为我们的子孙后代，牺牲一点我们奢侈享受的冲动呢？要多么富裕才算是富裕呢？要拥有多少财富才能满足呢？

任何经济物品，最终都要靠消耗地球资源来形成。地球资源是有限的。森林的大量砍伐，湿地的大量填埋，海洋的大量酸化。从卫星拍摄地球，到处都是钢筋水泥，到处是闪耀的灯光，到处是传统工业文明的扩张。我们的森林呢？我们的湿地呢？我们的野生动物朋友呢？我们可以留给我们子孙后代多少资源？

我们的子孙后代，是无法仅靠着钢筋水泥来生存呀。他们要呼吸新鲜的空气，他们要享受明媚的阳光，他们要喝新鲜纯净的水，他们要有具有生命力的土壤，可以生长他们的粮食、蔬果、鲜花。可是，我们这代人的奢侈消费，正在毁灭我们的孩子们将来应该享受拥有的自然。

我们从来不需要拯救地球，即使恐龙等物种都灭绝了，即使森林大地都变成了火场，但，地球总是具有强大的自愈功能。看，地球经过恐龙大灭绝的灾难， 经过1000多万年的古新世时期的地球自我修复，到1800万年前，随着始新世和渐新世的开始，地球生态在重建碳中和的基础上开始了复苏和新一轮的兴盛期，气候重新变得湿润适宜，给植物生命带来了新的生机。在此基础上，哺乳动物得到了迅速的繁衍。而在100万年前，终于，地球的新一任霸主人类产生了。

地球还是地球，只是曾经作为地球生命霸主长达1.5亿年的恐龙，彻底灭绝消失，如今，我们只能从化石和地质勘探中，想象恐龙时代的辉煌。所以，我们焦虑和关注的，从来不是地球，也不是别的生命体，而是，我们人类自己。我们担忧的是，我们人类自身的可持续发展。

张艺谋导演在冬奥会主火炬中微火的设计，以及他对微火设计的执着和使命感，我觉得，体现了张导对人类命运共同体未来发展境况的担忧。如果我们继续只是追求更高端、更辉煌、更华丽，那将引导人们走向放纵、膨胀的不归路，对财富挥霍的贪婪、对欲望的放纵，而这条路的尽头，我们人类可能面对的，是和恐龙一样的毁灭。所以，张导才执着地设计出微火的主火炬，向人们阐述大道至简的哲学，呼吁极简主义生活方式，为我们的子孙后代，留一片蓝天，留一抹绿色。所以，冬奥会绿氢微火的主火炬，有着深刻而悠远的绿色环保理念，丰富而意境深远的民族文化内涵。

7
冬奥会后绿氢能源获得极大发展

北京冬奥会绿氢微火火炬，就像是北京给世界树立的一张绿色展示牌和名片。冬奥会之后，绿氢能源获得了极大发展。冬奥会不仅成功点燃了绿氢微火火炬，而且，开展了制、储、运、加氢全供应链建设，氢能发动机已经装配在公交车、物流车等不同车型上。试制氢燃料电池发电车作为赛事场馆应急电源备用，配置输出功率为400千瓦氢燃料电池发电系统，可实现无时差供电切换。

氢在地球上主要以化合态的形式出现，是宇宙中分布最广泛的物质，它构成了宇宙质量的75%，是二次能源。氢能在21世纪有可能在世界能源舞台上成为一种举足轻重的能源，氢的制取、储存、运输、应用技术也将成为21世纪备受关注的焦点。氢具有燃烧热值高的特点，是汽油的3倍、酒精的3.9倍、焦炭的4.5倍。氢燃烧的产物是水，因此，氢是世界上最干净的能源。

氢能时代，是人类能源的第四次革命。前三次，是薪柴时代、煤炭时代和石油时代，都是碳基能源。无论是薪柴，还是化石能源的煤炭、石油，燃烧产生能量的关键，都是这些能源中的碳元素在高温下与空气中的氢气结合，形成二氧化碳并重新释放到大气中。在这一化学反应过程中，会释放出巨大的能量。人们通过获取这些能量，增强了改造大自然的能力，但同时，也人为地增加了向大气层排放的二氧化碳，从而在一定程度上破坏了自然界上亿年才形成的碳中和平衡系统。

气候危机的加剧，促使世界各国都启动碳减排碳中和规划，碳基能源受到强烈冲击，不排放二氧化碳的新能源爆发出强烈需求。氢能是通过分解水产生，凭借其来源广泛、储量丰富、能量密度高、清洁无污染、可运输、可再生的特点备受关注。2019年全国“两会”上，氢能首次被写入政府工作报告，并受到资本市场和实业市场的高度关注。目前有30多个国家制定了国家氢战略和预算，欧盟发布了《欧盟氢能源战略》，德国和法国分别发布和启动《国家氢能战略》，正式确定绿氢的优先投资地位。荷兰政府公布氢能战略，表示将在2025年前完成500兆瓦可再生能源制氢项目。日本政府制定《氢能源基本战略》，俄罗斯加速布局氢能产业，抢占氢能出口主导权。葡萄牙、西班牙等国纷纷发布国家级氢能路线图。氢能时代已经到来。

通过冬奥会，通过冬奥会的绿氢火炬，北京和张家口的氢气产业链走出了国门，冲向了世界。冬奥会的绿氢火炬展示着我国绿色氢能的实力，也展示着我国低碳治国的大国情怀和决心。

北京冬奥会还在延庆和张家口赛区投入了800多辆氢燃料大巴车服务赛事，这些大巴车在赛后将转化为城市公交。氢能在北京冬奥会的运用，推动了氢能在我国交通、发电、供能、工业等多领域全场景示范推广应用，带动了氢能全产业链技术进步和产业规模化、商业化发展。

目前，北京和张家口已经形成了产业链齐全、具备一定发展潜力的氢能产业发展格局。正是北京、张家口氢能产业的发展，才点亮了冬奥会的绿氢火炬。而冬奥会的绿氢火炬，又通过冬奥会在全球的展示，为北京和张家口氢能产业的发展带来了更大的机遇。

路透社等国际媒体纷纷报道：中国是世界上最大的氢气生产国，年生产能力为4100万吨，并一直致力于在清洁能源的储备和运输方面取得技术突破。本届冬奥会，所有场馆实现了绿色电网全覆盖，同时，中国还为冬奥会部署了800多辆氢燃料汽车。

北京冬奥会碳中和的绿电：『张北的风点亮北京的灯』

北京冬奥会三大赛区26个场馆历史性地首次实现100%绿色电能供应。这意味着每年可以节约490万吨标准煤，减排1280万吨二氧化碳。这些绿电来自河北省张北。张北蒙古高原旷野之风，转化为清洁电力，并入冀北电网，再输向北京、延庆、张家口三个赛区。这些电力不仅点亮一座座奥运场馆，也点亮北京的万家灯火。北京冬奥会，因为张北的风，实现了100%的绿电供给，同时，也给世界人民讲述了张北坝上风电的故事。因为北京冬奥会，张北的风电和张北的坝上草原、风车之路，已经走向了世界，进入世界的视野，成为碳中和中国方案的代表之一。

1
“张北的风点亮北京的灯”

北京冬奥会即将开始之时，2022年1月17日，外交部发言人赵立坚的一则“张北的风点亮北京的灯”的发言在网络刷屏。赵立坚在外交部例行记者会上介绍道：本届冬奥会最大的特色之一就是绿色环保。北京冬奥会三大赛区26个场馆将历史性地首次实现100%绿色电能供应。这意味着每年可以节约490万吨标准煤，减排1280万吨二氧化碳。这不仅是中国的历史性时刻，也必将载入奥林匹克史册。

当记者问，北京绿电100%供应的保障来自哪里？赵立坚自信而骄傲地说，来自河北省张北。俗话说，“张北一场风，从春刮到冬”。我们建立了张北可再生能源示范项目，把张北的风转化为清洁电力，并入冀北电网，再输向北京、延庆、张家口三个赛区。这些电力不仅点亮一座座奥运场馆，也点亮北京的万家灯火。这个故事叫“张北的风点亮北京的灯”。

许多人都觉得疑惑，冬奥会需要造雪、造冰，场馆内需要照明、取暖等，都需要用电，张北的绿色新能源供电，够用吗？

有此疑问的人，可能低估了张北地区风电和太阳能发电的潜力。张北县位于“风城”张家口市，而本身的风能制造更是壮观。一排排大风车就是这个城市的标记，所以，张北被称为“京城绿源”。

张北县地处河北省西北部，内蒙古高原南缘的坝上地区。处于内蒙古锡林郭勒大草原的延伸地带，是距北京最近的原始大草原。这里是古代游牧民族广泛活动的区域，曾经属于匈奴的属地。辽代萧太后梳妆台，历尽千年沧桑，至今仍然屹立在其境内的闪电河畔。700年前，成吉思汗在这里指挥了金元大战。草原民族在这里歌舞、摔跤、射箭、赛马，就好像坝上的风一样，粗犷而自由。

由于特殊的地理环境，高原和平原的交界，造就了丰富的光照和风能资源。坝上地区被称为“风的故乡，光的海洋”。冬日里阳光下的冰天雪景中，成千上万台风机在狂风下快速旋转，数以万计的太阳能电池板在高原阳光下闪耀。这里的风资源储备量在2000万千瓦以上，地域日照时数约3000小时，年太阳总辐射为每平方米约1600千瓦时。

资料显示，张北县境内常年平均风速6米/秒，属于优质风能资源区域，现已经被列为国家百万级风能建设基地。中国华能、大唐、华电、国家电投、三峡、国家能源集团、中节能、中国能建、中国电建、国家电网等央企在这里建设运营了一系列风电、光伏等新能源电站，著名的有逐鹿风电场、乌登山风电场、新胜风电场等。大风一刮，山顶上的“大风车”就转动起来，风电就源源不断地产生了。

测算数据显示，大风可以推动2兆瓦“大风车”也就是风机旋转，以额定速度计算，转一圈大约需要3秒钟，可以发电2千瓦时。也就是说，一只大风车转半圈，就可以发绿电1千瓦时。而1千瓦时的绿电，就可以在冬奥会的电厨房里，让机器人大厨炒两份美味的菜品，让运动员可以能量满满地参加比赛；1千瓦时绿电，可以让一个FOP照明灯亮40秒，让我们观看高难度的自由滑雪更加清晰；1千瓦时绿电，可以让颁奖广场的主舞台亮22秒，让我们可以更加身临其境地见证运动员的高光时刻。

张北的风，真是特别“吃苦耐劳”，基本上一年四季都不停歇，所以才有俗语，“张北的风，从春刮到冬”。张北的风电，就这样不断地输送到北京，不仅为冬奥会会场稳定提供绿色能源，同时还带动了周边经济的发展。

2
感受张家口的旷野之风

张北风电的巨大潜力，作为环境专家，我是亲自去感受过的。去的时候是秋季，刚到张家口，威力巨大的阵风就给了我们一个下马威，整个衣服都被风灌注得膨胀起来，寒风凛冽，脸就像被刀子刮一样疼。感觉不是秋季，倒像是已经到了北风呼啸的冬季。

张家口，虽然离北京很近，开车也就两小时，高铁不到一小时，可是，那是彻底进入另一个生态系统，是历史时期的塞外呀，已经进入蒙古高原了。还记得《射雕英雄传》里，郭靖第一次见到黄蓉是在什么地方吗？就是在张家口。金庸的原著里写道：张家口是南北通道，塞外皮毛集散之地。张家口的蒙古语名字叫“喀拉干”！

张家口位于蒙古高原与华北平原的交会地，是历史时期汉族和蒙古族交界的地方，这也是张家口名称的由来。据《畿辅通志》记载：“东高山在张家口堡东北七里，西高山在张家口堡西北七里。两山皆在边口，相去数十步，对峙如门，张家口之名以此。”由此可知，张家口的“口”最初是指东、西高山（今东西太平山）之间的山口。元朝时，北京和坝上蒙古高原都属于元帝国的版图，因此，这个山口在当时并没有什么特殊的作用和意义。

但是，到了明朝，情况就不同了。明统治者虽然几次北征，却无力征服蒙古，蒙古贵族反而常常乘隙南侵，对明朝形成严重威胁，这一带遂成为抵御蒙古入侵的边防重地，这个山口便具有了重要的军事价值。开始时，这里被称作“隘口”，并设有“隘口关”。

所以，张家口，吹的是蒙古高原的旷野之风呀。清代的时候，北京进入张家口的关卡叫大境门，当时有句俗语：出了大境门，多见牲口少见人。自古以来，张家口就是中国北方各少数民族游牧和交融的地方。很早就有狄、戎、鲜卑、乌桓、匈奴、契丹、女真等民族在此游牧、定居生活。13世纪，蒙古贵族统一中国，这里即成为蒙古族游牧地。

1909年京张铁路开通后，在张家口火车站的匾上既有汉语书写的“张家口火车站”，其下方还有用蒙古语书写的“KALGAN”。据说KALGAN是蒙古语中“门”的意思，因为蒙古族人民来到张家口，首先看到的就是大境门，于是蒙古族人民就将张家口称为KALGAN。

到了张北县，风就更大了，因为这里是张家口海拔最高的地方。张北县距离张家口市区45千米，但是，却比张家口市区海拔高1000米以上。从张家口市坐车前往张北县的时候，我甚至出现了坐飞机时耳压升高的现象。好像汽车一直在爬升、爬升。高原上，阳光刺目耀眼。同行的朋友告诉我，正是这种高低之间悬殊的海拔和温差，导致空气强对流，让张北成为蒙古高原冷空气进入华北平原的主要通道，从而形成了张北巨大的风力。在寒冷的冬季，蒙古—西伯利亚高压非常强劲，强大的风从西北方向吹来，再加上内蒙古高原是非常平的大草原，没有很大的山脉阻挡，来自西北的风可以畅通无阻地到达张北。

在风电公司，一个个巨大的风车零件“躺”在生产车间，当它们组装在一起并矗立在野外的坝上时，就将成为风电的源头。风力发电机由塔筒、叶片、主机、轮叶四个部分组成，风力带动叶片旋转，再通过轮叶将能量传递到主机，带动发电机工作，这就是风力发电的基本原理。

3
攀行张北坝上风车之路

张北坝上是风电的集中区域，是锡林郭勒草原的一部分，平均海拔在1700米以上，最高海拔达2400米。这么高的高原海拔为风力发电和太阳能发电都提供了极好的地理条件。在坝上地区，巨大的风车数不胜数，高达百米的塔柱支撑着62米长的三片叶片，景象十分壮观。在风车下，一排排光伏发电板在时刻不停地工作着，这些绿电通过国家电网的调配，为冬奥会场馆提供了绿电保障。

要感受张北的风电，就必须要走走张北的草原天路。草原天路，又被称为“风车之路”。当年为了建设风电场，需要把笨重的各种风电设备运到高原坝上，需要修建公路，所以才有了现在的天路。

之所以称之为天路，一是因为太美。坝上草原，羊群如云，骏马奔腾，天高气爽，芳草如茵，坝缘山峰如簇，碧水潺潺。漫山遍野，五彩斑斓的野花，一望无垠的风车，蜿蜒曲折的道路，构成了一幅幅美丽的高原风景画卷。所以，有报道说，张北的草原天路，美到能灼烧双眼。二是因为海拔高、离天近。抬头仰望，云洁而山清，一路一线高高的风车，好像已经和蓝天白云融为一体。而这条在高原穿行的公路，好像是不断上升攀爬、要攀爬到最高天国之路。

我们去的时候是秋天，天路两边开满了五彩斑斓绚丽迷人的野花。格桑花、薰衣草、苜蓿等野花怒放，随风摇曳，千姿百态。往上走，远处不远的山上，一座座巨大的风车开始出现在视野中，一座、两座、无数座。风车的叶片在悠闲地转动着，仿佛在“诉说”着张北绿色的故事。再往上走，数万风车，随风轮转。它们高高耸立，沿着天路蔓延开来，占满了人的整个视野。白色的风车、湛蓝的天空、绿色的草原，构成了天路最经典的风景。

我们一路开车攀行，大风车无处不在、形影不离，成千上万的巨型风力发电车是沿着天路而建。感觉好像是攀爬到天际。这是我国投资规模最大、技术领先世界的环保风力发电聚集区。远看时，就像一张风景图，但当你置身在风力发电机柱下面的时候，会感觉到大风车真是庞然大物。每一架风电机都高达80米，相当于27层高的摩天大楼。三个扇叶，每个扇叶有60米长，重60吨。

那天我们还邂逅了张北坝上草原风车之路的落日。正是雨后，云层慢慢打开，金黄的阳光燃烧着整片天空，再散射在漫山白色的风车上。太阳一点点西下，慢慢隐入坝上高原。落日晚霞中的白色巨大风车，好美。

冬奥会的电力需要稳定保障，但张北的风能、太阳能等自然电力，都有着靠天吃饭的特性，产生的电量是根据自然风力和太阳光照，而不是根据冬奥会用电计划生产供给。桀骜不驯的风，风向不定，风力时大时小、时强时弱。因此，会导致大风车转速变化不定，产电量忽高忽低。而冬奥会是世界级的体育盛会，对供电的稳定性、可靠性要求极高。

为了解决风电供给的随机性、波动性和冬奥会电力需求的有计划性、稳定性需求之间的矛盾，使张家口绿色电力成功与北京冬奥会牵手，世界首个实现风、光、电、储多能互补的直流电工程——张北柔性直流电网实验示范工程应运而生。全部核心技术和关键设备均为中国首创，能够有效解决张北可再生能源送出与消纳问题，促进大型能源基地集约化开发和绿色电能的高效利用。

张北柔直工程的成功运行，将张家口地区上百个风电场、数千个光伏电站连成一个有机的整体并成功上网，实现绿电的全部接入、消纳和输送，直接满足冬奥会北京、延庆两个赛区场馆用电需求。张家口赛区冬奥会场馆就地消纳当地绿色电力，从而使得北京冬奥会场馆实现奥运历史上首次100%使用绿色电力的目标。这是北京冬奥会实现碳中和的重要中国方案之一。

除了绿电输送电网，绿电交易平台也在冬奥会100%绿电供给中发挥着重要作用。冬奥电力用户通过电力交易的方式，从绿色电网和发电企业那里购买风电、光伏发电等新能源电量。截至2021年12月30日，已累计开展张家口冬奥会场馆绿电交易0.85亿千瓦时，组织外送冬奥会场馆绿电交易1.52亿千瓦时。

4
北京冬奥会将张北坝上风车之路推向世界

北京冬奥会的碳中和故事之一，张北的风点亮北京的灯，不仅充满诗情画意，而且，把张北坝上草原和风车之路也推到了世界人民的面前。北京冬奥会，因为张北的风，实现了100%的绿电供给，同时，也给世界人民讲述了张北坝上风电的故事。因为北京冬奥会，张北的风电和张北的坝上草原、风车之路，已经走向了世界，进入世界的视野，成为碳中和中国方案的代表之一。

冬奥会之后，正是春天。大家纷纷趁着春光去张北看坝上草原的风车巨阵。牛群、马群、羊群悠闲地在春光下觅食，放牧人粗犷的歌声和清脆的长鞭声，融合着悦耳动听的鸟鸣声，坝上草原生机勃勃春光无限。除了风车巨阵，坝上草原还有绿草、蓝天、白云、成群的牛羊、声声的驼铃、蒙古包、奶茶、手把肉、羊肉蘑菇汤、莜面窝窝香，好美的塞外坝上草原风情。

在风车之路上，给我印象最深的是烤全羊了。据说，它是成吉思汗最喜爱吃的一道宫廷名菜，也是元朝宫廷御宴“诈马宴”中不可或缺的一道美食，是成吉思汗接待王宫贵族，犒赏凯旋将士的顶级大餐。张北是元中都所在地，成吉思汗在这里组织过金元大战，所以，烤全羊，张北是可以达到宫廷菜级别的。我们在风车之路上的蒙古包里吃到的烤全羊，真是美味。

马蹄踏得夕阳碎，卧唱敖包待月明。高原的夜晚，月亮离我们好近好亮呀。烤全羊外皮酥香，味美肉嫩。朋友抱起吉他，唱起了蒙古高原，“高高的大漠荒野上，山川连绵林海茫茫，山林淌出的江河水，奔流不息源远流长。倾诉着远古圣山上，苍狼咆哮的传说，仿佛听见父亲召唤的回响，那是铁骑驰骋锤炼的民族。牧放着牛羊走向远方。古老神奇的地方，永远向往的地方，那就是蒙古高原，我的家乡”。随着悠扬高亢的歌声，大家纷纷站起来跳舞。在月光下，在舞蹈中，直到天际的风车巨阵，好像是坝上高原的绿色之梦、绿色天堂。

张北的风点亮了北京冬奥会的灯，为北京冬奥会贡献了碳中和绿色故事的重要篇章。而冬奥会的灯，又照亮了张北的土地、张北的风景、张北坝上那漫山遍野的风车巨阵。因为北京冬奥会，全世界都记住了，张北坝上草原的风车之路、风车之城。

永不言败：《忧愁河上的金桥》

《忧愁河上的金桥》是一首永不言败的歌，2022年2月19日晚，北京冬奥会花样滑冰比赛最后一对表演——隋文静和韩聪，他们的花滑音乐就是这首《忧愁河上的金桥》。他们以永不言败的精神，再次获得了金牌。这种永不言败的精神，在沸腾的首都体育馆，在冬奥会竞赛中，不断体现，令人震撼。就好像已经高龄53岁的“60后”首都体育馆，本身也是经历和见证了这种永不言败的精神。就好像气候危机，虽然这是一个如此沉重和深重的话题，但我们总是在永不言败地奋斗着。首都体育馆，被称为绿色低碳体育馆，最关键的原因是，冬奥会第一块二氧化碳跨临界直冷制冰冰面是在首都体育馆诞生的。二氧化碳跨临界直冷制冰的绿冰技术，是世界上最环保的制冰技术，碳排放值趋于零，能最大限度地减少温室气体排放。北京冬奥会所有场馆制冰都采用了这种绿冰制作技术，一年能够节省用电200万千瓦时，直接减少900吨二氧化碳排放，相当于约120万棵树实现的碳吸纳量。

1
《忧愁河上的金桥》

《忧愁河上的金桥》（*Bridge over Troubled Water*）是我非常喜欢的一首歌。当我心情沮丧，感觉很低落的时候，在寂静的深夜，我喜欢循环地放这首歌，希望可以找到力量，让自己重新站起。当音乐响起，那轻声的音乐安慰："当你疲倦了，感觉自己很渺小；当泪水在你眼眶里打转，我会为你擦干，我会陪伴你左右。当生活艰难，朋友都不在你身边，我会躺下，化身你跨越忧郁之河的桥梁。当你情绪低迷，当夜幕降临，如此艰难，当黑暗来临，苦难遍地，我会抚慰你的心灵，化身你跨越忧郁之河的桥梁。"不论是在哪个行业，奋斗前行之路都是孤独而又艰辛的，我的身边，并没有一个愿意化身我跨越忧郁之河桥梁的人，但是，这首歌，却总是给我心灵的抚慰，让我跌倒了又爬起来，擦干眼泪继续前行。

这是一首可以触发我泪水的歌，所以，在首都体育馆，当这首歌的音乐响起的时候，我立即被带入和感染。这是2022年2月19日晚，北京冬奥会花样滑冰比赛最后一对表演——隋文静和韩聪，他们的花滑音乐就是这首*Bridge over Troubled Water*。

那天晚上，在首都体育馆绚丽的灯光和洁白冰面的冰雪世界映衬下，隋文静美得像一个仙子。她穿着渐变蓝裙摆的水钻裙，就像蓝天白云下的仙女，灵动美丽。韩聪穿着一身黑衣，挺拔地化身为隋文静的依靠。随着音乐的婉转，他们起舞，踏冰，滑行。当音乐达到高潮，韩聪紧紧抓着隋文静的腰际双手施力，隋文静像一只鸟儿一样飞起，旋转，稳稳落冰。韩聪迅速滑行到她身边，化身她的依靠，揽着她的腰身稳稳地旋转、托举，那份力量，那份信任，那份附身只为你华丽舞蹈的支撑，和音乐是那么的融合。我感觉，韩聪就是那个可以为她俯身化为跨越忧郁之河桥梁的人。而这首音乐，表达的就是情感本来的模样。

当他们完美地表演完后，整个首都体育馆都沸腾了。音乐是那么忧郁、坚定和完美，他们的花样滑冰表演配合得那么默契、那么浪漫而又美丽，翩若惊鸿，婉若游龙，世界都为他们屏息。他们的坚守和永不放弃，他们表演后互相拥抱的哭泣，深深打动了所有观众和裁判的心。最后，他们以总分239.88分的高分，以0.63分的优势惊险战胜俄罗斯组合，夺得金牌。这是中国队在这次冬奥会上获得的第九枚金牌。

我很喜欢花滑表演，对隋文静和韩聪这对组合也有比较深的印象。那是2016年的冰上盛典，韩聪独自出场表演了一套“双人滑”，自己做托举，旋转，孤独地在冰上滑行舞蹈。最后，他从场边推出了坐着轮椅的隋文静，两人相拥落泪。这一幕让无数人情难自禁，泪盈于睫。

据说，那时候，隋文静做了一个3个多小时的大手术，右脚软骨被全部摘除，双脚韧带都被打了钢钉。大家都觉得隋文静的花滑生涯可能要终结了，观众的眼泪，有对这位坚强的姑娘的怜惜，也有对她赛场生涯的含泪告别，大家觉得，以后可能在这冰雪赛场，见不到这位传奇姑娘了。

但是，2017年，隋文静和韩聪组合又出现在了赫尔辛基世锦赛上，且摘得金牌，同时又夺得这一年中国杯双人滑冠军和日本站双人滑冠军。2018年平昌冬奥会，隋文静和韩聪以0.43分之差失手金牌，获得了花样滑冰双人滑银牌。赛后的隋文静一直在哭泣。在2022年的冬奥会上，在2月19日，在北京，在自己的家里，隋文静和韩聪，战胜了种种病痛和艰辛，终于得偿所愿，获得了冬奥会金牌。

我喜欢这个倔强、永不言败的姑娘。因为2016年的冰上盛典，大家对隋文静的伤痛史有着深刻的印象，特别是她被韩聪用轮椅推着出来，挥手向观众招手的时候，我们都以为那是告别。没想到，她那么倔强地战胜了病痛，不但重新回到了赛场，还一举夺冠，成为冰雪女王。所以，当成绩公布的时候，不仅隋文静、韩聪和教练紧紧相拥，泪水直涌，就是观众们，很多也感动到哭泣。

连央视解说都哽咽了，哭泣着说，他们用自己的方式展现了自己的力量和实力。短短4分钟的节目，犹如他们4年的备战，有低谷、有伤病、有失败、有成功。他们将自己的经历融入其中，展示了温暖和力量。

征服观众的，不仅是他们高超的花滑技艺，还有他们永不言败的精神，他们互相扶持的默契。“当天地昏暗黑夜来临，我愿俯身做你的桥梁，为你赴汤蹈火，助你渡过难关。”这首*Bridge over Troubled Water*就是他们永不言败的写照。他们愿意俯下身做彼此的桥梁，共同渡过种种难关。

2
碳中和的绿冰：二氧化碳直冷制冰技术

这种永不言败的精神，在沸腾的首都体育馆，在冬奥会竞赛中，不断体现，令人震撼。就好像已经高龄53岁的“60后”，首都体育馆，本身也是经历和见证了这种永不言败的精神。就好像气候危机，虽然这是一个如此沉重和深重的话题，但我们总是，在永不言败地奋斗着。

首都体育馆，本身就是这种永不言败精神的体现。首都体育馆，被称为绿色低碳体育馆。始建于1968年，迄今为止，它已经53岁了。它曾是北京最大、功能最齐全、适用范围最广的综合性体育馆，从乒乓外交，到北京奥运会，这座“60后”场馆承载了我国体育无数段令人难忘的历史记忆，并入选了《北京优秀近现代建筑保护名录》。

作为以绿色理念为核心的冬奥会，在场馆的选择方面，始终是坚持尽量使用和改造旧场馆，以减少资源消耗和二氧化碳排放。所以，首都体育馆，继2008年作为北京夏季奥运会排球比赛场馆之后，这座53岁高龄的老场馆再度转换身份，承担了北京2022年冬奥会短道速滑和花样滑冰两项比赛任务。

旧场馆华丽转身，节能又减排。北京市重大项目办城区场馆建设处处长黄辉说，首都体育馆改扩建工程是北京2022年冬奥会践行可持续发展理念、大量利用2008年奥运会场馆的又一次生动的实践。

当我重新看到这座改建后的首都体育馆，立即被吸引了。首都体育馆整体颜色还是秉承传统的淡黄色色调，典雅的米色墙面，深色的玻璃窗，缀满竖直线条装饰的外立面等。虽然装饰了很多冬奥会元素，颜色、样式、细节有些变化，但是原有的建筑结构、浓郁的历史特点却得到了完美的保留。远远望去，赏心悦目。

但首都体育馆，被称为绿色低碳体育馆，最关键的原因是，冬奥会第一块二氧化碳跨临界直冷制冰冰面是在首都体育馆诞生的。冬奥会比赛对场地要求极高，光滑稳定的冰面，对冰雪项目高水平竞技至关重要。隋文静、韩聪那么美的冰上花滑，脚下如梦如幻的洁白冰面，就是用的二氧化碳跨临界直冷制冰的绿冰技术。

二氧化碳跨临界直冷制冰的绿冰技术，被称为最绿、最快的冰。二氧化碳是一种天然的绿色环保制冷剂，相较于传统的制冰技术，它可以将能效提升30%，冰面温差可控制在0.5摄氏度以内，制成的冰也更加均匀平整，能满足不同比赛项目对冰面的需求。这是世界上最环保的制冰技术，碳排放值趋于零，能最大限度地减少温室气体排放。北京冬奥会所有场馆制冰都采用了这种绿冰制作技术，一年能够节省用电200万千瓦时，直接减少900吨二氧化碳排放，相当于约120万棵树实现的碳吸纳量。

而且，这种绿色制冰技术，还能实现全热回收，制冷产生的余热回收后，可以产生70摄氏度热水，用于生活用水和除湿再生等用途，大大降低场馆的供暖、防冰、除湿、浇冰成本。在这里，二氧化碳不再是废弃物，而变成了一种可以利用的资源。

我们对二氧化碳并不陌生，它有一个突出的物理特征：在加压和冷却的条件下可以变成液体，继续降低温度则会变成雪花状，再经过压缩处理，极易形成干冰。压力降低后，干冰会迅速蒸发或升华，这个过程会带走大量的热，从而使环境温度降低，这便是二氧化碳制冷的原理。

二氧化碳制冰的原理和自然界中水变成冰的过程很相似，自然界外界环境温度低，水就结成冰。二氧化碳制冰，就是利用液体二氧化碳蒸发，吸收大量的热量，从而实现有效制冷。二氧化碳变成了搬运能量的载体，把需制冷区域的能量和热量，携带到需制热区域，同时实现两个区域的制冷和制热。这就好像，我们想让一杯热气腾腾的茶迅速降温，最好的办法莫过于将茶杯放置于冷水中，冷水带走了热茶的热量，茶水的温度便能下降。二氧化碳的制冷原理便与之类似。

大量排放二氧化碳造成的温室效应给地球带来诸多不良影响。如果将大气中的二氧化碳作为一种安全、经济和环保的“自然”制冷剂实现高效制冷，可谓一举两得：既能有效利用排放的二氧化碳去缓解温室效应，又能显著提升人工制冷的性能。

绿色是北京冬奥会的底色。二氧化碳直冷制冰技术，作为极具特色的冬奥会碳中和“中国方案”之一，被视为全球最先进、最环保、最绿色的制冰技术，令世界为之瞩目。国际奥委会制冰工程顾问阿吉·萨瑟兰在媒体吹风会上表达了心愿：希望北京冬奥会的二氧化碳制冰技术能传遍全世界。这场冰雪盛会，我们不仅奉献给世界一场激情与运动的盛宴，更在全世界面前展示大国情怀的碳中和理念和碳中和中国方案。

二氧化碳直冷制冰技术制成的冰，被称为最快的冰、最绿的冰、最美的冰。我国著名短道速滑运动员杨阳，曾参加过三届冬奥会，在北京冬奥会上担任裁判。走上首都体育馆冰场，看见二氧化碳直冷制冰冰面，她忍不住有滑一圈的冲动。“我还想在这儿滑，这个冰太好了，用我们的话说，冰特别滑，特别走道，非常出速度。”

与自然冻冰后温度相对均匀的冰面不同，人造冰场是将制冷管埋在地下水泥层中，水泥层上再泼水，一层层冻冰，制冷管的温度是否均匀直接影响到冰面温差，进而影响到冰面的平整度和硬度。温差越小，冰面的硬度就越均匀，冰面就越平整。采用二氧化碳直冷制冰，在这样的冰面上滑行，选手对不同区域的软硬度感受保持一致，速度不会受到冰面影响，更能滑出好成绩。

流动在制冷管中的制冷剂的选择，对温差控制至关重要。二氧化碳直冷制冰技术，温差可以小到0.5摄氏度之内，甚至能达到0.3摄氏度。所以，就像杨阳说的，特别走道，特别滑，特别出成绩，所以，又被称为最快的冰。

正是因为二氧化碳直冷制冰技术，不仅是最绿的冰，还是最快的冰，才促成了首都体育馆中我国冬奥会首金的斩获。

首都体育馆产首金，是大家的期待。2月5日晚进行的短道速滑男女混合接力，首都体育馆内爆发出震耳欲聋的欢呼声，一抹中国红划过白色冰面，2022年冬奥会历史上首个短道速滑混合接力冠军诞生。

2月9日晚，首都体育馆一小时内三破奥运纪录，说明首都体育馆二氧化碳直冷制冰冰面质量好，利于出速度。当晚最先举行的是短道速滑男子1500米1/4决赛第1组，匈牙利名将刘少林滑出2分09秒213，打破奥运纪录。19时44分许，短道速滑女子1000米预赛第1组开赛，韩国选手崔敏静滑出1分28秒053，创下新的奥运纪录。然而不到10分钟，荷兰名将舒尔廷就在预赛第2组比赛中把这项纪录提升到1分27秒292。

冰的质量越好，选手在比赛中受到的摩擦阻力就越小，破纪录的可能性也就越大。选手们不断在首都体育馆刷新纪录，足以说明二氧化碳直冷制冰绿色技术冰面质量出色。冬奥会期间，短道速滑项目奥运纪录10次在首都体育馆被刷新，其中包括1项世界纪录，6项奥运纪录。

速滑需要的是速度，花样滑冰需要的是美感。这两类项目都放在了首都体育馆，而且，两类项目举行的时间很接近。花样滑冰为了美，点冰等技巧需要冰面厚度达5厘米以上，否则冰面易破。而短道速滑要求冰面硬度更高，厚度要求只需要3.5～4厘米。两类项目对冰面的要求是不一样的。

按照国际奥委会的要求，从适合短道速滑的最快冰场到适合花样滑冰的最美冰场，要在3小时之内完成转换。而在北京冬奥会上采用的二氧化碳直冷制冰绿色技术，实现了2小时内的冰场转换。

在这晶莹剔透的最美、最绿的冰面上，来自各个国家的参赛选手精彩绽放。被尊为冰神的羽生结弦用一套《春天来了》节目征服了观众。这位两届奥运会男单冠军早已封神，从出场到结束，始终面带微笑，用精湛的技艺给我们带来了春天美好的气息。王诗玥和柳鑫宇的《我爱你中国》，深情的冰舞，让大家激动不已。最后，是隋文静和韩聪，他们的*Bridge over Troubled Water*，引起了首都体育馆全场的沸腾和眼泪。

3
面对气候危机我们永不言败

永不言败，是的。即使气候危机已经让我们人类命运共同体面临前所未有的挑战，但，我们一定会用永不言败的坚守和坚强，扭转局面，重新回到人与自然和谐共存的轨道。逢山开路，遇水搭桥。从来没有一条通往成功的道路是没有坎坷的。“当天地昏暗，黑夜来临，我愿俯身做你的桥梁，为你赴汤蹈火，助你过难关。”此时此刻，我又想起了*Bridge over Troubled Water*，这首优美忧伤却坚强坚定的歌，想起隋文静和韩聪的冰上花滑。气候危机，是危及全球人类命运共同体的共同危机，我们需要俯下身，化作彼此的桥梁，才能共渡难关。

碳中和的冬奥会，展示的就是我们的决心和情怀。绿色的二氧化碳跨临界直冷制冰技术不仅在冬奥会中大放异彩，而且，通过冬奥会的示范作用，目前已经逐渐应用于食品冷冻/冷藏、汽车空调、热泵系统等更多的领域中，成为我国加速实现“双碳”目标的前瞻性技术，并走出国门，在世界范围获得了推广和运用。

碳中和，中国正在采取实实在在的行动！在这二氧化碳直冷制冰的最绿最快最美冰面上滑行表演的，不仅有来自五湖四海的运动员，还有一位特殊的参与者，它就是这届冬奥会的幸运使者——吉祥物冰墩墩。2月20日下午，在首都体育馆举行的北京冬奥会花样滑冰表演赛上，这位营养越来越好的大熊猫，穿着酷似航天服的服装，五彩的冰丝带好像把五环戴在了胖胖的脸上。踩着内八字，憨态可掬地在聚光灯下滑向冰场的中心。看来，冰墩墩要成为驻场嘉宾了。

可惜，冰墩墩太胖了，刚上冰面就摔了一跤。它倔强地爬起来，憨憨地准备开展花滑秀，结果，又因为胖乎乎、圆墩墩，不争气地用脸刹了回车。它的憨憨的表现，迅速成为全场的焦点。在冰场上的诸多花滑选手，包围了可爱的冰墩墩。刚刚夺得花样滑冰双人滑冠军的隋文静，直接一掌扑倒了胖乎乎的冰墩墩，还把憨憨的冰墩墩滚了两圈。

隋文静“欺负”完了可爱的冰墩墩，看胖乎乎的冰墩墩趴在地上起不来，又赶快费力地拉起冰墩墩。其他选手也赶忙上前帮着隋文静拉起冰墩墩。现场观众突然获得了这么大的惊喜， 立即尖叫欢呼。天哪，隋文静也太调皮了，她是把我们可爱的冰墩墩当成韩聪来欺负了吧。那种憨憨地包容和忍受的样子，真的有点儿像韩聪呢。可怜又可爱的冰墩墩，太艰辛了。

最绿、最美的冰，象征着纯洁坚强，象征着坚韧不拔的意志，象征着鼓舞人心的奥林匹克精神，象征着永不言败的环保情怀！

面对气候危机，我们永不言败！

北京冬奥会碳中和的森林碳汇

北京冬奥会实现碳中和，森林碳汇的吸纳中和作用发挥了很大作用。森林树木在生长时，可以通过光合作用吸收和固定大气中的二氧化碳，这就是林业碳汇。它可以降低大气中二氧化碳的浓度，起到中和碳排放的作用。通过植树造林增加森林碳汇，吸收这次冬奥会排放的二氧化碳，从而使冬奥会净零排放的碳中和目标得以实现。从申办冬奥会开始，植树造林形成森林碳汇就被确定为冬奥会碳抵消碳中和的主要措施。2016—2021年京津冀生态水源保护林建设工程和2008—2021年北京新一轮百万亩造林绿化工程的碳汇量，都在计量、监测和核证后，捐赠给了北京冬奥组委会。这两个项目，一共产生的碳汇量是110万吨，可以吸纳、中和几乎全部冬奥会的碳排放。

1
森林碳汇和海洋碳汇

“蓝教授，我也参加了碳中和呢。”接到厦门的朋友梅馨的电话。原来，厦门产权交易中心推出了个人碳足迹核算清单，将自己的行动输入这个清单，就可以显示你的碳足迹，也就是你排放了多少二氧化碳。然后，可以通过厦门产权交易中心，购买绿碳汇或者蓝碳汇，就是森林碳汇或者海洋碳汇，抵消掉你的碳排放量，实现个人近零排放的碳中和。

森林可以通过光合作用吸收二氧化碳，一吨森林碳汇就是通过增加森林种植可以增加的吸收一吨二氧化碳的能力。海洋可以通过海洋植物的光合作用吸收二氧化碳，或转化为海底碳酸钙，从而吸收固化和减少大气层的二氧化碳。

梅馨和我说，自从运用了碳足迹核算清单，她学会了怎么尽量减少自己的碳排放量。“每节约一度电，可少排0.9千克二氧化碳；每节约一立方米天然气，可少排0.19千克二氧化碳；每节约一张A4纸，可减少0.002千克二氧化碳；每少用一个塑料袋，可少排0.1克二氧化碳；每少喝一斤酒，可减排2千克二氧化碳；每节约一千克粮食，可减排0.94千克二氧化碳；选择非电动牙刷，可少排放近48克的二氧化碳；选择节能灯代替60瓦灯泡，可以将产生的二氧化碳排放量减少4倍；选择晾晒衣物代替滚筒式干衣机，可少排2.3千克的二氧化碳……”

梅馨流利地和我说着各种减碳数值，我惊讶地听着。梅馨，她可是一位纯经济学教授呀，一次去厦门开经济学会议，因为我们绿色金融也属于经济学领域，所以和她认识了。当时，我和她说起气候变化、碳减排、碳中和，她还很困惑呢。没想到，她现在已经成为半个碳中和专家了。

梅馨和我说，她最近举办了一次经济学学术会议，现在低碳绿色也是经济学的主旋律，为了实现碳中和的会议，她在会议安排上处处减碳，比如，用无纸化的方式进行会议文件和信息交流，会议外出都采用公共交通等。但无论怎么减排压缩，最后还是有一部分额外的碳排放，这些额外的碳排放，她通过从厦门交易中心购买森林碳汇，实现了碳中和。

我就和她开玩笑："梅教授，您跨界呀，您已经知道怎么实现碳中和了呀。"梅馨说："那当然，最近，碳中和碳减排碳交易已经成了经济学的研究热点了。就以知名企业特斯拉为例，最近三年通过销售碳排放积分，分别获利4.19亿美元、5.93亿美元和15.8亿美元。而2020年特斯拉的全年净利润是7.21亿美元。也就是说，特斯拉如果没有15.8亿美元销售碳排放积分的收入，它的全年净利润将会是负值。这说明，碳减排已经影响到很多企业的经济命脉了。依靠新能源车特有的低碳排放特点，特斯拉大幅提高了自身利润水平，从而在市场争夺战中获得了优势。"

梅馨说："现在碳中和正在改变大家的行动呢。我现在都已经养成习惯了，每天晚上都会打开厦门产权交易中心网站，点击进入'碳足迹'清单，算算自己的碳足迹。不算不知道，一算吓一跳。一天里，我开私家车3千米，产生了0.72千克二氧化碳；用了三个塑料袋，产生了0.03千克二氧化碳；用电2千瓦时，产生了1.05千克二氧化碳；吃了两个鸡蛋，产生了0.05千克二氧化碳……但是，蓝教授，您知道什么产生二氧化碳最多吗？我一直以为是开私家车，我都准备好了我的个人减碳计划，就是尽量不开私家车，尽量坐公交车、地铁出行。可是，算了后，我才知道，对于我们女生来说，碳排放量最大的原来是买衣服呀。我一天买了三件衣服，产生了19千克的二氧化碳，需要两棵树用8天的光合作用产生的森林碳汇才能中和掉。"

梅馨皱着眉说："碳减排碳中和，对我们女生真是不容易呀，我们都不能买衣服了。您看，我都没什么消费，就是爱买衣服嘛，我喜欢穿各种各样漂亮的衣服。可是，看买衣服的碳排放量这么大，我都不敢买了。这个春季，就添置了那三件衣服，后面即使看见有漂亮衣服，一想到这么大的排放量，都约束自己不敢买了。看着漂亮的衣服不能买，对女生来说，真是有点痛苦呀。"

她笑着看着我说："蓝教授，您肯定没有这样的烦恼吧，我看您就爱穿西服和牛仔服，都是永不过时的，买一套可以穿很久。您实现碳中和肯定很容易。"

我的脸就有点儿红了。我觉得在这个问题上，很多人对我都有误解。记得，有一次我的一位男同事和我发牢骚，说他的妻子，最爱买衣服了。平时看着弱不禁风，干什么都不太有力气。因为妻子体弱，所以，他承包了所有的家务。可是，这个体弱的妻子。只要周末去买衣服，立即精神抖擞，毫无疲惫、倦怠、体弱之感，雄赳赳地在各种商场奔波，精挑细选，各种试穿。他跟着跑都已经累得不行，每到一个试衣点，他已经累得抱着她的各种包包瘫坐在地上，而他的妻子，还可以雄赳赳地各种试衣。

最后，我的男同事感慨地说，蓝教授，您肯定不这样，您是高级知识女性，肯定是就喜欢做学术，不会这么肤浅地就是喜欢买了一件还买一件，即使衣柜里满是衣服，还要到处买买买。我很心虚，背立得都不那么直，含含糊糊地说，没听过天下乌鸦一般黑吗？

我其实也是很喜欢买衣服的，很享受买衣服那种试来试去的过程。虽然因为我的工作场景，我的衣服大部分只能是西服或者牛仔服，但是，西服也有各种款式呀，长的、短的、掐腰的、廓形的，衣袖、衣领也可以变幻出各种样式。我也有大大衣柜里满满的衣服，现在好了，要实现碳中和，也不需要纠结，在这春光明媚的季节，是否需要添置新衣了。我这个春节，为了实现自身的碳中和，一件新衣服也没买。

现在梅馨问起来，作为著名的环保专家蓝教授，为了碳中和不买新衣服，那是必需的，还纠结什么呀？所以，我赶快连连点头："不纠结！不纠结！"

梅馨说，因为碳中和对经济影响太大，她最近也在研究低碳，研究森林碳汇和海洋碳汇。她说："大气层就好比一个正在被缓缓注水的浴缸，即便我们把水调得很小，浴缸早晚还是会被注满，而浴缸注满之后，水自然会流到地面上。这就是我们必须阻止的灾难。所以，仅仅设置一个小流量（减排、低碳）是不够的，还需要打开浴缸下面的排水阀（碳汇），才能让浴缸的水位停止上升，也就是要实现碳中和，即碳排等于碳汇，或者说是净零碳排放。"到底是学者，虽然跨界，梅教授的比喻还是很恰当的。

梅馨说，最近厦门的碳中和推进得很快。例如，厦门航空、兴业银行和厦门产权交易中心联合推出了"碳中和"机票。旅客自愿在航程最低价的基础上加付10元，在旅行结束后，厦门航空和兴业银行就会委托厦门产权交易中心，通过蓝碳基金购入与这次旅行增加的碳排放量等量的海洋碳汇，用海洋吸纳二氧化碳的能力，抵消这次航行的碳排放量，从而实现碳中和的航行。梅馨说，现在已经有超过5万人次购买了这种"碳中和机票"。

我说，现在真是全国都在行动碳中和呀。苏州拙政园还连续举办了三届零碳婚礼呢。以新人购买森林碳汇的形式，抵消婚典活动的二氧化碳排放量，实现零碳婚礼，将传统婚礼和碳中和有机结合起来，婚礼更加有意义了。

梅馨说，这是人类命运共同体联合行动，对抗气候危机之战呀。全球都参战。全球有25个城市联合承诺，力争到2050年成为碳中和城市。这些城市包括纽约、巴黎、墨尔本、伦敦、米兰、哥本哈根等。

我赶快说，我们北京也是碳中和主战场之一呀。北京在2012年就实现了碳达峰，现在正在努力实现碳中和。将要出台《北京市碳中和行动纲要》。梅馨说，那当然，现在全球对于碳中和样板，印象最深的就是北京了，因为北京举办了碳中和的冬奥会呀。梅馨觉得，即使放在全球来看，碳中和最好的样板，也是北京冬奥会。首先，利用绿氢能源、风电、绿色交通、绿色建筑、绿色制冰等努力把碳排放减少到最低值。其次，用森林碳汇等中和吸纳这些排放的二氧化碳，从而实现整个冬奥会的净零排放。

2
110万吨林业碳汇助力北京冬奥会实现碳中和

我说，是呀，北京冬奥会实现碳中和，森林碳汇的吸纳中和作用发挥了很大作用。森林树木在生长时可以通过光合作用吸收和固定大气中的二氧化碳，这就是林业碳汇。它可以降低大气中二氧化碳的浓度，起到中和碳排放的作用。通过植树造林增加森林碳汇，吸收这次冬奥会排放的二氧化碳，从而使冬奥会净零排放的碳中和目标得以实现。

梅馨说，冬奥会是巨大的赛事，北京竟然储备了这么多的森林碳汇。我说，是呀，从申办冬奥会开始，植树造林形成森林碳汇就被确定为冬奥会碳抵消碳中和的主要措施。2016—2021年京津冀生态水源保护林建设工程和2008—2021年北京新一轮百万亩造林绿化工程的碳汇量，都在计量、监测和核证后，捐赠给了北京冬奥组委会。这两个项目，一共产生的碳汇量是110万吨，可以吸纳、中和几乎全部冬奥会的碳排放。

梅馨问：这些森林在完成冬奥会碳中和任务后，其产生的吸纳、中和碳排放能力还能保持多久呢？

我说，树木生长过程中，会通过光合作用吸收碳，虽然树木也有自然的衰老和死亡，但树木的寿命比较长，少则几十年，多则成百上千年。而且，这次冬奥会碳汇林的培育，选择的主要是油松、侧柏、槐树、银杏等北京本土的树种。这些树种的生长符合北京市自然生态环境条件，在生长过程中更加健壮，不需要大量额外的管护，吸碳固碳能力比较强。而且，碳汇开发周期一般是20～30年，但这些树种，生长周期都在百年左右，远远长于碳汇开发周期。针叶树种生长周期在150年以上，如油松、樟子松等；硬阔叶树种生长周期为100年以上，如榆树等；软阔叶树种生长周期在80年以上，如杨树等。

梅馨在视频那边不断点头，积极回应我。这些知识对纯经济学出身的她来说，还是很新颖的，所以，她睁着渴望求知的大眼睛，不断点头，鼓励我说下去。我说，对一个森林系统来说，森林一旦培育成功，有老树衰老死亡，但同时又会有小树更新长大。只要对森林进行科学管护，维持健康的森林生态系统，碳汇量就会处于平衡状态。

而且，这次百万冬奥会碳汇林的培育，和以前简单的植树造林是不一样的。这次重点不是树木的概念，而是森林的概念，按照自然森林生态系统的模式栽种和培育碳汇林。例如，纯林面积不超过1公顷；每6～7公顷不少于8种乔木树；每6～7公顷设置1～2处动物筑巢场所，给动物免费发房子呢，以吸引野生动物落户。而且，在乔木之外，还间种了五种以上果实丰富的乔灌木，以及五种以上结籽丰富的草本植物。

梅馨说，北京新增了这么多森林，那要成为森林之都了。我说，是呀，北京现在全市的森林覆盖率已经高达45%。这一轮冬奥会碳汇森林的建设，形成了千亩以上绿色森林250处，万亩以上大尺度森林湿地29处，还建设了一批城市休闲公园、口袋公园和小微绿地等绿色休闲空间。

梅馨说，我对北京最初的印象，是来自郁达夫写的《北平的四季》：

“北京城，是一个只见树木不见屋顶的绿色都会。”我是爱文学的，郁达夫的《北平的四季》正是我喜欢的散文，听梅馨提起，我忍不住就吟道：北京城，本来就是一个只见树木不见屋顶的绿色都会，一踏出九城的门户，四面的黄土坡上，更是杂树丛生的森林地了；在日光里颤抖着的嫩绿的波浪，油光光，亮晶晶，若是神经系统不十分健全的人，骤然间深入到这一个淡绿色的海洋涛浪里去一看，包管你要张不开眼，立不住脚，而昏厥过去。

梅馨笑着说，我才想起，蓝教授不仅是著名的绿色金融学者，还是一个散文家呢。我脸就有点儿红了，说，哪敢说散文家，就是喜欢，休闲的时候就想写写，应该是文学爱好者。

梅馨笑笑，说，可是我后面去北京，好像北京并不像郁达夫描写的那样，绿得要让人昏厥过去呀。我明白梅馨的意思，说，可不是吗，我刚到北京上学的时候，也是带着要被绿晕过去的憧憬，可是，当时，北京还是一个黄沙漫漫的都市，一到春天，我们都要包着头巾，街上好像走着一个个蒙面大盗一样。当时沙尘暴太严重了，有句谚语：白天二两土，晚上还要补。每当风沙起，处处毁庄稼。还有满城飘散的柳絮，感觉呼吸都有些紧张。后来又是$PM_{2.5}$、雾霾等，和郁达夫笔下绿色海洋涛浪的北京城，真是不同。

我告诉梅馨，但是现在不一样了，北京城已经成为森林之都了，提出的口号是：要让通州的小兔一路安全地跑到延庆，这要多么浓密的森林覆盖面积呀。我家小区周边，所有空地都被绿化了，周边还新增了很多公园。因为森林多了，所以大气质量也变好了。沙尘暴没有了，大家现在都不用像我们当时那样裹着头巾，缩肩缩背地抵御沙尘暴的侵袭，感受内蒙古大草原吹来的狂风。也没有雾霾了，现在的$PM_{2.5}$的浓度只有30毫克/立方米，蓝天白云成为常态。

3
碳汇林协同治理北京热岛效应

梅馨很认真地听着，这激发了我作为教师特别爱上课的热情，我开始在梅馨面前卖弄我的环保知识。我说，梅教授，知道吗？这次冬奥会碳汇林，不仅帮助冬奥会吸纳了碳排放，而且，对北京市热岛效应起了很大的扭转和遏制作用，给北京人带来了真真实实的环保实惠。

什么是热岛效应呢？梅馨也是大学老师，所以，特别知道怎么激发我的教学欲望。我说，因为自然生态系统相对丰裕的郊区，气温较低，而城市则形成一个明显的高温区，如同露出水面的岛屿，所以被形象地称为“城市热岛”。城市热岛中心，气温一般比周围郊区高1摄氏度左右，最高可达6摄氏度以上。

那城市热岛效应是怎么产生的呢？梅馨以学者的打破砂锅问到底的特性追问。我说：城市化不是自然进化的产物，所以，产生了很多与生态系统不协调的问题，城市热岛效应就是很重要的环境危机。人类生存是需要相对稳定的气候，而森林、树木、草原、水、湖泊、河流、沼泽等就具有稳定气候的特征。可是，城市化，意味着城市区域的森林、树木、草原、湖泊、河流这些自然生态的消失。钢筋水泥的高楼大厦、混凝土、柏油马路，这些人工建筑物吸热快，不具有自然调节气候的功能，再加上城市人口聚居，会导致城市区域气温升高。

区域气温升高，就会吸引周围地区近地面大气向城市中心区辐合，从而在城市中心区形成低压旋涡，使汽车等交通工具以及工业生产居民生活所产生的大量污染物，如粉尘、$PM_{2.5}$、二氧化硫、氮氧化物等在城市热岛中心区聚合，无法散发出去，形成高浓度而且长期停留的城市大气污染，严重危害居民的健康。

梅馨问，主要会引发哪些健康危害呢？我说，可以导致肺癌、心脏病、肺气肿、哮喘，还可以诱发各种皮肤病，甚至皮肤癌，以及抑郁、压抑、失眠、烦躁不安等神经系统疾病，会严重提高城市居民的死亡率，降低城市居民的生活质量。

梅馨叹息说，二氧化碳浓度升高，本身已经导致地球气候变暖，城市再热量聚集，散热功能受到影响，那城市就越来越容易受到城市热量的负面影响。

我说，是呀，很多人口密集地区和气候潮湿的城市，如纽约、东京、伦敦、香港等国际大都市，都受到了气候变暖和城市热岛病的双重影响。热岛效应会造成恶劣的天气，使城市内的天气酷热难耐，并且可能引发雾岛、雨岛、干岛和浑浊岛等多重效应，还会使雷电和暴雨这种极端天气增多，从而引发次生灾害，影响人们的正常生活。

热岛效应会危害人体健康，会导致高温引发的食欲减退、消化不良等消化系统疾病和精神紊乱、忧郁压抑等神经系统疾病。气温过高还极易引起中暑，并使心脑血管和呼吸系统疾病的发病率上升。而且，气温持续在较高值时，城市生产和生活用电、用水量也会增加，造成电力紧张，供水困难，会直接造成经济损失。除此之外，高温会加快城市废气中氮氧化物和碳氢化合物的光化学反应，形成光化学烟雾，使地表臭氧浓度增加，破坏大气环境。

看了看梅馨睁大的眼睛，我叹了口气，说，城市热岛效应还会导致贫困人口受到更深的环境影响。例如，为了减少热岛效应引起的不适，大量的建筑物，如写字楼、办公楼、高档住宅、豪华宾馆、商厦、酒楼、医院、影剧院，甚至汽车，都会把各自的空调长时间打开。这样做的结果是，部分室内

（包括汽车内）温度大大下降，但却会导致室外温度更高，这是众多空调在制冷的同时不断地向外界排放热量所致。

这种现象，实际上是把一部分空间的热量“转移”给了另一部分空间，所以是一种“热转移现象”。不仅如此，在这个“转移”过程中，由于大量空调设施工作时的机械运转，还会产生大量额外的热，加剧城市热岛效应。

这种现象还带来了贫富差距问题，就是城市中收入高的人们一般都在有空调的室内工作，坐车也是开着空调，回到家里依然开着空调；而那些收入较低的人们，大多从事室外或半室外工作，骑车也是自行车或摩托车，回到住所要么是没有空调，要么是为省电费而不肯长时间开空调。

“热转移现象”意味着，在富人享受凉爽的同时，把多于自然界的热量“转移”给了那些在室外整天忙碌的“穷人”，使他们感到更热，受到气候变暖、热岛效应联动伤害更严重。

梅馨问，那应该怎么减少城市热岛效应呢？我说，大多数为城市社区降温的努力都依赖于将森林湿地植被等自然生态系统重新引入城市环境，以模仿大自然本身的自然冷却、阴影和反射技术。例如，增加更多的公园、绿地、绿树成荫的街道和城市农场；越来越多地采用“绿色”或生态建筑，并在建筑设计中加入绿色屋顶等功能，降低室内和室外温度。

我说，北京曾经热岛效应也很严重。中国气象局气候研究开放实验室研究员任国玉和他的团队曾经定量化了热岛效应的程度。在分析了2010年7月2日至6日北京一次极端高温过程中城市热岛效应对城区地面气温时空分布的影响后，任国玉发现，在这5天中，城区和郊区午后的最高气温平均相差1.5摄氏度，最高时相差2.5摄氏度；这一差值在凌晨更大，局地超过5摄氏度。该研究成果发表在《气候与环境研究》杂志上。

我给梅馨发去很多北京新增绿地和公园的照片，告诉她，这些作为冬奥会碳抵消的森林湿地公园、社区公园、小微绿地等，大面积增加了北京的绿色植物，增加了水体、湖泊等自然生态系统，把大自然引入城市，通过构建森林城市，重新形成城市生态系统的平衡。所以，可以大大缓解城市热岛效应。

我说，人是大自然的产物，人类，是不可以离开大自然的。梅馨默默地点头，仔细地看着这些照片，赞叹说，这是在城市打造绿野仙踪呀。

4
通州的兔子一路无障碍地奔跑到延庆

我对梅馨说，北京已经脱离了城市绿化的思路，进入了城市森林的轨道，更加关注将森林的生态系统引入城市，例如立体化的森林植物群体，不是单一的草地，而是高大乔木层、中间灌木层、底下草地层的综合养育，森林动植物、人与自然和谐共生的培育，森林与湿地的综合一体化生态系统的打造，帮助森林动物跨越城市生态廊道。所以，通州的兔子，可以一路无障碍地奔跑到延庆。

梅馨就笑，说，我想看到那只可爱的兔子。我说，现在我们小区都有野兔子呢，还有松鼠。我还有一只松鼠小朋友呢。我赶快又炫耀似的向梅馨展示了我的松鼠朋友Amy的照片。长尾巴、大眼睛、前爪环抱果子的松鼠Amy萌态十足，梅馨惊喜地叫了起来。看，即使是教授级别的高知，对可爱的小动物也是毫无抵抗能力的。

吃着东西的松鼠Amy，眼睛闪闪发光，真是一只没有思想觉悟的馋嘴小家伙呀。我说别看Amy长得像挖煤的，内心可是一个傲娇的小王子呢。给它东西吃，很高傲的，不好的松子不吃，最爱吃三只松鼠的松子。

哇，梅馨说，太可爱了。我忍不住又开始作环境解说，Amy面对食物的高傲样子，说明它生活的周边生态环境很好，给它提供了充足的食物。比如，鲜花、嫩叶、坚果、昆虫呀。

梅馨诧异地说，我一直以为松鼠就爱吃坚果，没想到它还吃鲜花呀。当然，我笑着发给她一张Amy正用小爪子抱着鲜花啃的照片，我们的Amy小王子当然是喜欢吃鲜花的，就好像《绿野仙踪》中的小王子。

我说，Amy已经和我很熟了，每次我坐在他经常出没的那棵树下休息，感觉树上晃动得厉害，就是它来了。蹦蹦跳跳肆无忌惮地在树上跑来跑去，宣示着它的主权，或者下到地面，和我一起坐在椅子上休息，晒太阳。我会带些三只松鼠的松子等坚果零食，撕开袋子，就放在椅子上。我并不请它吃，自己吃。但Amy就是这么不客气，不用请，伸出小爪子自己就大大方方地拿。它好像还很喜欢喝可乐，有次我带了可乐坐在椅子上喝，它看见了，跳到我身上也要喝，我给瓶盖倒了满满一瓶盖可乐，结果，它就喝完了，高兴得摇晃着大尾巴。看来，Amy也喜欢喝快乐水呢。

梅馨看着Amy的照片，乐得哈哈大笑起来。这只可爱的小“妖精”，真是人见人爱、花见花开呀。

我说，梅教授，您现在到北京来看看，就会发现，北京已经很像郁达夫当年描述的，是一个绿色海洋涛浪的北京城。冬奥会碳汇森林培育中，仅仅石景山就打造了石景山景观公园、秀池公园、衙门口城市森林公园、永引渠南岸森林公园、麻峪滨河城市森林公园、炮山城市森林公园等，还有占地1142公顷的北京冬奥公园，成为湿地观光、观鸟、科普教育基地。

北京副中心通州，在新城区建设中，更是直接就带入森林城市的设计理念。是先把绿色格局奠定好，形成绿色生态骨架，之后再填充其他部分，最后将人融入其中。就是先建设城市森林架构，再建办公区。这和以前只是在城市空隙增加绿化带的做法，显著不同。通州副中心的城市绿色空间格局是“一心、一环、两带、两区”。一心，是指城市绿心森林公园；一环，是环城绿色休闲游乐环；两带，就是东西两条生态绿带；两区，是城市副中心和亦庄、顺义之间的大型区域生态廊道控制区。通过先构建城市森林，再在城市森林空间安插办公区的方式，完整实现森林生态功能，是真正的森林城市，是建在森林里的城市，抬眼见绿，侧耳闻鸟鸣。

梅馨说，冬奥会的碳汇森林，给北京带来的变化真是大呀。我说是呀，您看，北京冬奥会碳汇森林的主体项目之一是北京市的两轮百万亩造林，给北京市带来新增森林190万亩。1公顷阔叶林每天可以吸收1吨二氧化碳，释放730千克氧气，1年可以滞留灰尘36吨；夏日林地的地温比广场要低10～17摄氏度，5～7米的防护林带可以降低城市噪声8～10分贝。这190万亩碳汇森林，可以给全球碳中和以及北京市民带来多大的生态环境收益呀。

梅馨在网上搜了一下，说，还真是呀，北京已经到处都是森林公园了，我随便搜了一下，仅仅在冬奥会赛区之一的延庆，就出现了北京延庆八达岭森林公园、北京延庆妫水河森林公园、康西森林湿地公园、延庆冬奥森林公园等。我笑着说，这些都是这次冬奥会碳汇森林的一部分。现在的延庆，真是森林茂密呀，有一次，我去延庆考察，还看到一只要饭的野狐狸呢。

梅馨哇地惊叫一声，说，狐狸要饭呀。我说是呀，冬天，我和朋友们去延庆考察，结果路上邂逅了一只赤狐，可能冬天吃的东西少，看见我们不跑，站在路边拦路抢劫，我们扔了一块大大的卤牛肉，才被放行呢。听说冬天，这些赤狐还到山下的村里偷鸡，被村民抓住了也不惊慌，好像知道自己是被保护动物。村民抓住了也只是拍照，好作为证据向政府申请赔偿，然后就放了。几次之后，这些渣赤狐都不怕人了，偷鸡偷得心安理得，“打劫”也是大摇大摆。

梅馨愤愤地说，真是渣狐狸呀。我说，不过，也只有冬天它们才打劫，或者偷鸡，听说平时还是自力更生的。到底是野生猛兽，并不是很爱和我们人类接触。

梅馨说，没想到北京的野狐狸冬天都在大胆偷鸡，偷鸡贼不应该是黄鼠狼吗？那句民间谚语“黄鼠狼给鸡拜年——没安好心”，臭名昭著的偷鸡贼呀。我说，北京森林城市，现在黄鼠狼就不罕见了，市中心都有，一副与人类共同生存的怡然自得的表情。梅馨说，城市人都不养鸡，这生活在市中心的黄鼠狼，他们吃什么呀？要偷鸡也没有呀。

我笑着说，他们改行了，改捕鱼了。我小区周边的社区公园就有黄鼠狼呢，我想和他们做朋友，不过，黄鼠狼和松鼠不同，根本就不理你，见到人，该忙啥忙啥，从来不和我互动。有一天晚上，我在学校加班很晚，半夜回家，还看见一只母黄鼠狼带着几只小黄鼠狼在街道溜达，看见我，赶紧躲进路边的灌木丛，好像排好队一样齐刷刷地用亮晶晶的眼睛注视我。我感觉，它们不害怕，我是吓了一跳。不过一想，我们住在森林城市里，那他还是主人呢，见到他们有什么奇怪呢？

梅馨眼睛亮亮地看着我，她最喜欢听小动物的故事。我就告诉她，现在北京建成森林城市，不仅树多、草多、灌木多，河流、小溪、池塘也多。尤其我们人民大学在海淀区，看见这个名字没有？全是水呀。各种公园小区绿地都挖了池塘，修了人工湖，里面长了好多鱼，这些都是无主的鱼呀，黄鼠狼也不用偷，大大方方地抓。有一次，我去社区公园，看见湖里有一条好大好大的黑鱼在追捕一条稍小一点儿的鱼。这条黑鱼也太胆大了，还公然捕猎，我忍不住就站在那儿看，没想到，一会儿，那条黑色大鱼竟然叼着鱼游到了岸边，上了岸，天哪，这哪里是大鱼，竟然是一只黑色的黄鼠狼。我才知道，黄鼠狼原来还是游泳和捕鱼的高手呀。

冬奥会的举办，在培育碳汇森林的同时，也促进了水资源保护和水生态修复。北京市水务局新闻发言人杨进怀说：“2021年，北京新增了有水水道27条，有水河长452千米，水面32平方千米，81处干涸的泉眼复涌，完成了63

条生态清洁小流域的治理。全市河流、水库等健康水体占比达85.8%，城乡河湖再现水清岸绿、河畅景美的勃勃生机。”

例如，为冬奥会贡献了57万吨森林碳汇的京冀生态水源保护林项目，处于密云水库水源地上游地区。密云水库作为北京最大的地表饮用水水源地，被习近平总书记称为无价之宝，是保障首都水源安全的“稳定器”和“压舱石”。在冬奥会碳汇森林建设之前，库区水质受到严重污染。大量滩地被开垦为玉米地，每年施用化肥超万吨，农药超百吨，造成严重的面源污染，降雨后形成的地表径流将被污染的雨水直接汇入水库；当地湿地生态系统持续被破坏，野生动植物多样性水平连年下降。京冀百万亩水源林培育成功后，平均每亩生态水源保护林可涵养水源114立方米、减少淤积泥沙量2吨，每年可吸收二氧化碳635.7千克，释放氧气464.1千克，吸收二氧化硫11.8千克，阻滞降尘1.8吨。

如今，密云水库森林环绕，水量丰沛，水质清澈，天鹅、凤头䴙䴘、灰鹤、赤麻鸭等野生鸟类在水库流域飞翔畅游。汛期，大山被一片片油松、落叶松、樟子松牢牢“抓”住。灌木、野草在林下自由蓬勃生长，过去被山洪冲刷出来的一道道深沟，已渐渐看不出痕迹。小雨不下山，大雨形成的径流被一层层树木阻挡，流速很慢，而且经过了天然过滤，水质清亮。碳汇森林，为水源保护筑起了一道生态屏障。

梅馨听我滔滔不绝像上课一样的解说，笑了，说，是呀，所以，黄鼠狼才可以在北京改行成为捕鱼郎了，水多了，鱼就多呀。

我说，是呀，在延庆妫水河边有一个网红环保奶奶，叫贺玉凤，她因为义务清理妫水岸边垃圾20余年而著名。她还成为了今年冬奥会火炬手。2022年2月3日，北京冬奥会开幕的前一天，在妫水河畔的世界葡萄博览园，她完成了火炬传递。她说，我是亲眼见证了在妫河森林公园的保护下，清澈见底的妫水河又回到了身边！

因为森林植被的涵养水源，水多了，家门口的河道都重新流淌起来了，这是现在北京人发现的冬奥会后的“意外之喜”。

梅馨不断地记录，不断地点头，几小时过去了，好像我的冬奥会森林碳汇的课程还没讲完，实在是内容太多了。

第二天，被唧唧喳喳的鸟叫声吵醒，是个有阳光的春日。想起昨天晚上和梅馨的彻夜畅谈，觉得今天一定要去在春光下享受一下森林城市的美好。去哪里呢？在这个春光明媚的季节，森林的北京到处是美景呀。大运河森林公园的田园风光、山村野趣，兴隆公园的林荫草密、鸟语花香，紫竹院公园的竹林碧海、清水潺潺，天坛公园绿瓦红墙下的白色玉兰，北京植物园的蜡梅，北海公园的粉嫩桃花，甚至是地铁站也有著名美景，14号线望京南站成片的海棠花……

最后想想，还是去大运河森林公园踏踏春吧，这也是北京最大的郊野公园。遥想当年，京杭大运河北起通州，逶迤南去，直讫杭州，绿浪拍京津沙岸，跨冀鲁平原，掠苏浙绿野，连海河，穿黄河，过淮河，越大江，再接钱塘，全长3500余里[①]。其工程之宏伟，规模之壮观，历史之悠久，堪称当时全球之冠。大运河森林公园是以绿为体，以水为魂，绿水相依的缠绵。两岸绵延不绝的绿色，映衬着大运河通透的绿水，展示着绿色之城的风韵。

走过一片大大的绿色荷塘，那种美景，真是接天莲叶无穷碧，映日荷花别样红。数百亩的荷塘绿海，滴滴晶莹透亮的水珠在碧绿的荷叶上滚动，微风吹过，荷叶起伏荡漾着，点点美丽的荷花点缀其间，铺满接天莲叶无穷碧的大运河，一碧万顷地在微风细雨中荡漾，“诉说”着历史时期南北通途的繁华。

沿着河边的小径漫步，满目都是绿色。我喜欢这样的绿树成荫、绿波

---

① 1里=500米。

荡漾，喜欢远离城市喧嚣的幽静。想起郁达夫写的《北平的四季》：“北京城，是一个只见树木不见屋顶的绿色都会。”漫步在绿色密林之中，终于是感受到只见树木不见屋顶的绿色都会了。北京森林城市，处处都是森林的感觉呀。

在全球气候危机中，全球碳中和之路注定是艰辛和曲折的，但是，我们已经退无可退。就像比尔·盖茨说的，未来100年，气候变化的威胁性和致命性将会达到新冠病毒的5倍之多。比尔·盖茨在新书《气候经济与人类未来》中指出：历史上多次发生了因为气候变化而导致生物大灭绝的现象，这样的历史给人们予以警示，人类过度开发大自然将会引发人类的生存危机。

森林是地球生命的根基，碳汇森林是中和碳排放的重要路径，北京冬奥会运用森林碳汇中和了碳排放，成功实现了净零排放的碳中和，给全球展示了碳中和的模板。这是人类永不言败地为自身可持续发展做出的艰辛努力和不屈不挠的奋斗。

绿色是北京通州的底蕴

通州，正逐渐成为当年郁达夫所描绘的意境，只见树木不见屋顶，那样的郁郁葱葱，那样的烟雨葱茏。森林里的通州，碧波荡漾，飞鸟惊起，现代都市的疲惫和繁华，都在森林的掩映下，洗练舒缓。森林的通州，绿色的通州。

1
通州的绿水

我是做绿色金融的。最近，北京通州也成为绿色金融试验区，我还被聘为北京市副中心两区建设顾问，为通州绿色金融发展建言献策，非常高兴。

绿色金融的本质，就是通过金融手段将“绿水青山”转化为“金山银山”。通州是有着绿色底蕴的。通州的绿水曾经连通了南北经济。南通州，北通州，南北通州通南北。通州是著名的京杭大运河北起点，京杭大运河贯通南北，漕运商贾盛极一时。遥想当年，京杭大运河北起通州，逶迤南去，直达杭州，绿浪拍京津沙岸，跨冀鲁平原，掠苏浙绿野，连海河，穿黄河，过淮河，越大江，再接钱塘，全长3500余里。其工程之宏伟，规模之壮观，历史之悠久，堪称当时全球之冠。“漕运，以河渠为主。”历史上的通州曾是河湖荡漾、波光粼粼的景象。通州之名，就取自“漕运通济”之义。在通州，运河总长度为46千米，其中10千米为城市段，环境优美，构成城市的重要景观和市民休闲游览的场所。总面积超过1万亩（其中水面面积约2500亩）的通州大运河森林公园，也是北京最大的郊野公园。有了运河，通州便多了灵气。行走在通州的大街小巷，到处都是运河的气息。皇木厂、中仓、西仓、斗子营、江米房、北果子市等地名活灵活现，讲述了运河漕运曾经的辉煌。

大运河的水，碧波荡漾，水光潋滟，白鹭点点，与两岸树木葱茏、绿海连绵融为一体。大运河绿水之美，在世界都是有着声誉的。生于1781年的英国人乔治·托马斯·斯当东，12岁时，就随马戛尔尼使团造访中国，接受了乾隆皇帝的接见。斯当东虽然年少，却会说中国话，先是深施一礼，又用中国话向乾隆皇帝问好，使乾隆皇帝非常高兴。因此，赏赐给他一个皇帝亲佩的荷包，以及一次乘坐“水上高铁”的机会。

1793年10月7日，斯当东在通州张家湾乘船，沿京杭大运河南下，在一个月后抵达杭州。成年之后，他把这段经历写成了书——《英使谒见乾隆纪实》，对大运河一月游作了美好的记述。“运河水面宽阔，碧波荡漾，漕船与民船南来北往；夜晚灯火辉映，无比壮观。” 在一个早高峰，斯当东还遭遇了交通堵塞。“成千上万只船拥塞了河面，肩摩毂击，有人在拥挤中落水，一个男人的帽子被撑船的杆子打中，也掉进了河。” 运河漕船千里相接的繁荣，让少年深感快乐与震惊。

京杭大运河的水主要来自天然河湖以及泉水，为摆脱水源不足的困扰，历代统治者都采取了各种措施来保护大运河水源，甚至将大运河沿线的水源划为官湖、官塘、官泉。同时修筑了当时世界上最大的水库——洪泽湖，它综合地解决了蓄水、运河供水、冲沙、分水、防洪等多项水利需求。其中，白浮引水、引汶济运、南旺分水、清口枢纽等工程，至今都为国内外专家所赞叹。

水是大运河的生命和灵魂。2022年4月13日，水利部联合北京、天津、河北、山东四省市，启动京杭大运河2022年全线贯通补水行动，统筹南水北调东线一期北延工程供水。以本地水、引黄水、再生水和雨洪等多种水源，向黄河以北河段进行补水，实现京杭大运河全线通水。4月28日10时，位于山东德州的四女寺枢纽南运河节制闸开启，岳城水库水经卫运河与南水北调东线北延工程水、引黄水汇合，进入南运河；位于天津静海区的九宣闸枢纽南运河节制闸开启，南来之水经南运河与天津本地水汇合。至此，京杭大运河实现近一个世纪以来首次全线通水。这使得大运河绿水得以重生，不仅成为仅次于长江的黄金水道，而且每年把相当于1.6个太湖的长江水运送到缺水的北方。

这次游览通州，不仅感受到通州大运河的绿，还遇到王石先生。大运河是王石先生喜欢进行赛艇比赛的地方，我在各种媒体里看见了王石先生在大运河中飞舞划桨激情奋进的照片。万顷碧波的大运河，一定给了王石先生很多赛艇的灵感和感悟。

2
通州郁郁葱葱的大运河森林公园

通州的青山和绿水是结合在一起的。最能体现通州绿色底蕴的景观就是通州大运河森林公园。大运河森林公园是以绿为底、以水为魂、绿水相依的公园。两岸绵延不绝的绿色，映衬着大运河通透的绿水，展示着通州绿色之城的风韵。沿着河边的小径漫步，满目都是绿色。

我喜欢大运河森林公园，喜欢绿树成荫绿波荡漾，喜欢远离城市喧嚣的幽静。想起郁达夫写的《北平的四季》："北京城，是一个只见树木不见屋顶的绿色都会。"漫步在北京的高楼大厦，感受现代繁华，很困惑于郁达夫所描绘的意境。如今，到了通州森林公园，漫步在绿色密林之中，终于感受到只见树木不见屋顶的绿色都会了。小河边，垂柳依依，倒映在河水中，将河水也染成了绿色，真是绿色的堤岸、绿色的河水。

走过一片大大的绿色荷塘，那种美景，真是"接天莲叶无穷碧，映日荷花别样红"。数百亩的荷塘绿海，滴滴晶莹透亮的水珠在碧绿的荷叶上滚动，微风吹过，荷叶起伏荡漾着，美丽的荷花点缀其间，铺满接天莲叶无穷碧的大运河，一碧万顷地在微风细雨中荡漾，"诉说"着历史时期南北通途的繁华。

大运河岸边的芦苇荡在大片湿地里随风飘摇，满眼望去，都是绿色与金黄交错，真的很美。芦苇荡中有木质栈道，上面建有一座茅草亭。我喜欢茅草亭和芦苇之间相得益彰的融合。坐在茅草亭下，看芦苇荡漾着一层层起伏的波浪，微风吹来，夹杂着湿润的水汽，芦苇丛中有飞鸟飞过的鸣叫声。好像已经离开喧闹的都市，回归到大自然。

无论是坐在漕运码头，还是登上月岛观景台，总会情不自禁地被运河水所吸引。也正是因为这条缓缓流淌的大运河，带给了通州历史与未来的希望。大运河宽广清澈，两岸森林茂盛。秋天的大运河森林公园，没有脱去翠绿，却又增添了五颜六色斑驳的色彩。红色、黄色、紫色的浆果，秋的风、秋的雨、秋的叶，闭上眼睛轻轻感受，花如画，景如歌。踩着落叶行走，森林的幽静安然，秋日的如梦如画。站在观景台上眺望宽阔的运河，古时的千帆竞渡场面不再，只有三三两两的鸭子在水中游，天空中偶尔掠过几只水鸟，不禁让人涌出几分“念天地之悠悠，独怆然而涕下”的情感。然而，宽阔的大运河河水缓缓流过，隔着小桥又能清楚看到建设中的首都城市副中心原始和现代、幽静和喧嚣就这样毫不矛盾地展现。

作为通州区顾问，游览大运河森林公园的时候，还遇到一起聘为通州顾问的邓亚萍老师。我很尊敬亚萍老师，不仅因为她是乒乓球大满贯的世界冠军，还因为她内在的不屈不挠的性格，她的拼搏和坚持。她在一次采访中说，她经常觉得自己是站在悬崖边，如果赢球了，就还在这儿站着；如果输球，就掉下去了。所以，她总是在拼搏和坚持，从来没有停止，也无法停止。

听到邓亚萍老师这些话，我心里有很多震撼和共鸣、共情。虽然从事的领域不同，但是，我和她有同样的感受，我经常觉得自己是在爬山，而且是悬崖峭壁的山，拼搏和坚持着，就还在向上爬，一旦松懈，就会从悬崖上掉下去。所以，我只有不断工作，不断努力，心里才能平静。没想到，已经如此成功，开创了乒乓球时代的邓亚萍老师，也有着相同的焦虑和不安。我立即对邓亚萍老师有了非常亲近的感觉。

所以，通州的绿色是以万顷碧波大运河绿色为底蕴的，那样充满着奋斗激情气势磅礴的滚滚绿水，就这样推动着通州走向最绿的现代都会。而绿色金融，就是帮助通州走向绿色现代都会的手段和支撑，好像助推大运河中千艘帆船的顺风，好像邓亚萍老师跳跃飞舞的球拍，好像王石先生驱动赛艇前行的长桨。通州万顷碧波的大运河，通州绿树成荫的森林和草地，通州绵延不绝的垂柳依依，通州的绿色，就这样，因为时代的灿烂而更加深幽和翠碧。

3
通州森林城市

通州是按照森林城市构建的。森林城市可以直接吸收城市中释放的碳，同时森林城市通过减缓热岛效应，调节城市气候，减少我们使用空调的次数，可以间接减少碳的排放，仿佛人们就生活在“天然氧吧”的“森林城市”中，最终的目的是降低二氧化碳的排放量，还我们城市一个清洁、健康的“肺”，让我们生活在一个可持续生存和发展的空间。

森林城市的提法源于美国和加拿大。1962年，美国肯尼迪政府在户外娱乐资源调查中，首先使用“森林城市”这一名词。城市森林建设蓬勃发展，极大推动了生态城市的建设。美国对森林城市的理解比较广义，泛指一般意义上的城市范围内的所有树木。而欧洲一些国家，像德国、芬兰等，把城市森林定义为城市内的较大林区和市郊森林。这些国家森林资源丰富，各城市中绿化率达50%以上，环境优美，绿化遍及各个角落，同时在市中心，或在市郊，都建有城市森林，成为市民的天然氧吧，生存环境宜人。

人类的工业活动造成全球变暖，已经成为全人类的共识。研究表明，如果地球平均气温上升1摄氏度，将会使高山的冰川和北极的冰层融化，海洋中的珊瑚礁白化，高山植物枯萎；如果地球平均气温上升2摄氏度，将会给我们的社会经济生活带来严重影响，尤其对热带、亚热带发展中国家的农业造成严重的影响；如果气温上升超过3摄氏度，就会使海洋大循环停止，永久性冻土地带急剧融化，冻土层中所含的甲烷气体将大量排放，进一步加剧气候变暖，导致地球系统的调节发生异常现象。

通过城市森林建设，城市森林生态系统将得到优化，进而减轻城市发展中所面临的压力和带来的负面影响。通过大范围的植绿增绿，可加快实现“有路皆绿、有城皆绿、有村皆绿”的目标，并可节约能源，吸收大气中二氧化碳，改善大气和水源质量，减少洪水径流，减弱噪声，遏制土地沙化，减少浮尘天气，改善空气质量。

打造“城市森林”就是模仿自然界的森林生态模式，依据城区道路绿化景观概念规划，按照植物多样性的复层种植和多层次种植的配置，科学打造有层次有变化的道路绿化，以彰显生态效益，实现路边有绿化、道路从森林中穿过的目标。这种绿化方式，使绿化景观从上到下都很丰满，极具层次，创造出了复合型绿量。这些植物将大量吸收城市中的二氧化碳、粉尘，产生大量的氧气，制氧量将呈几何级数增长，从而改善中心城区的自然环境。

“身边见绿”，也要“推窗见绿”。“蓝绿交织、水城共融。”从空中俯瞰通州，是一望无际的森林群，城区分散着星星点点的公园，道路、河流两侧，绿道日渐葱茏。自2018年北京市启动新一轮百万亩造林以来，通州14.5万亩的建设任务已完成11.2万亩，建成东郊森林公园组团、台湖万亩游憩园森林组团等8个万亩森林板块。随着张家湾公园、西海子公园二期、台湖万亩游憩园、宋庄文化公园等越来越多公园的建设开放，副中心居民与大自然的“连接方式”也在悄然发生变化。这些步行可达的绿色景致释放着生态效应，一幅“水韵林海，千年绿城”的美丽生态画卷正在展现。

目前，通州森林面积已达46.83万亩，森林覆盖率34.45%，人均公园绿地面积19.31平方米，居住区公园绿地500米服务半径覆盖率91.46%，绿化覆盖率提升至51.02%。运河两岸，人文景观和自然景观相映成趣，蓝为河，绿为林，以绿为底，以水为魂，闪烁着清新明亮，辉映着水城共融，蓝绿交织，满目葱茏，真正实现了“森林入城”。

低碳森林城市承载的要素之一是绿色建筑。在通州，新建建筑100%执行绿色建筑标准，其中大型公共建筑执行二星以上绿色建筑标准。绿色建筑与超低能耗建筑、装配式建筑、健康建筑有机融合，已成为城市副中心的“标配”。

走在市民中心综合体的屋顶天台，满眼的绿色草坪，绿色与建筑完美融合。很难想象，一个钢筋水泥的建筑物“头顶”却是一片绿色氧吧。其实，除了氧吧功能，这还是一个专门的雨水收集系统，绿色草坪就是用平时收集到的雨水灌溉的，既隔热又生态。这个项目综合应用了透水路面、屋顶绿化技术、太阳能光伏系统等6项绿色技术。

彩虹之门是通州地标性建筑之一，占地4.71公顷，建筑总面积达50万平方米，建筑净高315米，总投资168亿元，精心打造而成。该建筑采用双拱形非对称建筑形态，通过退界距离形成独特的城市绿化带，幕墙、风能、结构均达到国际先进水平，并通过湿地水道进行水系管理自净，形成独特的生态水循环系统，塑造了建筑美学史上的又一绿色奇观。

充分考虑野生动物的生存需求，是森林城市一大特点。森林的丰盈，使原本的“生态孤岛”被贯通起来，逐步串成“绿廊”，织成“绿网”，让小动物有了更多栖息空间和迁徙通道。在通州的这些森林里，经常可以看见各种小鸟、刺猬、松鼠和兔子，还有从山上跑下来的野鸡和狍子。通州还特别种植了很多食源树种，像海棠、山桃、红叶李等，专门为了方便鸟类、昆虫和各种野生动物取食。丰富的树种吸引了很多动物前来定居觅食。如果我们走到公园码头附近仔细观察，会发现一些看似随意堆放的枯枝杂草。实际上，这些是人造灌木丛，相当于为野生动物们搭建的“安置房”，可为刺猬、野兔等小动物遮风挡雨。

通州的张家湾林场还建设了一些供野生动物休息的“小木屋”，还安装了17台红外相机，监测野生动物。透过红外相机，可以看到一只雉鸡悠闲地在森林深处漫步，左看看，右看看，忽然，像是察觉到了什么危险，加快了脚步；镜头一转，是一只可爱的兔子，摇头晃脑地蹦蹦跳跳，好似采蘑菇的小姑娘。

2020年，两只国家一级保护动物大鸨在通州区台湖镇成功越冬并顺利迁飞。2021年，大鸨再次来到通州区台湖镇，数量增加到3只。这是生态环境改善的标志、生物多样性增加的信号。目前，通州境域内野生鸟类达340余种，种群数量10万只。

通州，正逐渐成为当年郁达夫所描绘的意境，只见树木不见屋顶，那样的郁郁葱葱，那样的烟雨葱茏。森林里的通州，碧波荡漾，飞鸟惊起。现代都市的疲惫和繁华，都在森林的掩映下，洗练舒缓。森林的通州，绿色的通州。

碳金融『征战』的金戈铁马

在这个随着气候危机和传统能源危机双重压力下的碳时代，碳金融在世界经济中所起的作用，已经远远超越了金融本身，而是以金融为武器在全球开疆拓土，是以金融为引领的没有硝烟的经济之战。在这个悄然到来的碳时代，各国对碳金融市场的征战决心，已经是“黄沙百战穿金甲，不破楼兰终不还”。

1
全球碳金融“征战”

随着全球气候危机的加剧，碳金融成为金融中异军突起的新蓝海。政府、企业、银行、保险、证券，甚至个人，都逐渐参与其中。因为二氧化碳等温室气体通过平流层在全球飞速传输弥漫的特性，征战的领域早已超越了国界，《京都议定书》下的碳金融市场，就已经是全球碳金融市场。各国都调动资源，以国家信用和资源背书参战，各国成立了碳基金，荷兰碳基金、意大利碳基金、丹麦碳基金、西班牙碳基金、德国碳基金、英国碳基金等，这一个个国家成立的碳基金，代表着各国在全球碳金融市场征战的努力和决心。《京都议定书》时代的全球碳金融，真是金戈铁马。各国都意识到，在经历了近300年化石能源支撑的工业神话后，碳时代已经到来，而碳金融是碳定价的全球机制，谁掌握了规则制定权，谁掌握了定价优势，谁就将在这个碳时代脱颖而出，成为新一任世界霸主。

所以，在这个随着气候危机和传统能源危机双重压力而来的碳时代，碳金融在世界经济中所起的作用，已经远远超越了金融本身，是以金融为武器在全球开疆拓土，是以金融为引领的没有硝烟的经济之战。在这个悄然到来的碳时代，各国对碳金融市场的征战决心，已经是“黄沙百战穿金甲，不破楼兰终不还”。

虽然《京都议定书》时代之后，全球一统化的碳金融市场走向徘徊，但是，各国的国家级碳金融市场却越来越兴盛，承载着各国引领全球碳金融的雄心。

根据国际碳行动伙伴组织（ICAP）的统计，全球目前已经有24个运行中的碳市场和碳金融体系，另外还有8个碳金融体系正在计划实施。这些区域的GDP占全球的54%。虽然是国家级碳金融市场，但是，都在做着成为国际碳金融市场的努力。

比如欧盟碳交易市场，在第二阶段就迫不及待地把航空和航海业纳入其碳金融市场，规定只要是在欧盟有航空航海业务的公司，无论属于哪个国家，都必须参与其碳金融市场，接受其配额和交易规则，并用欧元进行交易。欧盟碳市场400%的换手率，以及努力向世界扩张的交易范围，大大促进了欧元国际化，提升了欧元在世界货币体系中的地位。碳金融，正在像美国的石油美元一样，飞速托起欧元的国际化扩张。而最近通过的碳边境调节机制，给予了要与欧盟各国发生贸易关系的国家和企业两个选择，或者支付碳关税，或者参与到欧盟碳金融体系中，这再次体现了欧盟将其碳金融体系进行全球化扩张的努力。

同时，欧盟碳排放权交易市场运行17年的历史也向世界展示了碳排放权交易市场在降低减排成本、推进碳减排、刺激经济增长方面的作用。欧盟在2012年曾对欧盟碳交易市场运行7年的效果进行了评估，结果显示，截至2012年第二阶段，欧盟排放总量相较于1980年减少19%，而经济总量增幅达45%，单位GDP能耗降低近50%。2021年，欧盟碳交易市场总成交额为6830亿欧元，等值于4.7万亿元人民币，全部用欧元作为结算货币，不仅促进了GDP增长，还促进了欧元国际化，提升了欧元在国际货币中的地位。

2
为什么形成了碳金融市场?

碳交易市场，交易的是二氧化碳的排放权，当二氧化碳的排放权投放到市场进行交易，并形成真金白银的商品时，就为其金融运作和成为金融产品创造了条件。

可是，二氧化碳排放权怎么就成为商品了呢？我们生活中看到和用到的商品，都是那么具体，当我们付钱了，我们可以真实地拿到白花花的大米，真实拥有和感受一堆苹果或者橘子，或者，花更多的钱，买一栋别墅，真实地触摸别墅的墙壁、楼梯、地板和吊灯，真实地触摸花园里的花和土地，感受你花去的每一分钱货币的价值，金钱的味道是如此真实。但是，二氧化碳排放权，我们拿到的是一张连通着可核证、可核查、可追索的有价证券，虽然，我们知道它是有价的，它的价格就真实地标注在各种交易所，可是，因为我们在背后触摸不到我们熟悉的实体，比如粮食，比如黄金，站在这张有价证券背后的，是二氧化碳排放权，我的很多朋友和我说，哦，二氧化碳，我们都是懂的，可是，二氧化碳排放权，怎么就变得和黄金白银一样，就可以真实地连通货币呢。

我认真地回答这个问题，是因为我的朋友林煌。因为她看了我发表的文章，听说碳金融已经是金融的蓝海，非常喜欢赚钱的她，好像闻到了金钱诱人的味道，立即跑来找我了解这个充满金钱味道的新蓝海。

我是教师，从事这个职业太久，让我对给别人上课有很大的激情，我有点儿职业病。记得，我去西藏最高的城市那曲考察的时候，刚到那里，因为高原反应，我一直有点儿病恹恹的，可是，等我登上讲台演讲，立即就精神抖擞，同去的杨老师说，教师都有职业病呀，只要有人请讲课，那精神劲儿……如今，林煌来请教我，我那好为人师的劲头立即产生了，于是，面对因为想赚钱而充满求知欲的林煌，我拉开了我上课的架势。

我说，经济学告诉我们，所有商品都有两个特性，即稀缺性和有用性。有用性是很容易明白的，但稀缺性是什么呢？稀缺就是相对于人们的需求来说，这种物品是很缺乏的，是不足的。那么，碳排放权是怎么变得有用而又稀缺呢？

简单地说，大气中的二氧化碳是具有保温的作用，就像给地球盖上的棉被或毛毯。太阳向地球辐射多种形式的辐射能。总能量的53%是红外辐射，39%是可见光，8%是紫外光。到达地球的太阳辐射，30%被反射，25%被大气层吸收，其余的45%被陆地和海洋吸收，使地球变暖。被反射的太阳辐射的小部分直接返回太空，大部分被大气层中的二氧化碳等温室气体吸收。陆地和海洋吸收的部分能量也会辐射到大气层，同样也能被二氧化碳等温室气体吸收。二氧化碳等温室气体能高效吸收红外辐射，并向各个方向散射。从地球辐射的能量中，约81%被温室气体捕获，再辐射回到接近地球的较低的大气层，不会返回太空。地球、大气层和太空之间持续辐射发生的动态的热交换，建立起相对稳定的热平衡，使地球的平均温度较好地维持稳定。

所以，地球上二氧化碳的浓度，可以严重影响地球上地表的温度。二氧化碳浓度过高，地表温度就会太高，二氧化碳浓度过低，地表温度就会太低。现在地球上的地表的平均温度大约是15摄氏度，是最适合人类和各类生命的生存和生长的温度，地球上二氧化碳浓度过高或者过低的剧烈变动，都会导致这个最适合的地表温度的变动，给人类和地球生命带来危机。例如金星的二氧化碳浓度高达96.5%，因此，其星球的地表温度就达到了464摄氏度，在那样高的地表温度下，任何生命都会毁灭，所以，金星是一个没有生命的死寂的星球。

林煌点头说，我明白为什么我们需要控制二氧化碳排放了，但是，以前也排放二氧化碳。比如，我们人类呼吸总是要排放二氧化碳的吧，为什么以前没听说有气候危机呢？

我点点头，说，是呀，人类从开始学会运用火开始，就开创了人类文明，也开始了人为向大气中排放更多二氧化碳的历史。但是，大自然中的森林、湿地、海洋具有吸纳二氧化碳的功能，在农业社会，人类向大气中排放的二氧化碳，相较于大自然吸纳二氧化碳的容量，还是非常有限的，因此，不会影响到大气中二氧化碳浓度的稳定。直到工业革命，大量化石能源的使用，大量二氧化碳排向大气层，导致大气中二氧化碳浓度急剧升高。20世纪60年代工业革命刚开始时，大气的二氧化碳浓度大约为280×10^{-6}，而到了2021年，大气中的二氧化碳的浓度达到了415×10^{-6}。急剧增加的二氧化碳浓度导致了气温的升高，引起了一系列生态环境危机。比如，世界各国都出现几百年来历史上最热的天气，厄尔尼诺现象频繁发生，海平面持续上涨，旱灾持续更长且更频繁出现。热浪冲击频繁加重导致死亡率及某些疾病，特别是心脏、呼吸系统疾病发病率增加；对气候变化敏感的传染性疾病如疟疾和登革热的传播范围增加。极端气候事件，如干旱、水灾、暴风雨等，使死亡率、伤残率及传染病疾病率上升。

林煌说，我也感受到了，去年夏天，我就看到报道说，武汉人过长江，不用乘渡轮了，可以蹚水走过去。我还看到一些网红拍的跳着舞蹚水过江的视频呢。我叹口气，说，大家还把这当作美景呢，长江干旱成这样，对粮食种植和居民健康都是威胁呀。而且，去年夏天，陷入干旱的也不只我们国家，因为气候变化导致的干旱几乎蔓延全球，欧洲、亚洲、非洲、南美洲等地均遭遇了极端性的干旱影响，特别是非洲，饥饿干渴和因为异常气候引起的疾病导致了大量儿童、老人的死亡。我叹口气，说，气候学家已经告诉我们了，我们必须把升温控制在2摄氏度以内，否则，地球生态系统将可能走向崩溃，甚至可能会导致第六次地球生物大灭绝，而作为目前地球生命的霸主——人类，有可能因为二氧化碳浓度的持续增加和地球的持续升温，走向灭绝。

林煌点头说，我明白了，为了控制地球升温在2摄氏度以内，就必须控制二氧化碳排放。

我点点头，说，但是，所有化石能源的排放，其能源能量的产生，都是其碳基元素燃烧后造成的，在这个过程中，必然会产生二氧化碳。因此，控制二氧化碳的排放，相当于就是限制了化石能源的使用。但工业社会的动力，就是化石能源燃烧带来的能源能量，一国的经济发展，都与该国的能源使用品种、使用量有密切关系，也就是说，与二氧化碳排放密切相关。在这种背景下，很明显，对于二氧化碳排放权的需求是极大的，但是，地球上可容纳二氧化碳排放的量是非常有限的，任何二氧化碳排放量的增加，都可能导致地球升温，使本来就已经十分严重的气候危机更加严峻。一边是经济发展，一边是人类可持续生存，碳排放权的极度稀缺性和极度有用性，就这样展示在人们面前。

林煌说，这个我是明白的，稀缺而有用的商品就必须付费，就不可以免费使用，否则，没有人会有动力节约稀缺的资源。例如，过去的人民公社大锅饭，粮食明明是稀缺的，却不用付钱随便吃，最后导致的是饥荒的产生。

我说，是呀，二氧化碳排放权已经如此稀缺，人人都想多用，如果不需要付费，就会导致大家拼命多排放，人类命运共同体的生存就会变得岌岌可危。而碳排放权交易市场的建立，就是要形成二氧化碳排放权的付费机制，以遏制二氧化碳的过度排放。这个付费机制的形成，最初是由联合国建立的。

3
《京都议定书》

我开始给林煌上课，讲解二氧化碳排放权交易市场形成的历史。我说，气候危机对社会经济和人类健康带来的危害，引起了世界各国普遍的关注和担忧。加拿大于1988年在多伦多举办了世界气候大会，呼吁到2005年，将全球二氧化碳排放量减少到1988年的80%，并制定了一个旨在控制全球二氧化碳排放量的国际公约框架。多伦多会议是世界各国联手控制二氧化碳排放的里程碑会议，推动气候变化和二氧化碳排放控制在政界和民众都引起大量关注。

1988年9月，气候变化问题首次在联合国大会讨论。同年12月，联合国环境规划署建立了政府间气候变化专门委员会（IPCC），该委员会任务是协同各国对气候变化的程度、时间、潜在环境与社会经济影响等方面做出评估，并给出解决方案。1990年8月，IPCC全体会议在瑞典举行，指出，如果世界各国继续不采取任何措施，21世纪全球气温将平均每十年上升0.03摄氏度，这是人类历史上前所未有的变化速度。同年12月，联合国大会决定设立政府间谈判委员会，协调各国气候谈判。1991年2月至1992年5月，政府间谈判委员会举行了5次会议，各国在气候谈判并各自让步后，最终于1992年5月9日通过了《联合国气候变化框架公约》。

《联合国气候变化框架公约》的目标是将大气中温室气体的浓度稳定在防止气候系统受到人为干扰的水平上。全球目前已经有197个国家参与该公约，在1995年的第一次缔约方大会上，发达国家承诺在2000年将二氧化碳排放量恢复到1990年的水平上。但这个公约的规定比较抽象和宽泛，没有规定具体的减排义务和详细的履约机制，缺乏执行力和强制力，只是呼吁和号召大家要减少二氧化碳排放，并没有形成为二氧化碳定价的机制，各个工厂企业、各个国家，还是在不需要付费的情况下自由地排放二氧化碳，因此，并没有很好地减少二氧化碳排放，但全球因为二氧化碳排放增加而导致的气候危机，如飓风、干旱、灾害等却日益严重，亟须有更加严格的机制在全球范围管控二氧化碳的排放。

在这种情况下，经过全球近200个国家的谈判协商，1997年2月，在日本京都通过了《京都议定书》。《京都议定书》与《联合国气候变化框架公约》最大的区别是：《联合国气候变化框架公约》鼓励全球各国减排，而《京都议定书》则是强制要求发达国家减排，具有法律强制性的约束力。但是，在谈判中，因为美国意见和欧盟、中国等其他国家都不一致，所以，美国退出了气候协议。然而，其他国家坚守下来，为了人类命运共同体的共同未来，全球149个国家签署了《京都议定书》，开始建立碳排放权总量控制和碳排放权交易市场，为减少全球二氧化碳排放稳定全球气候共同战斗！

4
《京都议定书》下的碳交易市场

林煌问，《京都议定书》下的碳交易市场是怎么建立的呢？我说，2005年2月16日，《京都议定书》正式生效，规定工业化国家要减少二氧化碳等温室气体排放，降低全球气候变暖和海平面上升的危险。《京都议定书》强制性地给予了2008—2012年第一个承诺期的全球碳排放总量，要求全球各国碳排放总量在1990年的排放水平上减少5.2%。考虑到各个国家的历史碳排放量和经济发展状况，具体到每一个缔约国家或地区的减排任务是：欧盟削减 8 %、美国削减 7 %、日本削减 6 %、加拿大削减 6 %、东欧各国削减 5 % ～ 8 %；新西兰、俄罗斯和乌克兰可将排放量稳定在1990年水平上；同时允许爱尔兰、澳大利亚和挪威的碳排放量比1990年分别增加10%、8%和1%。为了保障减排目标的顺利实现，《京都议定书》还建立了详细的履约机制，包括基本规则、激励措施和惩罚机制。

为了实现碳定价，减少碳减排成本，《京都议定书》建立了三大碳排放权交易机制，从而形成了碳交易市场。

首先是国际排放贸易机制，就是允许发达国家之间碳配额交易，如果有哪个国家，分配的碳配额用不完，有剩余，可以在这个碳交易市场卖出去，卖给配额不够的发达国家，在这个机制下交易的碳金融产品，叫AAU，即一单位被分配的碳排放权配额，每一单位AAU代表的是一吨二氧化碳的排放权。当时每吨AAU卖到了15欧元。

第二类碳交易机制叫联合履约机制，规定发达国家之间可以进行项目产生的碳减排量的交易，这一交易机制下的碳金融产品叫EUR，即项目减排产生的单位减排量，每一个EUR，代表项目产生的一吨二氧化碳减排量。当时EUR的价格在10欧元上下波动。

第三类碳交易机制叫清洁发展机制，规定发达国家可以购买发展中国家减排项目产生的减排量，作为他们完成减排任务的指标。这一机制下的碳金融产品叫CER，就是经过核证的项目减排量，也是以吨为单位。

我对林煌说，CER是咱们国家的企业和金融机构最熟悉的碳交易产品，因为我国也是发展中国家，当时，有很多我国的减排项目产生的碳减排量，即CER，被卖到了欧洲各国呢。我说，当时我在世界银行，也参加了碳交易工作，在中国寻找可以产生碳减排量的项目。比如，在我的老家，有很多的小水电，水电项目可以替代化石能源，又不产生碳排放，肯定具有减排效果。但是，一个小水电项目又太小，碳减排量认证、核证和交易还是有相当的成本的，项目太小没法做，我们就把很多的小水电项目打捆成一个大项目，进行核证，并将核证后的减排量卖到了欧洲。对于欧洲的企业来说，由于我国小水电项目减排成本较低，购买我国小水电项目形成的核证减排量CER，来帮助他们完成减排任务，可以减少他们的减排成本。而对于我国小水电项目来说，出售核证的碳减排量，可以增加项目收入。

林煌听到这，眼睛就亮了，她说，她已经闻到了金钱的味道。

5
碳货币

林煌说：蓝教授，我看您的文章，总是提到碳货币，碳货币是什么呢？

我说，碳交易机制下形成的交易产品，如AAU、EUR、CER等，叫作碳信用，又称碳权，指在经过联合国或联合国认可的减排组织认证的条件下，国家或企业减少碳排放，因此得到可以进入碳交易市场的碳排放计量单位。

碳信用是非常有用的，各类控排企业，超出碳配额的碳排放量，如果没有购买碳信用作抵消，就是违法排放，就和在市场上不付钱就偷别人的商品是一样的，是要接受严厉的惩罚的，会被要求赔付高于市场碳价格数倍的资金。碳信用也是非常稀缺的，因为各国经济都在增长，如果不采取减排措施，各国碳排放量本来是会不断增加的，现在，有了碳排放限额，各国都面临着超出碳排放限额的风险，都很需要碳排放权。碳信用是有价的。就好像苹果有各种品种，如红富士、黄元帅等，每一类品种有不同的价格，碳信用，也有不同的品种，如AAU、EUR、CER等，每种品种也有不同的价格，而且价格随市场供给与需求情况的变动而变动。所以，碳信用显然已经是一种热门商品了。

作为交易凭据的碳信用，是一种有价证券。碳信用具有货币的特征。由于不同企业减排能力和减排成本的差异，碳排放权交易允许企业通过购买碳信用来履行减排义务，而超额减排的企业也可以通过出售碳信用来获得收入。因此，不同企业间的减排成本差异就可以用碳信用的交易价值来衡量，碳信用也因此具有充当一般等价物的潜力。当二氧化碳排放权交易被普遍接受并出现一个通行的、可衡量各种货币地位和币值的碳信用计价标准与相应信用和流通体制之后，碳信用就具有了充当一般等价物的条件，进而可发挥其作为交易媒介、支付工具、价值储藏和计价单位的功能。

林煌连连点头，她是做投资的，从金融的角度阐释碳货币，她就很容易理解了。我接着说，碳信用还与货币存在很多相似之处呢。例如，货币可以按照不同汇率相互兑换，不同品种的碳信用之间也可以按照一定的标准确定相应的含碳比价（碳汇率）相互兑换。而且，国际财务报告解释委员会也认为，碳信用与货币性质相似，它的价值在于可以用于履行某种义务，也可以参照市场价格来确定，所以，应该对碳信用与货币在会计上进行同样的处理。这种观点也得到了国际会计准则理事会的认同。

货币的基础是信用。支撑碳信用的机制，包括联合国信用、国家信用、独立第三方核证信用和交易双方信用等。通过连接不同排放权交易体系、对减排项目进行审批等方式，联合国信用和国家信用为碳排放权交易构建了一个具有强制约束性的市场框架；通过核证机制，独立第三方核证机构用自身信用对碳信用进行了背书，从而保障其质量的可靠性。碳排放权交易能够达成的基础就是信用，买方相信其在交易中获得的碳信用是真实可靠的，卖方相信买方能够如约付款。

我望了望林煌越来越亮的眼神，笑着说，碳信用的货币属性和金融属性，导致各种投融资主体都纷纷参与其中，企业、个人、基金，投资银行、商业银行。我叹了口气说，在《京东议定书》下碳交易市场最鼎盛，投资市场真是言必称碳货币呀，天下熙熙，皆为利来，天下攘攘，皆为利往。那种全球碳市场交易的繁盛，碳信用简直就是国际货币了，当时，人们都认为，未来国际货币体系可能会在碳本位上重建，二氧化碳排放权会成为继黄金、白银、美元之后的另一种国际货币基础，碳货币将发展为一种新的超主权货币。

6
为什么要进行碳交易？

林煌问，为什么一定要交易呢，如果只是为了控制排放，直接要求每个企业按照规定的减排任务减排就可以呀？

我说，这是一个好问题。规定全球二氧化碳等温室气体总排放量，是为了防止全球气温持续升高。但经济增长需要燃烧更多的能源，减少碳排放，意味着每个与碳排放相关的行业都要付出减排成本。能源几乎是工业社会各行各业的动力源，减碳目标的设定，影响的行业十分宽泛，几乎包含社会经济所有行业，如电力、交通、建筑、钢铁、水泥、石化、家电等，而这些行业所受的影响，又通过价格变动，传导给消费者，使全球消费者也卷入其间。全球各国都在为减少碳排放付出成本。一边是人类可持续生存的危机，一边是现在社会经济因为减排产生的巨大成本压力。在这种两难决策中，碳交易，因为可以降低减排成本，促进低碳零碳产业发展，塑造不依托于碳排放的绿色经济体系，而被设计推出。

林煌很费力地思考，弱弱地说，那就是说，碳交易市场的建立，可以降低减碳成本呢，而且，还可以促进减碳行业的市场化。我说，是呀，举个例子，你可能就可以更直观地明白了。假设，A企业减一吨碳的成本是100元，B企业减一吨碳的成本是40元，那么，如果A企业和B企业各减一吨碳，整个地球因此减少了两吨碳的排出，减排成本一共是140元，每吨减排成本是70元。但如果A企业和B企业进行碳排放权交易，交易价格是60元。作为A企业来说，它本来是要用100元成本来减一吨碳，但如果从市场用60元每吨购买碳信用，来抵消他的减排任务，它就相当于用60元减了一吨碳，它因为这个碳交易获利了，每吨少付了40元成本。作为B企业，它每减一吨碳只需要40元的成本，因此，它如果超额减碳，并把超额减少的碳排放权以60元每吨的价格卖出去，每吨可以赚20元。对于B企业来说，它减排越多，就赚得越多，而且，规模减排，往往还会导致单位成本下降。比如，从每吨40元降到每吨20元。那么，B企业就可以从碳交易市场获得的盈利就更多了。

林煌表情看着有点儿困惑，于是，我又进一步举例。例如，一家公交公司，以前都是用柴油车或者汽油车，但是，碳排放限额下来后，为了减少碳排放量，这家公交公司开始购买新能源汽车。例如，氢能汽车，因为新能源汽车不排放二氧化碳，所以，这家公司的碳排放量降下来了，不但可以满足自己的碳排放限额，还有减排剩余。这家公司将这些超额的碳减排量在碳市场卖出去，就可以赚钱。赚钱赢利的激励，促使这家公交公司购买更多的新能源新车来替换原有的柴油车，好在碳交易市场赚更多的钱，直至这家公交公司所有的柴油车都被更换为了新能源汽车。这时，这家公交公司就完成了传统交通向绿色交通的转型，通过碳市场交易所得的钱，就成为转型的推动力。而且，因为有碳市场交易，这家公交公司的绿色转型，不但没有增加成本，反而成为盈利的来源之一。

7
碳金融的全球博弈

我对林煌说，知道吗？气候变化是全球人类命运共同体的共同挑战，所以，在气候变化问题上，各国都必须体现其积极的态度，一是因为第六次地球生物大灭绝的后果，所有国家所有人都担心、惊扰、害怕和紧张；二是各国都不敢也不愿背负“历史罪人”的骂名，因为气候危机成为全球民众的共同挑战，对其态度已经不仅仅是政治问题，还成为道德问题，拖后腿者将遭受国际社会的强烈谴责。

但是，二氧化碳排放权，因为涉及化石能源的使用，对二氧化碳排放权的限额，实际是对化石能源使用量的限额。而在新能源没有完全支撑能源体系的情况下，二氧化碳排放权限额量，就会影响到一个国家各个产业的发展。因此，每一次气候谈判，都是全球各国的博弈，谈判桌上，各国代表都

针锋相对，纵横捭阖，希望给自己国家争取更多的碳排放权。

按照气候学家所警戒的2摄氏度为全球温度上升的阈值，那么，大气层可以容纳二氧化碳的容量是非常有限的，是有一个限额总量的。在碳排放总量无法增加的情况下，允许一个国家多排放了二氧化碳，就意味着其他国家要因此减少二氧化碳排放。这就好像，如果全球粮食总量已经固定，如果给一个国家多分了，其他国家可能就要挨饿。因此，以碳排放权为核心的全球博弈，实际上已经转化为各国发展空间的争夺，各国代表在气候谈判中，都希望最大限度地为本国争取发展所需的碳排放权和发展空间。

因为发达国家更早进入工业社会，他们使用化石能源的历史时期也比发展中国家长，因此，历史排放量多于发展中国家，所以气候谈判中，提出了共同但有区别的原则。但是，美国总是不想遵守这一原则，而太平洋岛屿国家，因为受气候危机影响更加严重，比较急迫。因为全球各国在气候谈判中的想法不一致，每场谈判都十分艰辛，甚至出现代表们脱下皮鞋敲击桌子。而太平洋岛屿国家，很多民众自发地前往谈判地点，打出各种标语，唱歌流泪，希望气候谈判可以加速推进二氧化碳减排，拯救他们的国家，全球气候变暖导致的冰山融化海平面升高，已经让他们快要失去家园、国家，将要整个沉入太平洋海底，不得不作为气候难民，全球流浪，所以，他们情绪非常激愤。因为，这些太平洋岛国，自己并没有工业，也没有排放超额的二氧化碳，但因为二氧化碳排放在大气层有均质性特性，一旦排放就会均匀扩散到大气层，让全球所有国家都受到影响。而太平洋岛屿国家，因为地理特殊性，海平面较低，受到的危害就特别深刻。

林煌就叹息说，我们听到历史中有各种原因的灭国，例如战争灭国，现在，气候变化的灾难，竟然也造成了灭国，这些太平洋岛屿国家真可怜，就因为气候灾难灭国了。

我说，这些气候谈判中的全球博弈，必然影响到碳交易市场，而且，碳交易市场的交易量越来越大，涉及的行业越来越多，对世界各国经济竞争的影响就越来越大。《京都议定书》正式生效之后，全球碳交易市场急剧扩张，碳交易量从2006年的16亿吨跃升到2009年的87亿吨，交易额达到1440亿美元。2012年全球碳交易市场容量达到1500亿美元。按照当时的发展趋势，碳交易市场有望超过石油市场，成为世界第一大市场。而世界各国在碳交易市场中的作用和角色，也将深刻影响该国在世界经济格局中的地位。例如碳交易结算货币之争。

碳交易结算货币是指在全球碳排放权交易中，由于其币值的稳定性、流动性和安全性较好地被交易者广泛地接受和使用的货币，具体用于碳排放权的计价、支付等。成为结算货币是一国货币国际化的起点，在一国货币国际化的进程中，货币发行国将会得到巨大的收益和更高的国际地位。正是由于巨大的利益空间，很多国家都在为本国货币能成为碳交易结算货币展开了新一轮的博弈。欧元、美元、英镑等货币都在其间争逐，目前是欧元在碳交易结算货币之争中暂时领先，但是，美元和人民币，都在竞争角逐之中。

承载国际大宗商品的计价和结算功能，往往是一国货币崛起的起点。从19世纪的"煤炭–英镑"体系，到20世纪的"石油–美元"体系，这些主权货币通过能源贸易成为国际货币，而其发行国——英国和美国，也因为货币国际化崛起带动经济全球化扩张，成为当时世界经济的霸主。随着碳信用货币化程度和流动性的提升，其已有望成为继石油之后的新价值符号。而碳信用货币，就将成为新的国际货币。因此，世界各国都纷纷努力推进，将本国货币与碳交易挂钩，从而通过争夺碳市场的货币主导权来提升本币在国际货币体系中的地位。

8
《巴黎协定》

2015年12月12日，《联合国气候变化框架公约》近200个缔约方在巴黎气候变化大会上达成《巴黎协定》。这是继《京都议定书》后第二份有法律约束力的气候协议，为2020年后全球应对气候变化行动做出了安排。

2018年4月30日，《联合国气候变化框架公约》（UNFCCC）下的新一轮气候谈判在德国波恩开幕。缔约方代表就进一步制定实施气候变化《巴黎协定》的相关准则展开谈判。制定了“只进不退”的棘齿锁定（Ratchet）机制。各国提出的行动目标建立在不断进步的基础上，建立从2023年开始每5年对各国行动的效果进行定期评估的约束机制。协定指出，世界各国将加强对气候变化威胁的全球应对，把全球平均气温较工业化前水平升高控制在2摄氏度之内，并为把升温控制在1.5摄氏度之内努力。同时指出，只有全球尽快实现温室气体排放达到峰值，21世纪下半叶实现二氧化碳等温室气体近零排放，才能降低气候变化给地球带来的生态风险以及给人类带来的生存危机。《巴黎协定》将世界所有国家都纳入呵护地球生态确保人类发展的命运共同体当中。

2021年，第二十六届格拉斯哥气候大会（COP26）通过了《巴黎协定》6.4机制，即全球碳市场机制，通往全球更大碳市场的大门也因此徐徐打开。在这个机制下将形成全球统一的碳定价体系，相关的资金、技术和人才需求会暴增，将会成为投资界新蓝海。

我几乎是一气呵成地说下来，讲课的激情让我一点儿也没关注林煌的表情，但是，这个时候，我清晰地听到林煌咽了咽口水，贪婪的财迷，看见了发财的机遇呀。

9
我国碳金融的崛起

气候危机和全球二氧化碳减排目标和体系的确立，世界各国都在重新审视自己的经济发展模式，思考未来经济增长点和经济增长模式。从经济发展历史来看，每一次危机的突破，都是以新技术为引导、新经济增长模式为基础。低碳经济逐渐将成为未来经济发展的主流。

低碳经济时代使地球村的概念更加深入，因为碳排放空间是公共的，任何一个国家不受到游戏规则的制约，全球碳减排的努力都可能付诸东流。因为碳金融是一项全新的工程，我国与欧美等国有着相同的机会，所以，很有可能实现弯道超车，成为引领全球新经济的最强盛之国。目前，我国已经建立了以新能源为主的新型低碳产业，我国已经成为世界上最大的太阳能生产国、应用国、出口国。经济的快速增长、雄厚的资金实力、高效的制造能力，以及政府对低碳减排的高度关注和重视，形成了发展低碳经济的巨大推动力。我国的碳金融体系就是在这个基础上建立起来了。

我告诉林煌，我国从2011年10月就开始开展碳排放权交易试点，北京、上海、天津、重庆、湖北、广东和深圳七省市成为了试点地区。2013年，深圳碳交易市场正式启动，成为国内首个试点碳市场。其后，其他试点区碳市场也相继启动。电力、石化、钢铁等都纳入管控对象。各地碳价起伏较大。例如，北京碳价最高的时候超过了120元/吨，而重庆在2017年碳价平均不到

5元/吨。但总体来说，各试点区碳价与国际碳价相比，价格还是很低的。例如2018年，瑞典碳价达到了139美元/吨，但是，我国同期碳价最高没有超过9美元/吨。

为了促进我国碳金融发展，2021年7月26日，我国正式启动了全国碳交易市场，纳入的发电行业重点排放单位2162家，覆盖近45亿吨二氧化碳排放量，成为全球配额规模最大的碳市场。

10
“站”在风口的新卖碳翁

碳金融又有着极其广泛的微观基础。我国区域性碳市场和全国碳市场启动后，在繁忙的碳金融市场，各种卖碳翁忙碌地在四处奔走，好像被送到风口的幸运猪，不断盘算着自己满兜的碳货币。我的一个卖碳翁朋友，据说是碳金融市场的成功人士，卖碳收益太多，以至于不断接到电话、热情问其是否有女朋友、是否单身，困扰到要换手机号码了。那天，我去北京绿色交易所开会，看着世界各国碳资产的发展和扩张。出了门，对面就是一家金碧辉煌的金店。我深深地吸了一口气，真是充满了金钱的味道呀。

当然，卖碳翁中的佼佼者，必须要提的是特斯拉。这个成功的世界级卖碳翁，终究是靠着卖碳，撑过了新能源汽车最艰难的市场时期，甚至大赚了一笔。因为卖碳收入太丰厚，它轻易地击败了传统汽车，成为汽车行业新霸主。从2012年到2021年的10个财年里，卖碳总共给特斯拉贡献了53.4亿美元的营业收入。2020年，特斯拉卖碳收入是15.8亿美元，而其当年净收益是7.21亿美元。也就是说，卖碳收入让特斯拉由亏损大户转化为盈利大户。靠着碳金融的支持，马斯克这个资本运作大鳄，终于在世界新能源汽车的市场之战中站稳了脚跟，并高歌猛进。

在4月公布的2022财年第一季度财报中，特斯拉的碳积分销售继续扩张，为当季营收贡献了6.79亿美元。按照40%左右的历史增长率，2022财年特斯拉的碳积分销售收入可能高达21亿美元，2023财年则将高达29亿美元。

碳积分交易堪称一场新财富运动。为鼓励低碳汽车的发展，各国政府都对汽车制造商实施了排放限制。车企如果超额完成政府制定的任务，将获得碳积分，并且能够出售给未达标的车企。各种新能源汽车公司，如特斯拉、蔚来、理想、小鹏，他们依靠“卖碳”大赚特赚，成为新型卖炭翁。而那些老牌车企，因为生产的是传统汽车，碳排放较高，这时候反倒成了“差生”，被迫灰头土脸地花费上亿元向新能源汽车“后辈”购买积分。

亿万富翁宁有种乎？碳金融市场的成王败寇波澜汹涌雄壮辉煌，吸引了大量资本运作大亨。万科的王石先生，本来感觉他已经归隐南山，从一只资本界的“猛兽”回归到柔情的丈夫和父亲。我们在媒体报道里，看到了这只昔日的“猛兽”在烹调笨笨的红烧肉，还有可爱的小女儿。但是，碳金融市场的恢宏壮观，终究是让王石先生按捺不住，重新出山了。今年，王石发起了碳中和SPAC（特殊目的收购公司），并在香港首次公开募集股份。王石先生这是要和马斯克在碳金融市场开战吗?

金融是有发挥中介功能的，一批新型卖碳中介在这个风口中走向市场。例如，我的一位卖炭中介朋友夏总告诉我，现在卖碳市场实在太好了。很多想要实现碳中和的国内外企业，具有很强的购买需求。她说，她已经成立了一个碳资产管理公司，并告诉我，现在成立碳资产管理公司运作，手续越来越简单便捷。比如，到绿色交易所开户，线上申请办理，线下提供机构营业执照等证明材料，2到3个工作日就办好了。

她说，她最近正在帮助很多建筑和工业园区或者社区做碳中和规划和认证。首先为该建筑做碳盘查，通过盘查排放源核算年度碳排放量，并请权威机构进行核查与认证；此后，将与碳减排项目合作，进而实现该工业园区、社区或者建筑的碳排放抵消。因为我是碳中和专家，她问我，可以怎么深化业务？我和她说，你这只是做了碳中和的第一步，更重要的工作是，要从工业园区、社区或者建筑物本身出发，分析其减排潜力，帮助其提高能效，找到切实可行的减排手段，从而实现真正的碳中和。她连连点头。

我问她实现碳排放抵消的碳信用或者碳汇来源。她说，她正在寻找合适的CCER（核证自愿碳减排）项目。“通过梳理，我们发现全国范围内已备案的CCER项目，如林业碳汇、沼气碳汇、风光碳汇等，多数位于欠发达地区。”她说，她将帮助客户购买这些地区的优质CCER项目，既丰富了碳市场交易，也能带动欠发达地区经济发展。

我觉得她的思路很好，CCER市场重启后，碳汇项目开发的11种行业，包括林业（森林、竹林）、草原、耕地、海洋、冻土、岩溶、风力、光伏、沼气、生物质、废物处置（垃圾焚烧供热或发电）等，都将得到很好的发展。我说，现在自愿碳交易市场越来越热了，CCER给很多减排项目增加了很好的收益呢。比如，北京公交集团于2016年被纳入碳市场管理，以低碳排放的电动车、天然气车替代高碳排放的柴油车。与2016年相比，这个公司2020年柴油消耗量下降近60%，碳排放强度下降了11%以上。从2018年起，这个公司碳排放配额开始富余。2020年富余3.9万吨碳排放配额，获得卖碳收益270余万元。夏总连连点头。

我想了想说，不过，好像你没有考虑到很多国际标准下的碳汇交易也进入了我国，也是可以作为碳排放抵消的。她就很诧异，国际标准下的碳交易也可以在国内做吗？我说，当然了。我告诉她，国际的黄金标准、核证碳标准等，在我国都已经核证成交了很多项目。例如，位于新疆维吾尔自治区哈密市东南部的雁墩地区风力发电项目，就获得了黄金标准认证。这个项目安装并运行了100台风力涡轮机，单台容量为2000千瓦，总装机容量为200兆瓦。项目正常运转后，每年可向西北电网提供并网电力430032兆瓦·时。这个项目的零排放风电将有效替代西北电网化石燃料发电厂产生的部分电力，避免发电过程中与替代电力相对应的二氧化碳排放，从而实现温室气体减排。按照黄金标准核算，这个项目每年可减少33.51万吨二氧化碳排放，黄金标准计入减排期为5年，获得了卖碳收入5739.45万元。

夏总惊讶又惊喜地听着。我笑着看看她说，再给你说个例子吧。2021年，郑州市地热供热系统引入了基于地热能的空间供热系统，实现郑州市一系列新建住宅建筑的冬季供热，取代了传统的燃煤锅炉供热，这个项目可为8813000平方米的新建住宅楼提供地热，总供热负荷为440.65兆瓦，减排信用额将使用地热能而不是燃烧化石燃料进行空间供暖。该项目获得了黄金标准认证，减排计入期为5年，经认证的二氧化碳减排量为243.53万吨，卖碳收入达到人民币8342.12万元。夏总微微张了张嘴。我笑笑说，这还只是这个项目的一部分卖碳收入。想想看，一般一个地热供热项目的设备可以运转20年，也就是说，5年计入期满后，这个项目如果运转正常，还可以继续申请认证下一个5年计入期，一共可以申请认证四期，可以获得3.3亿多的卖碳收入。

夏总开心地听着，说，碳市场真是新蓝海呀。我又给她说了一些国际国内碳市场的情况。她说，蓝教授，你真是碳市场专家。我笑着打趣说，苟富贵，毋相忘。我们都哈哈大笑。

11
个人碳账户

各种自愿减排市场的碳金融产品，也给予了个人购买和参与的权利。我也买了很多。借助各种碳交易平台，我已经可以熟练地核算我的碳足迹了。在写这篇文章的时候，我就在默默地算我今天的碳足迹：用了三个塑料袋，产生了0.03千克二氧化碳；用电两千瓦时，产生了1.05千克二氧化碳；吃了两个鸡蛋，产生了0.05千克二氧化碳……当然，作为一位女士，最具挑战的碳减排是买衣服。一件衣服竟然可以产生10千克的二氧化碳，需要一棵树用8天的光合作用产生的森林碳汇才能中和掉。我在默默地算，中和掉我的碳足迹之后，我的碳账户里还有多少碳货币。在经济困难的时候，我也是可以把这些碳货币变现的。为了节约我的碳货币，我今年没有添置一件新衣服。

因为我对我的个人碳账户积极地经营，我的个人碳账户余额已经比较可观了。当我登录我的碳账户，查看我的碳货币的时候，我眼里闪烁着和葛朗台看见金币时一样的光芒。我怀着欣喜和殷勤的心情，查看着我慢慢丰盈的碳账户。

有一次，一位朋友问我是不是有钱人，我赶快抱出我的首饰盒。作为畲族人，我很喜欢购买各种金首饰，满满一盒子呀，金项圈、金镯子、金耳环，我觉得我有这么多金首饰，太是有钱人了。结果，我的朋友很不屑一顾，默默拿出LV包包，据说价值可以秒杀我的金首饰。我正有点儿垂头丧气，我的另一位朋友笑着说，蓝教授，给她展示你的碳账户，秒杀之。我哈哈大笑。

个人碳账户，让减碳不再只是政府和企业的事情，开始进入全民时代。各种消费端碳账户的开设，帮助居民实现个人行为的碳中和。例如，我在小区的菜鸟驿站取完快递后，把包装快递的纸箱放在了驿站，以实现纸箱的循环使用。我的这一行动，可以实现减碳37克，减排的碳就可以进入我的个人碳账户。

个人碳账户，一部分可以来自购买自愿碳减排市场的碳汇，或者是加入个人自身碳减排行为的碳普惠市场，比如乘坐公交和地铁，私家车停驶，电动车，ETC，还有骑行、拼车等；还有废弃物的管理，如垃圾分类，不使用一次性塑料如吸管，餐具重复利用，使用再生产品，购买绿色产品，减少食物浪费，就地堆肥，这些都具有非常大的减排量。

通过购买自愿减排市场的碳汇，来实现个人行为的碳中和，已经越来越普及了。比如，我经常坐厦门航空的飞机，因为它联合兴业银行推出了碳中和机票。旅客作为飞行的参与者，可自愿选择购买“碳中和机票”，抵消与飞行有关的碳排放，减少自身行程对环境的影响。实现碳中和是通过购买厦门产权交易中心“蓝碳基金”的海洋碳汇，来抵消旅客旅程的碳排放，并进行碳中和机票认证。

与自然融为一体的都江堰

都江堰是典型而又古老的气候适应工程，是公元前256年战国时期秦国蜀郡太守李冰率领修建的，至今已经历了2200年。但是，目前仍然在成功运转，是全世界历史最悠久、灌溉面积最大的水利工程。为什么都江堰可以持续这么久？因为这是一座与自然融为一体的无坝水利工程，并没有按照一般水利工程的思路，拦河筑高坝，强制性地改变水势。当时的设计师李冰，花了很长时间了解岷江，然后顺应岷江的地势设计而成。都江堰是由三大水利工程组成：宝瓶口、鱼嘴分水堤、飞沙堰。这三个水利工程互相扶持、互相作用，顺应水势，形成了整体和自然非常融合的水势走向。所以，自然接纳了它。如今，它已融合成自然的一部分了。当初日本侵略者为了摧毁成都平原，专门派飞机来轰炸都江堰，结果，飞机找了半天，也没找到他们想象的大坝或者大型水利工程。都江堰已经在2200年的历史演进中，与自然反复磨合，成了自然的一部分。

另外，岷江流域周边的森林也维护得很好，在局域气候和水源涵养方面保证了都江堰的供水。至今，都江堰国家森林公园里面的森林，在严密维护下，还保持着原始森林的生态，这在很大程度上保障了都江堰水利工程长期发挥作用。

1
顺应自然的无坝水利工程

当经济迅猛发展的时候，人与自然之间的矛盾也显现出来。经常有人问我：“蓝教授，人与自然是可以和谐发展的吗？”我总是不正面回答，而是给他们讲故事。比如，与自然融为一体的都江堰，就是人与自然和谐共生的最好故事展现。

最近，开罗大学的阿卜杜拉教授来访问，他是研究可持续发展经济学的，我就安排他考察都江堰，向他展示中国天人合一的文化是怎样转化为神奇的水利工程的。

在出发考察前，我先介绍了都江堰，并放了都江堰的视频。都江堰位于四川成都平原西部都江堰市西侧的岷江上，是公元前256年战国时期秦国蜀郡太守李冰率领修建的，至今已经历了2200年。但是，目前仍然在成功运转，现在灌溉面积为66.87公顷，灌溉区域遍及40多个县。应该是全世界历史最悠久、灌溉面积最大的水利工程。

阿卜杜拉教授就问，“为什么都江堰可以持续这么久，原因和机制是什么”？

我打开了都江堰的照片，对阿卜杜拉教授说：“因为这是一座顺应自然的无坝水利工程，并没有按照一般水利工程的思路，拦河筑高坝，强制性地改变水势。当时的设计师李冰，是花了很长时间了解岷江，然后顺应岷江的地势设计的。另外，岷江流域周边的森林也维护得很好，在局域气候和水源涵养方面保证了都江堰的供水。至今，都江堰国家森林公园里面的森林，在严密维护下，还保持着原始林的生态，这在很大程度上保障了都江堰水利工程长期发挥作用。”

我认为，一般我们在分析水利工程的时候，就是仅限于就水利工程进行分析。但是，水利工程要与自然结合才能起作用，所以，分析一座水利工程为什么可以获得成功，一定是放在自然中全方位来进行分析的。阿卜杜拉教授很赞同地点点头。

岷江是长江上游的一大支流，流经四川盆地。在古代，每当岷江洪水泛滥，成都平原就是一片汪洋；一遇旱灾，又是赤地千里，颗粒无收。当时的蜀郡太守李冰认为，必须要解决这个问题。他反复到岷江流域勘查，并绘制了精细的地图，认真了解岷江水势走向以及当地的地理状况。他发现，岷江水大部分是从西部流走，因为玉垒山的阻挡，岷江水无法灌溉成都平原东部的土地，而东部土地远远多于西部土地。如果能够在玉垒山最薄弱的地方撬开一条水路，岷江水流就可以分流，从而防止洪水的泛滥，也可以灌溉更大面积的土地。

所以，李冰就组织人力在玉垒山这个延伸进岷江的山脊上，开了一条宽20米、高40米、长80米的山口，让一部分岷江水可以从东部流走，顺应地势引导水势，既分流泄洪，又增加了灌溉面积。

阿卜杜拉教授听了，连连点头说，设计思路非常对。“但是”，阿卜杜拉说，“您刚才说到都江堰是修建于公元前256年，那个时候，没有炸药，怎么切割山体形成水路呢”？

我笑着说：“这是个好问题。您看，李冰当时是运用了热胀冷缩的原理。他让人先把岩石烧热，然后再用岷江水冲击，岩石遇热又遇冷，就裂开了。然后他再让人顺着裂缝撬开，岩石就撬出来了。”

阿卜杜拉教授赞叹不已，他问我：“您刚才介绍说李冰是蜀郡太守，这是什么技术职务？”

我说：“蜀郡太守不是一个技术职务，是官职，相当于四川省省长。”

阿卜杜拉教授惊叹说：“这位省长是科学家呀，而且是非常厉害的科学家。”大家都笑了。

2
宝瓶口、鱼嘴分水堤、飞沙堰

我指着图对阿卜杜拉教授说：“这是宝瓶口引水工程，因为撬开的山口水道，从山上看，像一个瓶子一样，所以，就叫宝瓶口。宝瓶口引水工程完成后，虽然分流了一部分岷江水，但因为东边地势略高于西边，水的分流不是很畅通。所以，李冰又在离玉垒山不远的岷江上游的江心筑分水塘，用装满石头的大竹笼放在江心，形成一个狭长的小岛，形如鱼嘴，以引导江水分流。鱼嘴以西是岷江原来的河道，被称为外江；鱼嘴以东是新撬成的引水渠，被称为内江。然后，将内江河道加深，使内江形成较深的河道，外江形成宽而浅的河道。因为河流湍急，一般来说，急奔而来的水流都是先进入较低的水道，所以，大部分江水会通过宝瓶口引导到东部的内江，因为内江灌溉的农田比较多，需求的水比较多。这道江心堤，因为形似鱼嘴，就被取名为鱼嘴分水堤。”

“为了进一步起到分洪和减灾的作用，在鱼嘴分水堤和宝瓶口之间，又修了200米的溢洪道，因为溢洪道有一定的高度，所以，在水流正常时，不影响江水东流进入内江，但是，如果雨季水太多，内江的水位超过了溢洪道，内江的水就会通过溢洪道漫溢出来进入外江，这样就不至于在雨季内江水太多导致洪灾，冲击成都平原的农田。而且，因为宝瓶口靠近玉垒山边缘，有一定的弧度，水流到这里，因为有天然地理弧度，就会形成湍急的旋涡，强劲的水旋涡盘旋的力量，会把水里的泥沙砂石和溢出的水一起甩出去，减少了泥沙的淤积堵塞。因为这个溢洪道有飞沙的功能，所以被称为飞沙堰。”

我总结说：“所以，都江堰就是由三大水利工程组成，宝瓶口、鱼嘴分水堤、飞沙堰，这三个水利工程互相扶持互相作用，顺应水势，形成了整个和自然非常融合的水势走向。所以，自然接纳了它。如今，它已经融合成自然的一部分了。当初日本侵略者为了摧毁成都平原，专门派飞机来轰炸都江堰，结果，飞机找了半天，也没找到他们想象的大坝或者大型水利工程。都江堰已经在2200年的历史演进中，与自然反复磨合，成为了自然的一部分。说起来，我觉得，最好的水利工程，就是看不到痕迹的水利工程。现在的宝瓶口，如果不说起这段历史，大家都以为水道本来就是走这里，山体本来就是这样，完全看不出水利工程的痕迹。”

阿卜杜拉教授鼓掌，说：“这个都江堰设计得确实很厉害。”

我说：“再好的水利工程，也需要自然的配合。都江堰四周的森林植被保护得很好，这是最大的幸事，森林涵养水源的功能保障了都江堰的供水，使都江堰可以发挥作用。不然，如果森林都被砍伐掉了，江里已经无水，再好的水利工程也难以发挥作用。比如，中国历史上还有一条非常著名的水利工程，叫郑国渠。它的修建，促成了八百里平川的关中地区成为肥沃的农田，奠定了秦国一统江山的经济基础。可是，这样伟大的水利工程，因为当时对森林的不当开发，大量砍伐，导致了黄河河水大量减少。没有水，水利工程就没有了用武之地呀，它只能顺应水势更好地引导水，但无法生成水。森林，这是活生生的生命，森林是有生命的，它可以导致局域水量的增加。

有森林的地方就一定有水，水和森林是无法分离的。”大家连连点头。

3
实地考察都江堰

为了让阿卜杜拉教授更好地了解这个天人合一的水利工程，也为了让考察组学生和研究人员对都江堰有直观了解，我带着考察组飞到了成都，去实地考察都江堰。

都江堰离成都市很近，很快，车就开到了都江堰。刚靠近江边，就听见滔滔江水的轰鸣声。江水拍打着江岸，层层叠浪，万丈翻涌，大有急湍甚箭猛浪若奔的气势。我领着阿卜杜拉教授登上了伏龙观的观景亭，这里地势高，可以俯瞰都江堰水利工程全景。

我告诉阿卜杜拉教授：“岷江发源于终年积雪的岷山，上游是高山地区，海拔在3500米以上，但到了都江堰市，就进入平原地区，海拔较低。所以，这里刚好是岷江从高山地区进入平原地区的起点，地势的突然改变，就会让河流水流特别湍急。而且，河水奔赴此地，又被玉垒山挡住了，被迫弯曲西行，所以，这里的水流有一个弯曲度，更加大了水流的湍急程度。特别是夏天，岷江积雪融化，大量的江水从高山急降到这里，再被迫弯曲改道西行，很容易暴发洪灾。”

阿卜杜拉教授仔细地查看着周围的地势。我对他说，我们现在就站在玉垒山上。

“您看，这就是宝瓶口。”我指着伏龙观下面的山口说。阿卜杜拉教授赶紧往下看，岷江流水从山口穿过，果然很像瓶子的形状。我对他说：“这里本来没有这个山口，这个离堆和对面的玉垒山本来是一体的，就是玉垒山的一部分。是李冰派人花了8年时间撬开山体建成的，宽20米，长80米，高40米。因为撬了这个山口，这边的山体就和玉垒山分离了，所以这边的小山体就叫离堆，就是我们现在的位置。”

“您看岷江河流，在上游是很湍急的，到宝瓶口这个位置河水就平缓多了，这是因为前面建了鱼嘴分水堤。”我引导阿卜杜拉教授朝宝瓶口上游看，岷江中心有一个狭长的小岛，朝着宝瓶口的方向很像一个鱼嘴。我指着鱼嘴分水堤说：“因为从地势来说，当时东面略高于西面，所以宝瓶口引水效果不是很好，大部分江水还是顺着原来的河道西流了。建这个分水堤，就可以引导河水东流。”

我说：“我们现在只能看到露出江面的工程，就是这个鱼嘴分水堤，但这只是一部分，更重要的是，在分水堤的东面内江，在江水水位较低的冬季，李冰带人把河道挖深了，使东面内江河道低于西面的外江河道。这样，河水才能成功分水引流到内江，这是这座水利工程发挥作用的关键环节之一。”阿卜杜拉教授仔细地俯身查看着，连连点头。

4
飞沙溢流堰的奇妙设计

我对阿卜杜拉教授说：“都江堰的维护中，李冰首先就提出了要深淘滩，就是指的这里。因为随着内江河道泥沙的淤积，其低于外江河道的凹河道特征容易发生改变，一旦超过外江河道的高度，这个分水引流工程的效果就会很差。所以，李冰建立了都江堰年度维护制度，每到枯水季，就带领河工们深淘内江河道的泥沙，以保持内江河道低于外江河道的凹型河道特征。为了让每年维护的河工们知道深淘到什么程度就可以，李冰还在河底埋下了石马，只有淘到了石马才算是达到标准。”阿卜杜拉教授连连称赞，说：“李冰哪里是省长，他是很厉害的水利工程专家呀。”

我点点头，接着说：“虽然宝瓶口的开凿、鱼嘴分水堤和内江河道的深挖，解决了江水的分流问题，但是，大量泥沙也跟着河水冲入了内江。内江河道本来就较窄，特别是在宝瓶口这段，很容易发生淤堵现象。所以，在靠近宝瓶口的地方，又建了一段飞沙溢流堰。这个堰有两个作用，一是飞沙。因为飞沙溢流堰修建的地址，正对着河水冲到玉垒山转弯的地方。河水在这里非常湍急，形成自然的旋涡，因为水速很疾，旋涡的力量就会把泥沙从水里带出来，冲到飞沙溢流堰，再通过飞沙溢流堰将砂石与内江分离。也就是说，因为修建了这座飞沙溢流堰，因为旋涡水力被抛起的砂石，不会落回内江河里，而是因为旋涡水势的作用，被抛到了飞沙溢流堰上。内江水里的泥沙含量就会大量减少。排沙石解决淤堵问题是这个水利工程长期运转需要解决的非常重要的问题之一。”

“李冰不仅设计了飞沙溢流堰，通过运用自然的水道旋涡来甩出水中的砂石，而且，这个飞沙溢流堰还与上游一点的鱼嘴分水堤互动，来进行泥沙净化。就像我们刚才提到的，鱼嘴分水堤不仅建了水面上我们现在可以看到的这个狭长小岛，而且，在内江水下还开凿了渠道，挖深了内江河道。而水流在鱼嘴分水堤是处于弯道，在水流湍急的夏季，根据弯道原理，上层的水会先进入凹型河道的内江，凹形河道满了，底下的水才会进入凸形河道的外江。因为泥沙主要在下层，所以，这个鱼嘴分水堤工程，实际上也发挥着分离砂石的作用。”

我说：“您看，经过这样的工程处理，从宝瓶口流出去的水非常纯净，含泥沙很少。”阿卜杜拉教授一边查看一边点头。

我看了看阿卜杜拉教授，接着说："这个飞沙溢流堰，飞沙只是它的一个功能，另一个功能是溢流。如果在夏季进入内江的水太多了，也可能给成都平原大量农田带来水灾。为了稳定水流量，夏天上游的暴洪时间，当河水进入内江，因为飞沙溢流堰的高度是经过精心计算过的，超过这个高度，江水就会从内江溢出来，仍然进入外江河道。所以，李冰留下的维护都江堰的另一句宗旨是'低作堰'，就是说飞沙堰的高度一定要合理设计，不能太高，如果太高，被旋涡甩出的泥沙、砂石就不能甩到堰上，而是回落水中，就起不到飞沙的作用了。另外，如果将堰抬高，大水来了，既溢流不到外江，也起不到溢流再次分流的作用。"

"都江堰就是通过鱼嘴分水堤、飞沙堰和宝瓶口三大水利工程互相呼应来发挥作用的。"

阿卜杜拉教授连连拍手，说："真是太奇妙了，这位李冰先生是水利工程设计的天才呀。"

我笑了笑，说："所以，您看，整座水利工程并没有简单粗暴地筑高坝拦截河水，而是顺应地势进行引导。李冰先生为了制订都江堰水利工程设计方案，顺着整个岷江河道整整考察了三年，了解河道和流域状况，摸清水势，所以，他对整个都江堰的设计，是顺应自然的水势加以引导，最后将整个都江堰水利工程和都江堰市的自然融为一体。从表面上看，鱼嘴分水堤好像就是一个自然生长的狭长小岛，飞沙溢流堰也像是自然生成的一段河堤，而宝瓶口，您看，我不说，您也看不出这是人工撬开的。一切已经和自然融为一体了，这是都江堰能运行2200年还在成功发挥作用的关键。"

5
青城山：都江堰的森林屏障

考察完都江堰水利工程，我带着考察组又去了青城山，这是都江堰重要的森林屏障之一。青城山正如其名，满目绿色，一片万木竞翠的云烟树海。瀑布飞流而下，蜿蜒的石板路穿行在清幽的山林间。树林间很安静，大家静静地走着，可以清晰地听到脚步声在山间回响。

在青城山，我请大家吃青城四绝和其他青城美食。大家对青城的景色本来就赞叹不已，对这青城四绝，还没吃就有了好感。

一是青城泡菜，以青城山道士生产的鲜黄瓜、豇豆、水红辣椒、萝卜、子姜等，清洗、晾晒后，放入用山泉水、细盐、花椒等配制的汁液，密封浸泡。大家吃了，非常脆嫩酸甜，很开胃。

二是白果炖鸡，青城山盛产白果，用青城山的白果和放养的仔鸡，据说是用道家的方法慢慢煨炖，汤汁非常鲜美。

三是乳酒，据说是用青城山上的猕猴桃与醪糟汁共同发酵酿制而成，颜色翠绿。

四是青城茶，嫩醇绿润。

我又点了罗氏祖传秘制鸡、藿香豆瓣岩鲤、青城豆花、清炒山笋、野韭菜炒蛋、蒜泥野芹菜。

店家很古朴，用的是老柴火灶，原始木头没有打蜡上漆的桌椅，散发出淡淡的木香。

罗氏祖传秘制鸡是青城山的一道很著名的美食，是使用青城山特产的跑地鸡，运用罗氏祖传秘方烹制，再配上特制的蘸水，肉质特别鲜嫩。大家一看，白瓷蓝花的大盘子里，鸡皮黄灿灿的，很诱人。

阿卜杜拉教授立即夹了一块，蘸了点儿蘸水一吃，鸡肉肉质很紧实。考察组的李蕊是本地人，指着藿香豆瓣岩鲤介绍说，这道菜关键是鱼，是用岷江的岩鲤烧制的，很好吃的河鲜，鱼肉味道特别嫩滑。

李蕊又指着青城豆花笑着说，这个要隆重介绍了，因为这道菜是我的最爱，每次来青城山玩，我们都要点的。

李蕊说，这道菜，首先要将青城山出产的上好黄豆，用青城山的泉水浸泡大半天，让黄豆吃饱青城山的泉水，变得胀鼓鼓、胖乎乎的。再用都江堰特产的青石手磨，一勺勺地手工磨制豆浆。将豆浆放在柴火灶的锅上，用旺旺的柴火将豆浆煮沸腾。舀一勺青城山泡制酸菜的酸菜水，慢慢倒到豆浆锅里，豆浆就会起化学反应，慢慢凝固，逐渐变成嫩颤颤水灵灵的白豆花。

李蕊说，豆花要好吃，这还只是完成了一半，蘸水的味道特别影响豆花的味道，所以做好蘸碟就非常重要。要用上等的青城山辣椒，用微火烘烤，再加少许青城山特产的花生油，等辣椒浸入花生油并变得酥脆后，用石臼舂细。再将上等花生油煎熟，冷至八分。将舂细的辣椒面倒入，辣椒油就制作好了。然后，取小碟，放入熟油辣椒、盐巴、花椒、香菜、葱花、蒜泥，配豆花的蘸碟就好了。

大家听李蕊介绍，早就忍不住了。她刚介绍完，年轻学生们立即杯筷交错地埋头吃起来。她们都年轻，胃口本来就好，菜又这么好吃，而且今天考察跋山涉水的，体力消耗很大，所以，没多久，就把菜都吃完了。

我还在说：“大家不要客气，多吃点儿。”李蕊已经站起来，把豆瓣岩鲤的汤汁倒到碗里，和米饭拌着吃。还笑着对我说，蓝老师，我们没有客气，连汤汁都喝完了。我就有点儿不好意思，要给大家再点一些菜，阿卜杜拉教授拦住我，说：“我们都是做可持续发展的，菜吃完最好。”

6
都江堰国家森林公园

第二天一大早，考察组坐车又去了都江堰国家森林公园。这里的森林十分茂密，是一个原始森林。在上山的时候，看见很多猴子，在猴王的带领下，拦路抢劫。司机想悄悄开过去，猴王竟然跳到了车上，从前面的挡风玻璃处不断地敲玻璃窗，“示意”大家下来，接受“打劫”。看来猴王不是白当的，经验丰富。它身后的猴子们都在路边站着，等着猴王的“指示”。司机说得下去接受检查，不然猴王会下令猴子们朝车子扔石头。大家赶快把带的各种吃的找出来，下了车，恭恭敬敬地递给猴王。

猴王在每个人的口袋里检查了，把各种吃的交给身后跟着的小猴子。搜寻了好一阵，确认所有吃的都已经被它搜出来了，终于放行。大家高兴得重新上车，李蕊还不停地朝猴王挥手，猴王竟然也挥手回礼，真是有趣，李蕊立即拿出相机拍照。

到了森林深处，大家下了车。因为每一次学生随同导师考察调研的过程，也是教学的过程，所以，我对学生们说：“你们看，这个国家森林公园有很大一部分是原始森林，这是各类森林中水土涵养能力最好的一类。这么大面积的茂密原始森林，是维护岷江流域水资源的重要保障。只有保持充足来水，水利工程才能发挥作用，如果流域都没有水了，水利工程就无法发挥作用。所以，当我们在思考为什么都江堰水利工程可以成功运行2200年时，一定要和其周围的生态环境一起综合分析。例如，陕西关中地区的郑国渠，虽然从水利工程角度来看，设计也很完美，但是，因为其周边的森林都被砍伐完了，导致黄河几乎断流，所以郑国渠现在更多的是作为历史时期的水利工程来研究。”大家纷纷点头，忙着记笔记。

大家走到森林深处，阿卜拉杜先生立即忙碌起来，在各种树木上察看，又用手挖开地面看下面的泥土。我给大家讲解：“要判断一个森林是否是原始森林，一般要看五个方面。 一是看是否有倒伏的树木；二是看是否有藤绞杀，就是藤缠树、树缠藤的现象；三是看树上是否有菌类植物；四是看地面是否有苔藓植物；五是看小溪边是否有兰科植物。”另外，我又补充说：“原始森林，地面上一般有一定厚度的腐殖土。腐殖土是原始森林中植物落叶死亡之后形成的。根据腐殖土的厚度，可以判断森林的年代。”

说完，我把鞋袜脱了，在森林的土壤上慢慢地走，阿卜杜拉教授也脱了鞋袜，在森林的土壤上轻轻地走。我示意大家把鞋袜都脱了，在森林土壤上慢慢地走，慢慢地感受。林地被厚厚的腐殖层覆盖着，踩上去非常柔软，使人不断感受到生命的蠕动。我告诉大家，有生命的林地，生态功能才能发挥好，才能涵养水源，维护区域生态平衡。

大家分散在森林各处，寻找和识别这些原始森林的特征。森林里是浓厚的绿色，无边无际的绿色在四周延伸和蔓延。各种飞鸟在丛林间跳跃鸣叫，甚至有鸟粪掉在阿卜拉杜教授的光头上。阿卜拉杜教授毫不在意，哈哈大笑。

李蕊发现了自然倒伏的朽木，立即喊我和阿卜杜拉教授去看，朽木上还长着很多蘑菇。我对大家说：“原始森林中，树木死亡后没有人为因素干扰，自然地倒伏，直到最后腐烂，一切呈现最自然的状态，森林内的生态系统才能进入最良性的循环。”

阿卜杜拉教授发现了藤绞杀，很高兴，说：“在判断一片森林是否是原始森林时，热带和亚热带的评定标准是不太一样的，热带原始森林必须要有藤绞杀，但是，亚热带地区就不一定必须有。都江堰森林公园发现藤绞杀，说明这片森林的生物多样性非常好。”

大家分散开来考察这片森林。这是海拔3500米以上的高山原始森林，但是森林还从高山延伸到盆地，形成海拔落差特别大的特殊生态系统。自下而上，植物随着海拔高度的变化而垂直分布。这片原始森林，各类植物多达3000余种，有珍稀濒危树种莲香树、银鹊、圆叶玉兰、古银杏等，还有号称植物活化石的珙桐。有大熊猫、小熊猫、金丝猴、扭角羚、天鹅、鸳鸯等国家重点保护动物。

都江堰，就是在周围森林的环绕呵护下，通过顺应自然的工程设计，巧妙地与自然融为一体，从而成功地运行了2200余年，保证了防洪、灌溉、水运和社会用水综合效益的充分发挥。

人与自然和谐共生的千年奇迹：锡瓦绿洲

锡瓦绿洲是埃及最古老、最偏远的绿洲，孤零零地在漫漫大漠中存在了3000多年。历史时期附近也曾有绿洲，但都在沙漠风暴的袭击下消失了，只剩下漫漫黄沙，而锡瓦绿洲，离尼罗河那么遥远，却顽强地、孤独地生存下来了，真是奇迹呀。可是，我的朋友和我说，不是奇迹，而是锡瓦绿洲的人们非常幸运地找到了与自然和谐共生的发展之路，所以，锡瓦绿洲成为全球可持续发展的典范。

这个绿洲最大的特点，就是整个绿洲都被铺天盖地、无边无际的树林所覆盖、所保护，好像是层层密林之中的世外桃源。这个绿洲最幸运的是，围绕着他们、捍卫着他们生态环境以及水源的森林，树种很特别，主要是棕榈树、椰枣树和橄榄树，这些天然原始林树种，很难得的是，刚好是可以创造收益的经济树种，可以为当地民众带来稳定收益。周边的绿洲，因为大量砍伐树木转变为农田，或者修建现代房屋、发展现代产业而森林衰退以致绿洲消失，但锡瓦绿洲的居民为了经济利益，不会乱砍滥伐树木，从而保全了森林，而保全了森林就等于保全了绿洲。

在现代生活、工业文明的介入中，锡瓦绿洲的居民是以谦恭的姿态与自然并和解和谐共处的。在环境恶劣的漫漫沙漠中，这个偏僻的绿洲，依靠着人类对森林的保护，而森林又反过来保护绿洲、保护人类栖息的环境。这样循环互利的方式，存在了3000多年。

1
走进埃及最古老、最偏远的锡瓦绿洲

锡瓦绿洲被国际环保组织评选为可持续发展的典范。我的朋友一直对我说，你一定要去锡瓦绿洲考察，这样才能更深刻地了解，什么是人与自然和谐共生，什么是可持续发展。朋友持续地推荐和介绍，让我觉得，我必须赴埃及亲身感受锡瓦绿洲，不然，都不好意思说自己是可持续发展学者了。绿色金融，是可持续发展的重要内容呀，如果对可持续发展没有深刻认识，怎么做好绿色金融设计？刚好，有一个国际组织的可持续发展项目要去锡瓦绿洲考察，我立即参与进去，和项目考察组一起，踏上了前往锡瓦绿洲的旅程。

锡瓦绿洲是埃及西北部一片低于海平面20多米的绿洲，面积约为25平方千米。说实话，在见到锡瓦绿洲的第一眼，我就已经深刻体会到森林对生命孕育的重要性了。

锡瓦绿洲在埃及偏僻的西北部，一路坐车过来，到处是漫漫黄沙，没有生命，两边的景色没有任何变化。埃及的高温下，到处都是寂寞的沙漠，我都有些昏昏欲睡了。就在昏昏欲睡中，突然看见前方，开始有些绿树了，开始有森林了。

然后，随着绿树的增多，马路的两边开始有鸟鸣了，各种鸟在树林间活泼地跳来跳去。有各种动物在林间出没，还看见一只狡猾的渣狐狸，鬼鬼祟祟地躲在树后面窥视，狐狸真是无处不在呀。接着，有人赶着驴车过来了，可以听到驴蹄子的嘀答声，然后是各种犬吠鸡鸣。

沿路看见茂密地挂着累累硕果的椰枣树林，绿色的叶子间，一串串金黄的椰枣悬挂下来，还有无边无际的橄榄树和棕榈树。湖泊池塘泉水在林间闪着粼粼的波光，各种传统泥砖小屋掩映在树林里。人也越来越多，然后出现了咖啡屋、商店、热闹的人群。

花红柳绿的鲜活生命呀，就随着森林的出现，豁然呈现在我们面前，让我们惊喜不已。好像在长时间寂寞枯燥单调没有任何生命的漫漫黄沙之海中，突然出现了鸟语花香海市蜃楼般的梦幻美景，几乎让我们不敢相信自己的眼睛。

2
森林和绿洲双向奔赴的拥抱和守护

接我们的向导是个高高瘦瘦的年轻埃及男生，穿着白色长袍，黝黑的皮肤，眼睛大而深邃，鼻梁高挺，很是帅气呢。他说他叫Aapethy，就是力量的意思。他的英语非常好。笑起来，雪白的牙齿在阳光下闪耀。

这是埃及最古老最偏远的绿洲，孤零零地在漫漫大漠中存在了3000多年。据说，历史时期也曾有附近的绿洲，但都在沙漠风暴的袭击下消失了，只剩下漫漫黄沙，而锡瓦绿洲，离尼罗河那么遥远，却顽强地、孤独地生存下来了，真是奇迹呀。可是，我的朋友和我说，不是奇迹，而是锡瓦绿洲的人们非常幸运地找到了与自然和谐共生的发展之路，所以，锡瓦绿洲，成为了全球可持续发展的典范。这个绿洲最大的特点，就是整个绿洲都被铺天盖地、无边无际的树林所覆盖、所保护，好像是层层密林之中的世外桃源。绿洲主要的树木是棕榈树、椰枣树和橄榄树。茂盛得无边无际的树木几乎覆盖了整个绿洲。据说，现在整个绿洲有30多万棵椰枣树、7000多棵橄榄树。

绿洲主要的经济来源是棕榈、椰枣、橄榄和生态旅游。成熟后的棕榈树会长出厚厚的棕毛，绿洲的人们会割它的棕毛来搓绳子，搓好的绳子又粗又牢固，非常坚实，可以日晒雨淋，扔在盐湖里泡几年也不烂。不同粗细的绳子可以编织成包、篮子，甚至床、地毯等各种家居用品。嫩叶可以制作扇子、草帽等，棕皮可以制作蓑衣，下雨的时候穿。而且，棕皮还大量覆盖在泥土屋的表面，以阻挡雨水的冲刷。用各种棕绳、棕榈皮缠绕、覆盖、包裹的黏土制作的房屋遍布整个绿洲，真是有一种异域风情的美。棕榈树的果实还可以打磨制作成各种工艺品，用来装饰房屋，或者出售给游人作为纪念品。棕树花还可以做蔬菜。

椰枣是阿拉伯人最喜欢、最重要的食物，被称为长在树上的沙漠面包，除了日常食用外，还可以作为骆驼队长期在沙漠行走的粮食。因为长途跋涉，需要的时间很长，一般的食品容易腐败变质，而椰枣因其特有的能量高、易于长时间储存的优点，成为沙漠长途跋涉者的主要食物。橄榄树的果实可以榨橄榄油，也可以食用。绿洲的居民依然保持着自己的独特文化和传统。例如，这里出产的橄榄油，依然是从绿洲7000多棵橄榄树上摘取，用石头压榨出来的。

锡瓦绿洲比海平面要低20多米，使得地下水涌出地面，在绿洲形成了2000多处泉眼和大片的盐湖。湖水很清澈，给人以碧波荡漾的感觉。巍峨的阿蒙神谕圣殿就坐落于锡瓦绿洲的阿古米神庙中。

生态旅游也是锡瓦绿洲的经济产业之一。沿袭了几千年、隐藏在一望无垠的荒凉大漠中的神秘绿洲，让世界各国的游客都很向往。但锡瓦绿洲的居民非常克制和理性地发展自己的生态旅游业，一切以维护和守护森林资源为基础，没有大量砍伐树木建造现代房屋吸引游客来毁掉自己的绿洲存在的根基。千百年来，森林、绿洲和人类就这样互相保护，和谐共处。

可是，锡瓦绿洲并不是与世隔绝的，这里，现代和传统在交织融合，咖啡屋里播放着音乐，餐厅里竟然有无线网络。一路上在沙漠里，都是无信号呢。乡间小道上，骑自行车的少年与驴车擦肩而过。这样世外桃源般的静宜安然，是森林卫护的结果。这些郁郁葱葱茂密覆盖在几乎整个绿洲上的棕榈树、橄榄树和椰枣树，既为绿洲提供了经济来源，又抵御着漫漫沙漠的狂野风暴，守护着绿洲的鸟语花香、清泉蛙鸣、田园宁静。

多少沙漠绿洲因为人们无节制地砍伐树林而导致森林消失，从而导致绿洲衰退，成为荒漠。锡瓦绿洲周边很多绿洲都已经消失了，变成了漫漫的黄沙区。而锡瓦绿洲是埃及最偏远最古老的绿洲，在恶劣的沙漠环境中奇迹般地存在着，历时如此之久，而且依然保持着世外桃源般美丽的自然景象，真是奇迹呀。

这个绿洲，最幸运的是，围绕着他们、捍卫他们的生态环境以及水源的森林，树种很特别，主要是棕榈树、椰枣树和橄榄树。这些天然原始林树种，很难得的是，刚好是可以创造收益的经济树种，可以为当地民众带来稳定收益。周边的绿洲，因为大量砍伐树木转变为农田，或者修建现代房屋发展现代产业而导致森林衰退以致绿洲消失，但锡瓦绿洲的居民为了经济利益也不会乱砍滥伐树木，从而保全了森林，而保全了森林就等于保全了绿洲。

在现代生活、工业文明的介入中，锡瓦绿洲的居民是以谦恭的姿态与自然和解并和谐共处的。在环境恶劣的漫漫沙漠中，这个偏僻的绿洲，依靠着人类对森林的保护，而森林又反过来保护绿洲、保护人类栖息的环境。这样循环互利的方式，存在了3000多年。而且，人们并没有因为工业文明的冲击而放弃对森林的守护。锡瓦绿洲的人们一直小心翼翼地保护着绿洲里的每一棵棕榈树、椰枣树和橄榄树，房屋建筑都是大量使用泥土，大量使用棕榈树的皮搓成的绳子，既保护了森林，又别具风情。

3
充满异域风情的小镇

帅气的向导Aapethy接到我们后，就把我们带到旅馆，也是黏土泥砖的小屋。屋子四周的墙上、屋顶上都覆盖着厚厚的棕榈皮，本来是为了防止雨水冲刷泥屋，但因为厚厚的棕榈皮覆盖得特别美观艺术，让这座房子特别具有异域风情的美。

房子的门窗都主要是用棕榈皮、棕榈绳子、很少的小木头拼接镶嵌而成的，好古朴、好原始、好美呀。屋子的地上铺着厚厚的柔化处理过的细密棕绳编织的地毯，院子里有小猫在草地上悠闲地散步，有一只小猫还自来熟地溜进我的房间，咪咪地叫着和我打招呼，爬到我的腿上和我玩儿。小猫好可爱，可是，好瘦，眼睛却是大大的、水灵灵的，像两颗圆圆的宝石在盯着我看。

隔壁房间传出来昂扬的非洲手鼓，我们过去一看，是一群从亚历山大大学来这里考察的大学生。伴着密集的鼓声，他们唱起了阿拉伯歌，跳起了阿拉伯舞蹈。

Aapethy带着我们去小镇走走，路上，有穿着现代服装的游客，有穿着传统服装裹着长长面纱的传统姑娘。我想拍照，Aapethy告诉我，这里的姑娘，除了小孩子，是不可以和外人拍照的，裹着面纱也不行。只好遗憾地放弃了。

可是，这里的姑娘，虽然看不见她们的任何一寸肌肤，但是，那种穿着黑色长袍、披着黑色面纱长身而立的体态，有一种飘然而过的神秘真的很吸引我。

我问Aapethy，结婚了吗？Aapethy说结了，已经5年了。我就好奇地问他，“如果你的妻子在大街上走，你可以认出来吗？所有姑娘都穿着一样的黑色长袍，披着一样的黑色面纱”。Aapethy嘿嘿一笑说，“当然可以啦”。我就很好奇地坚持问，“怎么认呢？”Aapethy英俊的脸上就泛起笑容，摸着自己的胸口说：“With my heart（用我的心去辨认）。”没想到Aapethy 这么浪漫。

4
沙漠野餐

傍晚，Aapethy带着我们去沙漠野餐。夕阳西下，整个沙滩都被夕阳映照成橘黄色。Aapethy把车开到一个避风的沙坡，搭了简易帐篷，又从后备箱拿出了毯子铺在地上，在沙漠里烤鸡、煮茶。我拿出手机无意识地看了一眼，竟然发现有微弱的信号，我赶紧打开地图定位一看，显示的竟然是：in the middle of no where（在无处不在的中间）。地图定位系统都这么幽默吗？我哈哈大笑着把定位信息给考察组其他成员看，大家都忍不住哈哈大笑。

一会儿，Aapethy就把热气腾腾的烤鸡和热红茶放在了毯子上。Aapethy往茶壶里加了很多糖，埃及人酷爱喝甜茶。烤鸡很香，外焦里嫩，而且，可能是这里自然环境好，鸡的味道特别香。大家喝着甜茶，吃着烤鸡，望着沙漠中夕阳西下的落日。远处的沙丘染尽夕阳的光线，呈现出一种淡粉色的朦胧，世界仿佛纯粹得只剩下沙的海洋和风的声音。万籁俱寂的氛围让人如此沉醉，而我们在如此宏伟广阔的大漠中，显得那么渺小和微不足道。

Aapethy 抱着吉他，唱起了《埃及王子》中的主题曲*When You Believe*。晚上，考察组的专家们躺在毯子上，看着满天星星。没有任何灯光的一望无垠的黑色沙漠中，满天星星显得特别明亮美丽。有些星星在慢慢移动，我问 Aapethy，星星为什么会动呢？Aapethy 笑着说：They maybe move for you.

第二天清晨醒来，发现沙子上留下了一串脚印，Aapethy 仔细看后，说是狐狸的脚印。原来在我们熟睡的时候，渣狐狸来拜访我们了。Aapethy 说可能就是那只我们进入绿洲时躲在树后面鬼鬼祟祟地偷窥我们的渣狐狸，她一定是被我们的烤鸡味道吸引过来的。大家就赶快察看烤鸡，果然剩下的烤鸡少了一只。

5
Aapethy的爱情

Aapethy带着我们在清晨的朝阳下回到了锡瓦绿洲的小镇。刚刚苏醒过来的绿洲好美，郁郁葱葱的椰枣树，椰枣成簇成簇地挂在低垂的树枝上。Aapethy 摘了一大串，在附近的泉水里洗了，给我们品尝。椰枣的味道真好，真是甜蜜蜜的。在棕榈树林环绕中，一块草地上，放着用棕榈绳编织的藤桌藤椅，桌边有个穿着粉色长袍、戴着长长粉色头纱的女子，正在听《埃及王子》的主题曲*When You Believe*。她脚下的草地上，有一只白色的小羊在玩耍。

大家就惊呆了，这个穿着粉色长袍的姑娘真美，特别是映照着晨曦，那种水灵脱俗的美丽。她看见我们，立即笑着站起来，朝我们迎过来，那白晰的面庞，明显不是本地居民。

Aapethy 笑着迎过去，牵着她的手，告诉大家，这是他的妻子。我就想，他当然可以认出自己的妻子，他的妻子并不穿黑色长袍，穿的是粉色长袍，她的面纱也没有遮住全脸，只遮住了头发和耳朵。Aapethy 招呼大家在藤桌边坐下来喝甜茶，吃早餐。Aapethy的妻子显然不是本地人，大家就很好奇很八卦地问他们是怎么认识的。Aapethy 说他的妻子Emily 来自美国纽约，到这里来旅游，结果，被他的魅力所吸引，离不开他了，就留下了。Aapethy 带着骄傲吹嘘着，大家都望着Emily 哈哈笑。

Emily有点儿不好意思，就和我们说，知道吗？这里有句话，埃及男人说起情话来法国男人骑马都赶不上。Aapethy 就不干了，拉着她的手放在自己的胸口说，可是我每句情话都是用心在说的。大家哈哈笑着看他们撒狗粮，就有人起哄说，要他们说说认识经过。Emily很大方，也不忸怩，立即就开讲。

她说她到这里来旅游，在一个咖啡屋遇见了Aapethy。“他本来在另一张桌子上坐着，看见我却坐过来，目不转睛地盯着我看，说，你好美呀。然后问，你结婚了吗？我说no， 他就眼睛更加发亮。把椅子搬近挨着我目不转睛地继续盯着我，然后小声说：‘我已经有妻子了，要是再多一个就好了……’我正想打他，结果他却哈哈大笑。告诉我，没有啦，逗你玩儿的。然后，就在一起了。”

大家笑着说真是浪漫，Emily说，她留下来，当然是因为爱Aapethy，不过，也因为爱这个地方。她说，“当我走到锡瓦绿洲的时候，我无可救药地爱上了这里，觉得这里简直带给我前世留存的归属感，一转眼，就是5年了”。

锡瓦绿洲考察就在这样的开心和浪漫中结束了。在目前传统工业文明已经带来重大生态环境危机的情况下，如何寻找到自然与人类社会和谐发展之路？大家都觉得，锡瓦绿洲就是个非常典型的案例，说明人类必须与自然和解。传统工业文明形成的人类与自然对抗的模式不能再持续下去了。

绿色小额信贷和柬埔寨的国鸟大鹮

柬埔寨的国鸟大鹮是世界上最濒危、演化特异性最高的物种，种群数目估计在100只以内！在世界自然保护联盟（IUCN）红色名录中其被评为极危物种，狩猎、骚扰及低地的森林砍伐等，使它们正面临灭绝的危险。缺乏合适的绿色金融手段使当地的农民无法从大鹮的保护中获利，故当地农民缺乏保护大鹮的积极性。所以，如何通过绿色金融工具和手段，使当地农民可以从保护大鹮中真正受益，非常重要。

因此，国际野生生物保护学会（WCS）和世界自然基金会（WWF）在柬埔寨运用绿色小额信贷，推动了大鹮米的生产和交易，以及生态旅游，使大鹮鸟栖息地所在区域的农户可以真实地从大鹮鸟的生物多样性保护中获利，绿色小额信贷和大鹮米交易的结合，让遥远村庄的农户，可以将那里山清水秀的原始生态，以及大鹮鸟的绝世独立的骄傲，都通过大鹮米传递到现代都市，并在那里实现了生态价值的转化。那些比市场普通大米高出50%的溢价，就是疲惫的现代都市人，对附着在大鹮米上的原始生态价值的认可和付费。

金融是干什么的？金融的本质是什么？就是要解决因为时间错位和空间错位造成的供给与需求的矛盾，以实现资源的优化配置。在大鹮米的故事中，绿色小额信贷和大鹮米交易的构建，就是同时解决了时间错位和空间错位，在村民需要种稻米但没有钱的情况下，提供低息的绿色小额信贷，以解决时间错位；在村民饱含生态价值的大鹮米种植出来却不知道该卖到哪里的时候，通过大鹮米远程交易的构建，解决空间错位的问题。当大鹮米种植达到了相当规模，就可以通过建立大鹮米期货交易，扩大交易量和交易额，农户获得的金融支持就会更多，期货提前支付的货款就会更好地解决农户资金缺乏的问题。

绿色金融用它神奇的最大范围寻觅交易和付费的功能，为大鹮米的生态价值定价，用金融之手，为大鹮鸟筑起了一堵护卫之墙，让大鹮鸟可以在春天欢唱，尽情享受阳光和爱情。当很多的鸟类都安然欢唱的时候，飞鸟之路，我们人类的生命播撒之路，就这样在地球蔓延。

1
柬埔寨国鸟大鹮

知道柬埔寨的国鸟大鹮并加入到这个极度濒危的大鹮鸟的保护之中，是因为国际野生生物保护学会（WCS）的霭黎，和我一样的职业女汉子。我是做绿色金融的，她是做野生生物保护的，对于生物多样性有着生物学的视角和敏锐。我们经常一起约着吃饭聊天，我聊绿色金融保护生物多样性的故事，她觉得很神奇，竟然有这么多金融工具可以运用。她会告诉我很多生物多样性保护的故事，让我收获很多。

柬埔寨大鹮鸟的故事，就是她说给我们听的。当时在一起的，还有同样从事生物多样性保护的吕植老师，她在青海保护雪豹。我们三个女汉子，就这样围绕着生物多样性保护，热烈地交流着，因为，除了职业，我们还都有着对野生生物的热爱。

大鹮是柬埔寨国鸟，与它们那些小个子的、爱翻垃圾箱的亲戚相比，大鹮看起来要威严得多。大鹮身高 1 米左右，体重超过 4 千克，羽毛和部分裸露的皮肤都是棕色的。它的自然栖息地是柬埔寨北部的沼泽、宽阔河流和季节性浸水草甸，也有少量分布于老挝南部和越南境内。这种鸟类是世界上最濒危、演化特异性最高的物种，种群数目估计在100只以内！在IUCN红色名录中其被评为极危物种，狩猎、骚扰及低地的森林砍伐等使它们正面临灭绝的危险。大鹮鸟已被列入联合国《濒危野生动物名录》。

看着霭黎展示的大鹮照片，我就被这个霸气的大鸟的气势吸引了，它好像是知道自己的地位似的，昂首阔步。它不是普通的鸟，是全球最稀缺、极度濒危的鸟，只有不到100只。所以，全球的生物多样性组织和鸟类爱好者都在竭尽所能地给它提供保护，包括霭黎。因为它的珍稀和全世界对它的关注，它成为柬埔寨国鸟。许多海外游客为了它前往柬埔寨，领略这一柬埔寨生态旅游独有的项目。

由于持续的森林砍伐、人为干扰和捕猎，大鹮鸟的数量还在减少，如果不严格保护，很快就会灭绝。2005 年 3 月 21 日，《关于将动植物指定为柬埔寨王国国家象征的皇家法令》将大鹮提名为柬埔寨的国鸟。

大鹮主要生活在柬埔寨北部平原，常单独自或呈小群活动，极少与别的鸟合群。它们在沼泽、宽阔的河流和开阔的低地森林觅食。沼泽、森林、河流两岸的淤泥地是其觅食的主要场地。白天活动觅食，晚上栖于高大树上。由于森林被大量砍伐、沼泽河流的剧减，大鹮的栖息地受到严重威胁。特别是工业化大规模农业的开发，橡胶、木薯、木浆和柚木种植园最近已成为大鹮的最大威胁。农业用地的大规模扩张、捕猎压力的增加和觅食地点的干扰正在导致大鹮失去繁殖栖息地。大鹮喜欢在高大笔直的树上筑巢，但这样的树种也很适合塑造成房屋建筑的木材。大量砍伐这样的树木就会导致大鹮筑巢树的减少，影响其繁殖。特别是，在筑巢季节砍伐大鹮筑巢树，会增加繁殖失败。大量砍伐高大树木导致缺乏合适筑巢树的大鹮被迫在次优树中筑巢。在暹邦，许多大型龙脑香树已被选择性砍伐。2013 年，在一棵小树的枝上观察到一个大鹮鸟巢。一场强风暴过后，在树下发现了它的巢穴和摔碎的鸟蛋。

缺乏合适的绿色金融手段使当地的农民从大鹮的保护中获利，所以当地农民缺乏保护大鹮的积极性。有些大鹮被捕猎杀死。如此珍稀的大鹮鸟，当地农民猎杀之后只是为了吃肉。所以，如何通过绿色金融工具和手段，使当地农民可以从保护大鹮中真正受益，非常重要。

2
绿色小额信贷推动大鹮米实现价值转化

国际野生生物保护学会（WCS）和世界自然基金会（WWF）在柬埔寨运用绿色小额信贷推动了大鹮米的生产和交易，以及生态旅游，使大鹮鸟栖息地所在区域的农户可以真实地从大鹮鸟的生物多样性保护中获利，使大鹮鸟的保护有了很好的社区基础和基层基础。

国际野生生物保护学会（WCS）和世界自然基金会（WWF）首先运用绿色小额信贷吸引当地的农户参与到大鹮米和生态旅游项目中。柬埔寨北部平原的森林和湿地是这些濒危鸟类赖以生存的栖息地，长期以来，当地社区都在使用这些森林和湿地。这些社区非常贫穷，严重依赖森林和自然资源维持生计。因为是特别偏远的农村，市场经济和金融资源都很缺乏，农产品只能以特别低的价格卖给少数贸易商。因为没有选择，只好接受这些贸易商低价的限制。金融机构的服务也很难深入到如此偏远的农村，因此，这些贸易商提供的借款是唯一的信贷来源。通常利率极高，因此，大多数农户家庭陷入了对贸易商的债务周期。从这些贸易商那里获得高利息贷款，用这些高利贷开展农业生产，然后再用极低的价格将农产品卖给贸易商。中间贸易商从融资到交易的高利益挤压，使当地的农户陷入贫困之中。

在这种循环无止境的贫困中，他们对珍稀的大鹮鸟很漠然，很难产生自豪感和认同感，所以，偷偷地捕猎时有发生，而捕猎的目的，仅仅是为了吃这些大鸟的肉。

在分析了当地社区情况后，国际野生生物保护学会（WCS）和世界自然基金会（WWF）决定从绿色小额信贷入手。他们筹集了19万美元，在磅汤姆省洞里萨运用绿色小额信贷试点，推进大鹮鸟的保护。他们组建了大鹮鸟保护项目合作社，以非常低的利率向合作社成员提供贷款，打破当地农户与贸易商的高债务依赖循环。对于参加合作社的农户，他们除了提供低利率的绿色小额信贷，还以比市场价格高50%的价格收购农户生产的大米，这样的大米被命名为大鹮米。但是，参加这个合作社的农户，必须承诺遵守野生动物保护和维护土地使用边界，不砍伐大鹮保护地的高大树木，不捕猎大鹮等野生珍稀保护动物。

国际野生生物保护学会（WCS）和世界自然基金会（WWF）还给参加合作社的农户提供各种农业培训，如不使用杀虫剂或非有机肥料的低技术栽培培训，以及柬埔寨有机物协会标准的培训等。

为了让大鹮米可以卖出更好的价格，体现农户生物多样性保护的溢价，最初的商业模式是直接向全国市场中心销售，绕过目前的中间贸易商，这样就可以提高农户大米的收购价，让农户增加收益。后来，又联系了愿意为野生动物保护付费的高级餐厅、酒店、寺庙等，以高于市场50%的价格出售大鹮米，给农户带来了更多的经济收入。而这些收入，保障了农户对低利率小额信贷的还款能力，并提高了农户的净收益。

农户知道，他们能够获得大鹮米的低息小额信贷，是因为大鹮；种植的大米能够卖出高于市场50%的价格，是因为大鹮；世界野生生物组织和世界自然基金会（WWF）之所以愿意帮助他们越过中间贸易商，将他们的大米直接卖给全国市场中心，以及愿意出高价购买野生生物友好型大鹮米的寺庙、酒店和高级餐馆，都是因为大鹮。所以，他们对大鹮鸟产生了认同感和骄傲感，他们开始主动保护大鹮，以保障大鹮米在市场中的高价格。同时，他们也知道，只有遵守保护协议，才能留在合作社里。所以，他们会主动遵守协议，不砍伐大鹮鸟栖息地的高大树木，不在稻田里使用农药和化肥，采取稻田和森林湿地交织的方式种植大鹮米，以保障不会有农药、化肥毒害大鹮鸟。

当地农户的这些承诺，进一步保障和提升了大鹮米的市场价值。这些大鹮米，不但满足了购买者对野生动物保护的热爱，同时，施用无农药化肥以及森林湿地稻田一体化的原始农作生态，使大鹮米具有特殊的营养味道和大自然的纯净。

对于已经超越生存需求的高级就餐者来说，美食是精神和感觉的升华。一种高端美食一定是有一个美丽的传说故事或文化的，来自柬埔寨北部平原原始森林的大鹮米，在濒危珍稀的大鹮鸟的神秘美丽中，在原始森林湿地稻田一体化的原始美景中，在原始大自然的纯净美好中，带给高端食客美丽的情怀和故事，满足高端食客在工业化城市中对遥远原始生态的向往，以及保护珍稀濒危野生大鹮鸟的情怀。

就这样，因为大鹮米，遥远原始森林的农户和现代都市有了密切的对接，农户们用他们对原始生态和大鹮栖息地的保护，带给了现代都市高端食客生态故事生态美感生态味道。大鹮米的味道是大自然的味道，是纯净的原始森林的味道，是遥远的濒危大鹮鸟的呼喊和鸣叫。在熙熙攘攘的现代都市，疲倦奔波在现代水泥城市的高端食客，向往和思念着原始大自然的感觉和味道，他们需要从这些生态食材里找到生命最初来源的宁静，找到纯净原始生态食材抚慰疲惫的胃和心的感觉，他们愿意为这些他们觉得无比珍贵的生态安慰付费，而大鹮米，给了他们心灵和味觉的双重抚慰。这是生态食材市场价值的真实体现，是付费动力的源泉。

绿色小额信贷和大鹮米交易的结合，让遥远村庄的农户可以将那里山清水秀的原始生态，以及大鹮鸟的绝世独立的骄傲，都通过大鹮米传递到现代都市，并在那里，实现了生态价值的转化。那些比市场普通大米高出50%的溢价，就是疲惫的现代都市人对附着在大鹮米上的原始生态价值的认可和回馈。

从东埔寨大鹮米的故事，我们可以看到，生态产品的供给与需求经常是有地域错位的。对于无比珍稀和令人向往的原始生态，对于已经极度濒危的大鹮鸟，疲惫和流浪的现代都市人，在富裕之后，有着很强的付费意愿，因为传统大规模的工业化已经在城市以及城市的周围毁灭了原始生态，现代都市人对生命最原始生态充满向往却求而不得，很多作家都在描绘这种对大自然的向往和呼唤。作家最擅长的就是抓住人们精神中的疲惫、向往和痛苦，全球那么多作家的沉痛呐喊与呼唤，已经体现了现代都市群疲惫的人们对生态原始大自然的爱和求而不得的苦痛和伤感。不需要我们环境专家的理性分析，那是赤裸裸的感性呼唤，更能体现大部分都市人群困守在水泥森林城市中的茫然、疲惫与无奈，以及眼见着原始生态森林湿地越来越少、离人类越来越遥远所感到的担心和焦虑。这些焦虑、困顿、忧伤和担心，就转化成了对生态产品实现市场价值的付费动力。

但是，生态产品是没办法在当地实现价值转化的，因为对于原始村庄的农户来说，贫困使他们很难有这样的感受，他们感受更深的是贫困和对温饱的需求。他们有丰富的生态产品，甚至包括极度珍贵和稀缺的大鹮鸟。可是，没有市场，金融也不来这样遥远的村庄为他们提供服务，所以，他们捕猎大鹮鸟，甚至只是为了吃它的肉。当生态价值无法在真实的市场中转化为真金白银时，在当地农户眼里，那就是没有价值。

金融是干什么的？金融的本质是什么？就是要解决因为时间错位和空间错位造成的供给与需求的矛盾，以实现资源的优化配置。在大鹮米的故事中，绿色小额信贷和大鹮米交易的构建，同时解决了时间错位和空间错位，在村民需要种稻米但没有钱的情况下，提供低息的绿色小额信贷，以解决时间错位；在村民饱含生态价值的大鹮米种植出来却不知道该卖到哪里的时候，通过大鹮米远程交易的构建，解决空间错位的问题。当大鹮米种植达到了相当规模，就可以通过建立大鹮米期货交易，扩大交易量和交易额。这样，农户获得的金融支持就会更多，期货提前支付的货款就会更好地解决农户资金缺乏的问题。

柬埔寨大鹮米的故事，也解决了最难的监测问题。国际野生生物保护学会（WCS）开发了一个有效的监测系统，该系统可以对大鹮栖息地进行遥感和卫星分析，确保村民遵守森林湿地保护协议，使用繁殖对计数对主要鸟类种群进行年度评估，并通过生计监测跟踪合作社农户家庭财富水平。

3
飞鸟之路“播撒”生命和未来

我的一个金融学朋友问我，人类为什么要牺牲自己的利益保护鸟？除了对原始生态的回归情怀，更理性的缘由是什么？我问她，你知道飞鸟之路吗？飞鸟之路又被称为生命之路啊！

鸟类对人类的生存发挥着不可替代的特殊作用，主要包括以下几方面：①鸟类是昆虫的天敌之一，它们的数量有助于阻止害虫的快速生长，对森林、草原和农业害虫具有控制作用。②鸟类是自然生态系统重要组成部分，物种之间通过食物链关系相互依存，相生相克。以浆果为食的鸟类可以帮助植物传播种子，蜂鸟、花蜜鸟、太阳鸟会帮助开花植物传播花粉。如果没有这些鸟类，植物的更新演替将受到阻碍，生态平衡将被严重破坏。③鸟类吃下果实后，帮助植物繁殖，或把种子带到更远更肥沃的土地生长，担负着种子及营养物的运输、参与系统内能量流动和无机物质循环、维持生态系统的稳定性的任务。

地球上的万物都是在不断进化的，适者生存。为什么植物要把自己的果实进化得这么甜美？就是让鸟儿喜欢吃呀。鸟儿吃下甜美的果实，通过飞翔，将种子带去遥远的地方，防止植物近亲繁殖的退化。鸟儿的飞翔之路，就是“播撒”生命之路。鸟儿还帮助传播花粉，吃掉植物的害虫。有鸟儿，才有正常的植物生长和循环；才有植物的光合作用和生长，人类才能有食物、有氧气、有生存。所以，有鸟儿的地方才有生命的希望。

著名的生态作家蕾切尔·卡森在《寂静的春天》里描写的没有鸟鸣的春天，是那么让人震撼，掀起了全球环保浪潮。没有鸟鸣的春天，就意味着没有生命的未来呀。所以，保护飞鸟的本质，保护生物多样性的本质，还是为了保护我们人类自己。

然而，人类对自然界的大规模开发给鸟类的生存带来极大的威胁，城市扩改、森林破坏、湿地缩减、环境污染、乱捕滥猎使鸟类资源遭受严重破坏，许多珍禽数量在不断减少，有的已到了濒临灭绝的地步。大鹮是目前世界上最稀有的鸟类，属于ICUN红色名录中的极危物种，是生物多样性中物种多样性的重要组成部分，也是维护生态系统稳定的重要环节，更是保持大自然生态平衡和基因资源的重要物种，保护大鹮、保护鸟类资源，关系到人类的生存与发展，也是衡量一个国家、一个民族文明进步的重要标志。为了保护鸟类资源，国际社会制定了《世界保护益鸟公约》，我国也出台了《陆生野生动物保护条例》。

遥远的柬埔寨的大鹮，让我无比向往。在这寂静的深夜，我好像看见了威武的大鹮鸟，迈着王者风范的步伐，漫步在原始森林、沼泽。对它的成功救赎，是绿色金融的功劳。绿色金融，就是帮助人们将原来只存在于科学家的核算和经济学家的外部性中的生态价值，真金白银地变成市场的付费。就像价格不断攀升的大鹮米，绿色金融用它神奇的最大范围寻觅交易和付费的功能，为大鹮米的生态价值定价，用金融之手，为大鹮鸟筑起了一堵护卫之墙，让大鹮鸟可以在春天欢唱，尽情享受阳光和爱情。当很多的鸟类都安然欢唱的时候，飞鸟之路，我们人类的生命播撒之路，就这样在地球蔓延。

弗吉尼亚蓝岭山区的生态葡萄酒庄园

弗吉尼亚葡萄园是在蓝岭山脉中，各个葡萄园被郁郁葱葱的群山环绕，所以，相较于加利福尼亚州等其他地方的葡萄园，弗吉尼亚单个葡萄园的面积是较小的，很难开展大规模的机械化种植，要靠劳动密集型投入。因此，弗吉尼亚的葡萄每吨价格在1800美元左右。而加利福尼亚州等地的葡萄每吨只要500美元左右，这种葡萄价格的巨大差异导致弗吉尼亚葡萄酒没有任何价格优势。

但是，正是因为被群山环绕，鸟类众多，周边生态环境资源丰裕，所以，弗吉尼亚的葡萄很少使用农药等杀虫剂，雨季把周边森林腐烂物质形成的肥料冲刷下来，进入葡萄园，也使葡萄园的土壤非常肥沃，不需要施用化肥。再加上当地山区特殊的气候，使弗吉尼亚的葡萄特别甜，酿制的葡萄酒口味也就非常与众不同。虽然弗吉尼亚葡萄酒价格要比加利福尼亚州的贵，但仍然有很多的买家。如今，弗吉尼亚州拥有280多家酒厂，遍布全州，是美国第五大葡萄酒产区。

1
有生命的生态葡萄园

在世界银行华盛顿总部工作的时候，我参加了自然资本投资考察团，调研了弗吉尼亚蓝岭山区的生态葡萄酒庄园。接待我们的是Emily，一个国际环保非政府组织（NGO）的专家。我对她说，我好像总是和Emily有缘，上次在锡瓦绿洲考察时，遇到一个美丽的Emily，这次又遇到一个美丽的Emily。她哈哈大笑，告诉我，因为Emily是美国女孩经常用的名字。

大家坐着大巴一起去蓝岭山脉的路上，Emily给大家介绍说，弗吉尼亚蓝岭山脉地区是美国第五大葡萄酒产地，也是世界顶尖的葡萄酒产地，所以，第一个去的考察点是葡萄酒庄园。她还告诉大家，这是美国第三位总统托马斯·杰斐逊的家乡。汽车沿着著名的蓝岭公路慢慢开着，沿途是郁郁葱葱的蓝岭山脉，碧绿清澈的河流。艾米对考察团介绍说，之所以慢慢开，是因为在蓝岭公路沿线就可以欣赏到很多蓝岭山脉地区的美丽景观，如森林、原野、历史悠久的小镇、老磨坊，等等。

葡萄园在群山环绕的山谷中，种满了葡萄，郁郁葱葱的葡萄枝蔓在秋日的阳光下舒展，硕果累累的葡萄挂满枝头。周围是清脆的鸟鸣。Emily介绍说，听见了吗？好热闹的鸟鸣声，这些鸟鸣声在证明，这是一个生态的、有生命的葡萄园，而不是一个工业化的葡萄园。专家们都欣喜地听着周边清脆的鸟鸣，微笑着点头。

为什么有很多的鸟鸣就证明这是生态的、有生命的葡萄园呢？工业化农业的特征就是大面积地只种一种物种，这样便于机械化操作。但是，自然界的生态总是混合多物种生长，以形成平衡的生态链。所以，这种大面积单一化的物种种植，就会导致很多生态问题。

美国的生态文学家蕾切尔·卡森（Rachel Carson）在1962年发表的《寂静的春天》（*Silent Spring*）中就已经揭示了美国工业化农业带来的生态危害：大面积同类植物的种植，导致吃该种植物的虫子大量繁衍，而大面积单一物种又导致这种虫子的天敌大量减少，特别是，大面积单一物种植物，没有树林，鸟儿筑巢生存的环境会越来越少，而在自然界，鸟儿是害虫的主要天敌，最自然生态的杀虫利器。

面对农业工业化导致的虫害频发和蔓延，人们采取的应对方式是，大面积高浓度地喷洒农药杀虫剂。但是，大量农药等杀虫剂的使用，不仅使蔬菜水果粮食作物有毒物质含量急剧增加，危害人们的健康，导致人们患各种疾病，而且这些大量使用的农药等杀虫剂也在毒害土地。土地中的蚯蚓等各种土壤生物和微生物都被剧毒的农药等杀虫剂毒死了，土地成为没有生命的死亡之地，导致土壤对种植物的哺育能力下降，单位面积产量急剧下降。

于是人们又给土地施用大量化肥，就好像给重病的人使用大量的激素，刺激其生产能力。外部施用的大量化肥虽然短期内可以迅速增加产量，但最终会加剧土壤营养的流失，加速土壤的死亡。死亡的土壤是没有哺育植物生长能力的，地面会寸草不生。

所以，鸟儿的清脆鸣叫代表着，这是一块有旺盛生命力的土地。

Emily说，正是卡森的《寂静的春天》这本著名的生态文学著作的出版，才唤醒了人们对这种大规模工业化农业的反省，使人们意识到，这种以大规模单一化机械化为特征的农业生产方式会使农业无法实现可持续发展。这样走下去，如果所有土地都变成死亡的土地，人类可持续发展也会面临危机。所以，人们开始反省和改变其经济发展模式。

Emily介绍说，正是在这种背景下，弗吉尼亚的葡萄酒业才获得了迅速发展。弗吉尼亚葡萄园是在蓝岭山脉中，各个葡萄园被郁郁葱葱的群山环绕，所以，相对于加利福尼亚州等其他地方的葡萄园，弗吉尼亚单个葡萄园的面积是较小的，很难开展大规模的机械化种植，要靠劳动密集型投入。因此，弗吉尼亚的葡萄每吨价格在1800美元左右，而加利福尼亚州等地的葡萄每吨只有500美元左右，这种葡萄价格的巨大差异导致弗吉尼亚葡萄酒没有任何价格优势。

但是，正是因为被群山环绕，鸟类众多，周边生态环境资源丰裕，所以，弗吉尼亚的葡萄很少使用农药等杀虫剂，雨季把周边森林腐烂物质形成的肥料冲刷下来，进入葡萄园，也使葡萄园的土壤非常肥沃，不需要施用化肥。再加上当地山区特殊的气候，使弗吉尼亚的葡萄特别地甜，酿制的葡萄酒口味也就非常地与众不同。虽然弗吉尼亚葡萄酒价格要比加利福尼亚州的贵，但是，仍然有很多买家。如今，弗吉尼亚州拥有280多家酒厂，遍布全州，是美国第五大葡萄酒产区。当年美国总统奥巴马在其就职典礼晚宴上，就为贵宾们提供了两款来自弗吉尼亚的葡萄酒。

弗吉尼亚优越的自然环境和气候条件催生了大自然的丰美馈赠——有着特殊口味的葡萄酒。弗吉尼亚的葡萄成熟周期漫长，使得葡萄的果味增长速度高于糖分，酿出的葡萄酒带着独特的花果芬芳，从而赢得了大量拥趸。弗吉尼亚的葡萄酒，如霞多丽，在美国葡萄酒的馥郁和欧洲葡萄酒结构感与浓缩感之间做到了平衡，带着典型的果香甜美，收尾部分清爽，有矿物质的味道。而这些特殊的味道，都来源于弗吉尼亚有着生命活力的土地。

Emily说，传统工业扩张给人们带来物质丰裕的同时，也带来了各种生态环境危机和人类健康的危险。而且，急速快速的工业文化和生活，也使人们找不到自己存在的价值，精神上的孤独、抑郁、压抑、创伤等，甚至导致很多人自杀。人们开始向往自然生态的生活以及自然生态的食物，而弗吉尼亚蓝岭山脉的经济增长模式就是建构在人们可持续发展需求基础上的。

2
葡萄小径

葡萄园不仅生产自然生态的葡萄，还是人们旅游休息回归自然的地方，是人们在传统工业世界拼杀得伤痕累累之后休养的场所。所以，不仅种植了大量的葡萄，还有很多其他果树，如橡树、樱桃。

陪同的葡萄酒庄园的工作人员介绍说，有一年，因为气候的原因，蓝岭山脉森林里的橡树结的橡子不太多，有些饥饿的熊就从森林里跑出来，偷吃葡萄园的葡萄。听得大家有些惊吓。葡萄园的工作人员就说，不用害怕，今年森林里橡树结子不错，熊不会跑出来的，即使跑出来遇到了，熊也会乖乖地躲避，它们下山只是为了偷点儿吃的，遇到不怕人比较大胆的熊，还会向人们乞讨食物呢。

葡萄酒庄园的工作人员又介绍说，弗吉尼亚葡萄酒庄园的葡萄小径（winery trail）已经成为著名的旅游景观。他带着大家走进了葡萄小径，小径的两边种满了葡萄，小径里绿草盈盈，土壤散发出泥土的芬芳。考察组的专家们就都脱了鞋袜，赤脚走在葡萄小径上。柔软的青草和土壤在脚底下，踩着非常舒适，慢慢地赤脚走着，我感受到了脚底下蚯蚓的蠕动。温暖的阳光，湿润的风，秋天的微风轻拂过面庞，轻轻地吹过葡萄枝蔓，世界安然寂静。这就是有生命的土地呀。我的心被深深地触动了。

走到葡萄小径的尽头，是一个大大的草坪，还有两栋品酒屋。草坪上，阳光下，人们躺着或者坐在翠绿柔软的草地上休息和野餐。在草坪周围，还摆着一些桌椅，人们在阳光下喝着庄园自产的葡萄酒，吃着葡萄酒庄园自产的食物。大家走进品酒屋，里面陈列着各种葡萄酒庄园自产的葡萄酒，葡萄酒庄园的工作人员会帮你打开任何一种你希望品尝的葡萄酒，让你品尝。我喜欢Barboursvill，有桃子和酸橙的味道，魅力难挡。Emily还请大家在葡萄酒庄园吃了用庄园里自产的各种蔬果烤制的比萨，还有加入樱桃浸泡的白葡萄酒，真是非常美味。

3
《风之色彩》

葡萄酒庄园的尽头是美丽的谢南多厄河（Shenandoah River）。Emily说，这是一条有故事的河流。沿着Shenandoah河，原来生活着弗吉尼亚印第安土著民族，部落的名称就是以这条著名的河流命名的：Shenandoah。或者，也许是，这个印第安部落太有名，就以这个部落的名称命名了这条河流。当年的殖民者就是沿着这条河流进入弗吉尼亚，其中的船长约翰遇见了Shenandoah部落的公主，并热烈地爱上了这位美丽的印第安公主。所以，谢南多厄河又叫情人渡。

据说，Shenandoah公主有着长长的、乌黑的头发，红铜色绸缎一样的皮肤，她总是甩着长长的秀发在森林、原野和瀑布间自由奔跑，充满着旺盛的生命力。她充满着山乡野性的率真可爱深深吸引了约翰船长，他爱上了Shenandoah公主，教她说英语，告诉她外面的世界。但显然他们两个有着不同的文化背景，对自然、对Shenandoah有不同的理解。Shenandoah公主唱的歌已经表达了她对大自然的热爱以及和约翰不同的理解。这首歌，就是著名的《风之色彩》。

Emily从巴士上取出了吉他，坐在河边草地上给大家弹唱Shenandoah公主唱的歌《风之色彩》：

你觉得你拥有所驻足的每一方土地，大地只是你占有的没有生命的事物，但是我知道身边的每一块石头、每一棵树、每一个生灵，他们都有生命，都有灵魂，还有名字。

你觉得只有人类才是地球的生命和主宰，但是，如果你跟随大自然的脚步，你就会了解很多你需要了解的事情。你是否听过野狼在秋夜对着冷月的倾诉和长鸣？或者，是否问过山猫为什么会咧开嘴欢笑？你可以应和着所有大山的声音歌唱吗？你可以绘制出山风所有旖旎的色彩吗？

来吧，让我们在神秘的林间小路上尽情奔跑！来吧，让我们品尝自然孕育生长的浆果的甘甜滋味！来吧，让我们在丰裕的大自然中翻滚戏浪，让我们尽情地在大自然的怀抱中欢乐，生命中总应该有一次尽情投入。

暴风雨和河流是我的兄长，苍鹭和水獭是我的朋友，我们都是大自然的大千万物，我们紧紧相连。就这样往复循环，生生不息。

史密斯菲尔德火腿：世界上最早的地理标志产品

地理标志产品是生态食材的一种，是指产自特定地域，其所具有的质量、声誉或其他产品特性本质取决于该产地的自然生态环境和历史人文环境，经审核批准以地理名称进行命名的产品。地理标志产品的生存和发展是生态保护的体现。正所谓一叶知秋，透过一滴水可以看世界，通过地理标志产品的变化，可以观察当地生态系统的变化。

史密斯菲尔德火腿是世界上最早的地理标志产品。史密斯菲尔德火腿之所以成为著名的地理标志产品，一是因为用当地盛产的花生喂猪；二是因为史密斯菲尔德镇腌制火腿历史悠久，有特殊的腌制猪肉秘方；三是因为史密斯菲尔德火腿不是烤出来的，而是用弗吉尼亚特产的山核桃或者橡树木头和树枝烟熏出来的，而且熏制时间特别长。为了保护史密斯菲尔德火腿的质量，防止市场出现仿制品影响史密斯菲尔德火腿的声誉，1926年，弗吉尼亚州议会通过了一项原产地保护法令，规定除史密斯菲尔德镇外，其他地区生产的火腿，不允许使用史密斯菲尔德火腿的名称，使史密斯火腿成为全球第一个地理标志产品。

我国也推出了很多地理标志产品，促进了当地生态资源的价值实现，比如贵州的茅贡香米。地理标志产品是适应当地气候环境而形成的产物，所以，也是一种气候适应型农业产品。

1
地理标志产品

史密斯菲尔德镇很著名，据说是白人最早抵达北美的地方。这个史密斯先生，就是第一艘抵达北美的船只的船长。他就是那位美丽的印第安Shenandoah公主的爱人，据说长得非常英俊潇洒。史密斯船长教会了Shenandoah公主英语，使她成为印第安部落里第一个会说英语的人。他们的爱情传奇故事，因为弗吉尼亚的民谣而在全球流传。这个小镇就是以史密斯船长的名字命名的。

但是，作为环保学者，吸引我来到史密斯菲尔德镇的，不是那位英俊潇洒的史密斯先生，而是这里著名的地理标志产品——史密斯菲尔德火腿。这应该是世界最早的地理标志产品。地理标志产品是生态产品的一种，是指产自特定地域，其所具有的质量、声誉或其他产品特性本质取决于该产地的自然生态环境和历史人文环境，经审核批准以地理名称进行命名的产品。

所谓一方水土孕育一方瑰宝，地理标志产品就是对这句话最好的阐释。比如库尔勒香梨的甜，山西老陈醋的醇，武夷山大红袍的香。能获得地理标志产品认证的产品，都必须是在一定的区域范畴进行生产的；所申请的地理标志产品，也必须不是独家占有的商标，而是该区域多数企业共同使用的商标。必须具有基于当地地域特点的产品特色。地理标志赋予了本地产品与同类产品可区别的特性，让一个地区的自然资源和生态资源优势可以在市场中通过产品价值的升值体现出来。

地理标志是一种区域公共品牌，这使当地农民有了进入地理标志产品市场的途径，可以使贫困地区利用自然资源和生态资源优势，创造自己独特的市场优势，还可以带动当地旅游产业、服务业及相关产业发展。所以，地理标志产品溢价是生态资源在市场中实现价值的手段之一。特殊的甚至是独一无二的地理环境造就了地理标志性农产品及其出众的质量，赢得了消费者的喜爱和高度赞誉，使其得以高价出售，为相关产业的经营者带来了巨大的经济效益。

地理标志保护对环境的影响是巨大的。首先，地理标志保护促进生态嵌入。地理标志注册过程对生态嵌入具有积极的影响，体现在供应链中的参与者会在生产全过程中考虑生态因素，并向消费者宣传这一概念。这些参与者也会对生产过程中涉及的环境限制和危险性有更准确的认识，从而在地理标志的保护区中更好地保护当地特有资源，促进环境友好的生产系统形成。其次，地理标志农产品是当地生态环境的“标志者”和“自动监测器”。地理标志产品的生存和发展是生态保护的体现。正所谓一叶知秋，透过一滴水可以看世界，通过地理标志产品的变化，可以观察当地生态系统的变化。

地理标志产品与该地区特定的地理环境有着紧密联系。当地的土壤、水质、气候等任何一个因素的改变，都可能导致产品质量的下降。为保证地理标志产品的高品质和产业的可持续发展，产地农户、企业及地理标志产品产地政府都会积极采取措施，保护该地理标志产品所依赖的特定环境，从而在不同层次上保存当地的生态系统。

2
史密斯菲尔德火腿

史密斯菲尔德火腿之所以成为著名的地理标志产品，一是因为用当地盛产的花生喂猪。弗吉尼亚的土壤和气候非常适宜种植花生，当地农庄大量种植花生。由于花生产量非常大，农户就把吃不掉的花生用来喂猪。后来发现这样喂出的猪，猪肉特别美味，因为花生含有大量油脂，吃了大量花生长大的猪，用其猪肉制作的火腿，就有一种特殊的花生芳香，而且格外油润；二是因为史密斯菲尔德镇腌制火腿历史悠久，有特殊的腌制猪肉秘方，到现在还保密呢；三是因为史密斯菲尔德火腿不是烤出来的，而是用弗吉尼亚特产的山核桃或者橡树木头和树枝烟熏出来的，而且熏制时间特别长。

由于以上三个原因，史密斯菲尔德火腿味道特别独特，非常美味，很早就在欧洲畅销，现在已经成为全球著名三大火腿之一，史密斯菲尔德小镇也成为著名的世界火腿之都。

为了保护史密斯菲尔德火腿的质量，防止市场上出现仿制品，影响史密斯菲尔德火腿的声誉，1926年，弗吉尼亚州议会通过了一项原产地保护法令，规定除史密斯菲尔德镇外，其他地区生产的火腿，不允许使用史密斯菲尔德火腿的名称，使史密斯火腿成为全球第一个地理标志产品。

这个小镇的地理位置非常优越，附近有世界最大的军港诺福克海军基地。由于濒临入海口，小镇商业一直很发达。目前，小镇的支柱产业是猪产业和旅游业。

小镇外是美丽的温莎城堡公园，属于滨海湿地，生态环境非常好。长长的木栈道弯曲着通向森林，公园里的各种娱乐设施都是用古朴的原木制成的，简单原始，返璞归真，与周边原始生态美丽的景观融合。进入通向小镇的小径，道路两旁栽种着很多花树，灿烂鲜艳，花团锦簇。

进入小镇，镇中心的历史文化街至今保留着几十座18、19世纪的历史建筑。小镇的吉祥物是一只可爱的小猪，所以，到处可见五彩斑斓的小猪雕塑。小镇恬静优美，镇上商店里出售各种小猪纪念品，还有很多火腿专卖店。

中国的金华火腿也是地理标志产品。我去那里考察的时候，仔细地对比了这些火腿，和金华火腿有些像，但仔细闻，味道不太一样。

店主很热情地切了几片火腿，请大家品尝。薄薄的火腿片，几乎透明，泛着诱人的油润的光泽，如宝石般晶莹剔透。放进嘴里细细地嚼，一种绵长不绝的香味。我一冲动就买了一整只火腿。

我是畲族人，我的老家也是每年都会烟熏火腿腊肉的。因为住在深山老林里面，过去与外面的交通很不方便，有些老人甚至一辈子都没有出过山。这种比较落后的交通状况，导致寨子里都是自给自足，不可能去市场上买猪肉吃，毕竟集市非常远。要杀了猪吃不掉，不能卖掉，也没有冰箱保存，大家普遍的办法就是腌制后烟熏。

在寨子里，家家户户都挂着很多腌制烟熏的火腿腊肉。说起来，我们寨子里的猪更生态，因为几乎不用饲养，早上就把猪放出去，猪自己在山里找东西吃，晚上又自己回来。只有发现猪回来后没吃饱，或者下雨或者太冷的冬天，才喂猪吃东西，喂的一般是用红薯枝蔓、红薯、米糠等煮的猪饲料，没有花生那么油润，但猪也很肥。烟熏的时候，用的是花生壳。要腌制很长时间，烟熏很长时间，才挂在火塘上。因为火塘是烧各种木头生火做饭的，挂在火塘上的火腿腊肉就持续不断地被炊烟环绕。悬挂在火塘上的火腿腊肉，烟熏得越久，肉就越有韧劲，越有嚼头，而且嚼起来越香。

我觉得，只要打开市场，家乡的火腿也可以培育成像史密斯菲尔德火腿那样著名的地理标志产品，并成为振兴家乡经济的生态产业。家乡的火腿味道非常好，特别是春天，用鲜嫩的春笋炖火腿，最美味了。

3
以史密斯菲尔德火腿为主的美食

史密斯菲尔德镇不仅卖火腿，还开发出以火腿美食为特色的旅游业。那次考察，我们就去品尝了街边的一家餐厅，号称主打火腿美食，招牌上写着“A day without ham is a day wasted.”（没有火腿的日子就是被浪费掉的日子。）

这家的招牌菜是火腿套餐。前菜是芦笋火腿卷，火腿被片成很薄的长条，卷起一根根翠绿的嫩芦笋，再在火腿上加入黑胡椒、迷迭香粉、橄榄油等调料，在烤箱里烤。因为是裹着火腿肉烤的，芦笋很鲜嫩水灵清脆，火腿肉的鲜美渗透进鲜嫩芦笋，使芦笋特别美味。

汤是生蚝火腿浓汤。史密斯菲尔德是一个临海小镇，海产品非常新鲜又便宜。生蚝火腿炖煮在一起，加入洋葱、奶酪、黑胡椒等，非常鲜美。主菜是史密斯菲尔德火腿汉堡。大大的白色盘子，汉堡里夹着非常多的史密斯菲尔德火腿，上面还浇了一大勺史密斯菲尔德火腿熬的肉酱汁，太美味了。

4
本杰瑞冰激凌

本杰瑞冰激凌是美国另一种著名的地理标志产品。我在美国留学的时候，最喜欢吃的就是本杰瑞冰激凌。本杰瑞冰激凌是全美国甚至是全球著名品牌的冰激凌，依托佛蒙特没有任何工业污染的全生态畜牧产业链，全生态的优质牛奶和各种奶产品。奶味浓郁柔软润滑，散发着大自然草场的清香。

佛蒙特全州完全没有工业，有着非常原始生态的青山、绿水、湖泊、高原、草原、湿地等，宁静悠然。当地的居民都拒绝城市化和工业化，但如何在不走城市化工业化的前提下，还实现居民富裕呢？如何把“绿水青山”转化为“金山银山”呢？佛蒙特做出了大胆的尝试，而且成功了。

当地主要收入来自生态旅游、生态农牧产品等。例如本杰瑞冰激凌，因为其依托全生态农牧产业链，其口味和口碑都获得国际普遍认同。它几乎是最贵的冰激凌，比哈根达斯还贵，但订单依然从全球飞至。而本杰瑞冰激凌的巨大成功，又带动了当地的全生态化的畜牧业发展。

全年6个月的白雪皑皑，本来是劣势，但是，全生态的生态环境、森林草原冬日美景、全生态的从当地农庄到餐桌的饮食生态化运动、长达6个月的滑雪期，使佛蒙特在全球滑雪场地脱颖而出，而佛蒙特秋天漫山遍野的绚烂多彩的枫树奇景，吸引着全球的旅游者。他们到佛蒙特来参观旅游、滑雪，享受生态美食，欣赏生态美景。这些都拉动着佛蒙特经济的增长。目前，佛蒙特的人均GDP是7万美元（相当于42万元人民币）。

佛蒙特虽然人口极少，而且是原始生态状态，没有工业，没有大城市，到处是典型的农庄，但是，因为找到了适合本地的生态经济发展模式，所以回归生态自然，同时又实现了富裕。

本杰瑞冰激凌的成功，来自工业国家民众对工业文明反思后对人与自然和谐共生的生活方式的向往和努力。例如美国，只有200多年历史，是各国移民聚合的国家，最初的发展得益于工业文明的建立，所以，美国初期的文化带有典型工业文化特征。这个社会，每个人都像镶嵌在社会大机器里的一个螺丝钉，围绕着社会生产这个大机器快速旋转，自我价值在这里是失落的。

到处是整齐划一的工业文化，没有自我，没有个性，没有田野，没有自然，就是饮食文化也主要是快餐文化，大量的罐头和速冻速食食品。这样的迅速的城市化和工业化刺激了美国经济的快速发展，但也带来了很多社会问题，人们感觉不到自己存在的价值，人们失去了和大自然的纽带相连，人们感受不到相互之间的亲情和爱情，因为，就连吃饭这样最直击人心的需求也不再是享受，不再是爱的体现，而只是尽快满足生理需求，好让人们迅速回归社会大机器生产的位置。

人们开始拒绝这种工业化的快餐文化，希望可以用爱、用最自然、最天然的食材来烹调食物，用爱、用自然来温暖家人。这种生态饮食文化，最核心的内容，就是爱与自然。而对这些地理标志产品的向往，其实，也是疲惫的现代人对生态自然的向往。

5
贵州茅贡香米

茅贡米，贵州省湄潭县特产，我国国家地理标志产品。湄潭县素有云贵

“小江南”、黔北“小花溪”“黔北粮仓”的美誉，农业历史悠久。因其独特的地形、气候、土壤等自然条件，所产稻米品质优良。嘉庆年间，出产于贵州的湄潭茅坝米因作为贡品进奉朝廷而美名远扬，故称为“茅贡米”。据说，曾先后任山东蒲台、肥城等八县知县的湄潭永兴茅坝人朱龙鼎，带“茅坝米”入朝进贡，嘉庆皇帝吃了茅坝米，赞不绝口，1799年下旨钦赐：“湄潭永兴茅坝米为宫中御膳用米。”

据县志记载，茅贡米出产地地理环境、气候条件独特，平均海拔820米，年降雨量150毫米，平均气温15摄氏度，年日照数1200小时，田地分布在湄江河上游两岸，系河水长期冲刷形成的油沙地，富含硒、锌、铁、钙等多种微量元素。所以，该地出产的大米色泽光亮，晶莹饱满，煮食浆汁如乳，米饭油亮黏润，天然清香，入口松软，有弹性，回味香甜悠长，是米中精品。抗日战争时期，浙江大学西迁在湄潭办学时，校长竺可桢先生曾对茅贡米给予高度评价，誉之为“黔中之宝”。邓小平同志到遵义视察，食用茅坝米后称赞道：“这饭好香哦！米中茅台。”2010年12月3日，原国家质检总局批准对“茅贡米”实施地理标志产品保护。

我以前一直只知道贵州的茅台酒，不知道除了茅台，还有茅贡香米。全世界的美食何其多，然而，如果说有一样食物，能让人天天食用而不生厌，那一定不是拥有无数赞誉的法国鹅肝，也不会是天价美食蓝鳍金枪鱼，而是这毫不起眼的米饭。现在很多人已经不吃米饭了，觉得米饭寡淡无味。怎么会呢？南方人的米饭胃一定在强烈抗议。一碗鲜糯的米饭，是美食的基础呀。所以，我喜欢收集各种有特色的美味的稻米。有了一碗中意的米饭，仅就着一点儿辣椒萝卜干，也是很美味的。

我有一小袋茅贡香米，是去参加在湄潭的人大校友会得来的，很珍惜地收藏着。味道很好，米粒很大。手中取少量米粒，用手搓其发热，有股扑鼻的清香，做成饭后更是米香四溢，满屋飘香，特别油润香糯，加了黄油焖煮，就是不吃菜，吃上这么一碗油润香糯的米饭，也很舒心。

上次去参加校友会，还听到了一个浪漫故事。一个娇小可爱的美女，暗恋一位经常深夜在校园弹琴吟唱的校园吉他歌手，高两级的校草，暗恋了很多年都不敢表白。在这么多年过去后，这次校友聚会，校花美眉大胆请校草哥哥，和她合唱一首《请跟我来》。大家都沸腾了，这个校友会，因为这样浪漫的小插曲，而变得格外温馨欢快。不过，悄悄地说，这位校草哥哥，真的不怎么帅呀。我喜欢高大有气场的男生，这个校草哥哥，实在是太纤细了。男生不是应该像高山一样高大魁梧吗？可能我是畲族人，审美不一样。

将水烧开，再放入大米，或者直接用开水煮。待锅中水分干时，揭开盖子，热气瞬间喷涌而出，米香更是直逼嗅觉。盛一碗热气腾腾的米饭，米粒油润晶莹洁白，呈半透明状；米饭油光泛亮，不散不渣，香味浓郁；挖起一勺放于口中，口感绵软有弹性，并且齿间留香，口味回甘。吃着茅贡香米，想起那对多年后再次牵手合唱的师兄妹，感慨间，茅贡香米的香味已经弥漫在小小的屋子里。爱的味道总是美好的，因为美好的校友聚会而获得的茅贡香米，也散发着温馨的爱的味道。

布朗山原生态 千年普洱茶古树

布朗山上有著名的布朗族，这个高山之上的民族有着著名的古树茶文化，其祖居之地，还保留着原生态的具有1000多年历史的古树普洱茶。这些古树茶都是生长在原始森林，是原始森林生态系统的一部分。原始森林景观与古茶树和谐交融，林中有茶，茶中有林，郁郁葱葱。布朗族是一个以茶为生的民族，在长期驯化、种植茶树的过程中，形成了许多与古茶树相关的传统文化知识。他们认识自然，与自然和谐相处，让古茶园和森林的生态系统得到很好的传承与发展。

俗语说，“布朗族待过的地方就有千年古茶树”。品尝着布朗王子亲自冲泡的布朗普洱茶，默默看着窗外被夕阳恣意涂抹的群山，远远近近的布朗村落就镶嵌在无边起伏的森林和古茶林中。“千年万亩”，这里是茶树的世界、茶树的海洋、茶的故乡。布朗人拜古茶树为神树。布朗族的先祖头人帕艾冷临终时给布朗人留下遗训：“我给你们留下牛马，怕遭自然灾害死光；要给你们留下金银财宝，你们也会吃完用光。就给你们留下茶树吧，让子孙后代取之不尽、用之不竭。你们要像爱护眼睛一样爱护茶树，一代传给一代，决不能让其遗失。”

这些千年古茶树能保存至今，首先源于布朗文化对自然的敬畏、尊重和爱护，源于淳朴的人与自然和谐共生的理想。布朗族文化中对古茶树作为神树的供奉，才使我们今天能品尝到美好到极致的千年古树普洱茶。当我静静地漫步在幽静的原始森林，走过棵棵有着千年历史的古茶大树，不禁担心，走出大山接受了现代文明的布朗族新一代，他们还会像他们的先祖那样敬畏森林吗？逐渐失去布朗传统文化庇护的大树古茶森林，怎么能在现代文明中安然幸存呢？

1 奔赴布朗山

布朗山上有著名的布朗族，这个高山之上的民族有着著名的古树茶文化，其祖居之地还保留着原生态的具有1000多年历史的古树普洱茶。为了考察原生态普洱茶古树，探寻其可以保存千年的原因，我们组建了考察组，大家一起奔赴布朗山。

布朗山位于西双版纳勐海县的境内，靠近中缅边境，是著名的普洱茶产区，也是古茶园保留得最多的地区之一。布朗山方圆1000多平方千米。布朗山乡包括班章、老曼峨、曼新龙等村寨。其中，最古老的老曼峨寨子已有1400年历史。布朗族是百濮的后裔，他们世世代代生活在布朗山，是世界上最早栽培、制作和饮用茶叶的民族。

布朗山的气候是独特的，夏秋季受来自孟加拉湾的暖气流控制，冬春季受来自印度半岛的干暖西风气流控制，加之北部有哀牢山和无量山的屏障作用，形成了“冬无严寒，夏无酷暑，四季如春”的气候特点。布朗山处于绝对高度多在1000～2200米的中山山地，相对高差500～1000米，形成了明显的立体气候。这些得天独厚的自然条件成就了布朗山的茶在普洱茶中的传奇。

普洱市的飞机场很小，取行李的转盘和出站口都在一个小屋子里，大家很方便地取了行李，就坐车前往布朗山。从普洱市到布朗山有5个多小时的车程，沿途大部分是悬崖峭壁的山路，而且悬崖边甚至没有护栏。司机是本地人，并不害怕，他说他每天都开，熟悉得可以睡着开。司机只是表明自己对这个路很熟，可是，当我把司机的话当作安慰告诉考察组的专家们后，来自澳大利亚已经80多岁的老先生Tom就非常担心了。悬崖峭壁的山路本来就很凶险，司机还要睡着开？他担心极了，坚持要坐到副司机位置上，虽然语言不通，但一路上，不断给司机递吃的——饮料、口香糖、巧克力。我对司机说，老先生怕你睡着了。司机很友好，为了让老先生安心，不断向老先生微笑，表示他是醒着开车的。

2
与原始森林和谐交融的布朗古树茶

到了著名的布朗山，见到了仰慕已久的古树茶。据说这样的古树茶在全世界也没有多少了，这些古树茶几乎是布朗族文明的活化石呀。布朗族是以茶为生的民族，种茶、制茶，就是他们生活的全部。这些古树茶都生长在原始森林，是原始森林生态系统的一部分。原始森林景观与古茶树和谐交融，林中有茶，茶中有林，郁郁葱葱。老曼峨是布朗族在布朗山最早建立的寨子之一，种茶历史已有900多年。至今，老曼峨寨子共有100多户人家，现存古茶园3205亩，分布在该村四周的森林中，海拔1300米左右。

布朗山浓密的原始森林里，林木茂密，谷涧错落，孕育了很多几百年以上的古茶树。茶树与森林共生，一棵棵错落有致的碗口粗的古茶树，在林中还有很多茶籽落地后自然长出的小茶树。斜阳的光斑透过浓密的树荫洒下来，落在地面厚厚的枯枝败叶和长满苔藓、地衣的树干上。走在原始森林的幽静小路上，看着3米以上的高大古茶树，斑驳的阳光从树叶间挥洒下来，几个穿着布朗族漂亮服饰的姑娘从原始山道蜿蜒而来，美丽鬼魅得好像《聊斋》中走出的大树茶精。在这样安然幽静的原始森林，呼吸着纯净的空气，闭眼感受着鸟鸣和微风轻拂的恣意，我们都没有说话。

布朗山是布朗族的主要聚居区，也是全国唯一的布朗族乡。据说，云南的古茶树，是古代“濮人”所种，其后裔布朗族是云南最早种茶的民族，也是世界上最早栽培、制作和饮用茶叶的民族之一。布朗族是一个以茶为生的民族，在长期驯化、种植茶树的过程中，形成了许多与古茶树相关的传统文化知识。他们认识自然，与自然和谐相处，让古茶园和森林的生态系统得到很好的传承与发展。

布朗山古茶，鲜叶嫩匀，色黄绿，香气浓郁、高远，汤色橙黄明亮，滋味浓烈，茶汤入口有非常强烈的冲击力，回甘快，生津强，有野樟香打底的喉韵。布朗族早期用茶是为了治病，之后用来祭神。再后来学会了种茶，布朗人逐渐形成“饮茶成习”“一日不可无茶”的习俗。茶文化已经融入了布朗族的人生，种茶、品茶、食茶，布朗人就在茶的世界里生活和发展。《西双版纳史话》一书记载：布朗族是最早种茶、制茶的民族，是茶的始祖；自他们的祖先发现茶后，布朗族便以茶为生，认为茶树有魂，敬重茶树。对布朗族而言，茶叶不仅满足他们的消费需求，还是他们用来和外界交换食盐、布匹、蜡条等物品的交易品。直到今天，茶仍是布朗族最主要的经济作物。

优越的生态环境为布朗族的茶种植与发展提供了原材料。古老的茶农积累了丰富的种茶与制茶经验。每年4月开始，布朗山的头茶成熟了，身着黑青色上衣，五彩裹裙的布朗族妇女纷纷熟练地爬上古茶树，采摘茶鲜叶。古树茶叶片椭圆形，叶面隆起，叶身背弓或内折，叶质软，叶色深绿，叶尖渐尖或尾尖，叶基楔形。香型特殊，似兰似蜜似野花，山野气息浓厚。

布朗族是一个以茶为生、嗜茶如命的民族。在布朗人心目中，茶是圣洁之物，可以通神，凡有重要事情，都要用茶祈神保佑。茶还是布朗人重要的爱情表达。少数民族的爱情总是原始、激情、火辣辣的，布朗人的爱情，是在“串姑娘”中发展的，和我们畲族的对山歌寻找爱情很相似。在月亮升起的浪漫之夜，能歌善舞的布朗阿哥们换上新装，抱着三弦，三三两两结伴来到姑娘的楼下面，争相用诙谐的语言和热情的歌声去打动意中人的心弦。布朗族的姑娘们则早早燃起火塘，打开房门，邀请小哥们进入客厅，用对歌、敬茶的方式表达出自己对心上人的爱慕。如果哪个阿哥的歌声唱到姑娘的心坎里了，姑娘一定会大胆主动表达自己的情感，而这个表达方式，就是含情脉脉地给心上的情郎敬一碗香茶。如果最终阿哥阿妹通过“串姑娘”确定了爱情，阿哥的长辈就要带着茶叶和香蕉来提亲。如果阿妹家收下了茶叶香蕉，说明接受了这门亲事，所以又叫茶叶香蕉定终身。举行婚礼的时候，寨子里会派出年轻的姑娘小伙子，顶着酸茶桶报喜，邀请大家参加结婚庆贺的婚礼。而婚礼的饮食，那是处处都有茶食。香茶真是贯穿了布朗人爱情的始终。

竹筒茶和酸茶是布朗族特有的茶饮食。竹筒茶的制法是：用嫩茶尖在铁锅内炒干，趁热塞进香竹筒内，直到填满、压紧实，再用笋叶封口扎紧。然后将竹筒放在火塘上烘烤，烤时不停翻动。当竹筒发出焦香的味道时，火候便到了。竹筒冷却后被剥去，竹子高洁淡雅的香气与茶香融合，沁人心脾。竹筒茶的优点，一是其味独特，二是久放不会变质。

姑娘们要表达爱情，是需要制作竹筒蜂蜜茶的，以表达对爱人的甜蜜爱恋。姑娘们摘来鲜嫩的茶叶，砍来新鲜的竹子，将竹子制作成筒，塞入茶叶后，将竹筒放入火中烧烤，直至筒内鲜茶叶煮熟。而后把竹筒从火中取出来，将茶叶放入碗中，加入蜂蜜，再把烧沸的开水冲入碗中。这时满屋飘香，一碗黄中带绿的竹筒蜂蜜茶就制作完成了。此时蜂蜜的甘甜、泉水的清洌、茶叶的浓醇融为一体，喝起来别有风味，令人久久难忘。真是美不胜收。当阿哥品味姑娘精心泡制的这道茶时，姑娘火辣辣的甜蜜爱情，就通过甜蜜温暖的茶汤，传递到阿哥的心里。

酸茶既可以做菜上餐桌，也可用开水冲泡作饮料，还可以当零食直接放入口中咀嚼。其制法是：在每年5—6月，将采摘的鲜叶茶蒸熟，放在阴凉处晾干，装入竹筒中压紧封好，埋入土中，过几个月或几年后，遇上喜庆诸事或客人来访，将竹筒挖出，取出茶叶，拌上辣椒，撒上盐巴来款待客人，可以直接嚼食。茶叶酸涩、清香，喉舌清凉回甜，助消化，解口渴。

作为布朗人日常茶菜的还有腌茶叶。腌茶是布朗人把茶叶的功用发挥到了极致的证明。腌茶是采摘古茶树上的鲜叶，放入水中煮熟，待凉后加入盐、姜、辣椒和一些植物的籽，揉搓后塞进竹筒，用笋壳封口，在阴凉处放置10来天，然后深埋地下1个月，就可以取出来吃了。吃时可以直接进口咀嚼，也可煮汤或冲冷饮。生嚼腌茶，味道微酸，甘甜生津，令人神清气爽。这种似茶非茶、似菜非菜的东西，口感独特，独特到有些怪异，但绝对是布朗人的最爱，且为布朗族所独有。这样的腌茶起源于供奉，据说是放在供桌上供奉神灵的茶叶变酸了，有人尝了，觉得味道还不错，茶叶居然还可以这样来“吃”。不断的花样翻新，就有了现在的腌茶。

煳米茶是另一种布朗族茶食。此茶用料独特，其泡制方式是先将土罐放在火塘中烤热，再放入糯米与茶叶同烤。随后添加通管散、甜百改、姜片、枇杷叶等几味草药，用滚烫的开水泡开，最后佐以红糖调味，放回火塘烹煮几分钟，一罐色泽暗红，能治疗感冒、咳嗽的药茶便制作完成了。

我的布朗族朋友玉南坎说，“布朗山的古茶树都在高山上自然生长，爬树的过程也充满惊险。我小时候就常在树上和蛇对峙，虽然采摘艰苦，但是野生茶树的品质肯定是优于人工栽培的，所以再苦也要获得。古茶树是寨子的朋友，我们不但要爱护它，也要让越来越多的人知道古树茶的珍贵”。布朗人就这样，用一杯杯甘美的茶，默默守护着祖先留下的土地与传统。

3

布朗族王子

沿着山路攀登，在山顶之上，是布朗族的王宫，我们见到了传说中的布朗王子。他是布朗族的最后一位头人后人，也是中国最后一位布朗族王子，和族人世代居住在布朗山原始森林中。

王子已经80岁高龄，在布朗山家喻户晓，他的父亲苏理亚是布朗族的最后一位世袭头人。按照布朗族的习俗，头人之位是世袭，但并非一定要传给长子，而是传给最勇敢、最有智慧的孩子。苏理亚在病重时，将自己想做未做及未竟之事嘱托给了苏国文。布朗族人就认定，王子是他们尊贵头人的继承者，称他为“更丁”（受尊敬的人），也就是布朗族的王子。

布朗族是一个没有文字的民族，文化传承基本都是靠口述代代相传。长年深居在环境闭塞的山林里，导致布朗族的文化很落后。60多年前，这里还停留在刀耕火种的原始阶段，连像样的种植工具都没有。为了让族人们认识到知识的力量，王子致力于扫盲工作，让近10万同胞摘下了“文盲”的帽子。可以说，他倾尽一生的时间，传承了布朗族濒绝的历史与文化，十分令人敬重。

王子穿着布朗族的传统服饰，儒雅而又安详。在考察组的外国专家的最初想象中，生活在原始森林中的部落王子，会是头上粘满羽毛，脸上画着神秘符号，手执标枪的“酋长”形象。没想到竟然是如此儒雅安详、充满文化智慧的老人。

王子请我们在火塘边坐下，开始为我们冲泡著名的布朗普洱茶。火塘上吊着水壶，温暖地散发着热气，王子静静地撬茶，默默地取下火塘上的水壶，将茶具冲洗温暖，三遍布朗山泉水醒茶后，茶香四溢。我们默默地端起茶碗，静静地品，这是来自原始森林的大树古茶呀，蕴藏着千年古树的灵气，是布朗族文化的精髓，而布朗族王子穿着民族盛装、充满文化底蕴的茶道演绎，让这杯古树茶的灵魂充满着布朗的特色和味道。泡茶喝茶，就是冲泡人生。望着静静地为我们冲泡古树茶的布朗王子，他沧桑安详和静然的面庞，千年的布朗茶文化，就好像在他的冲泡中盎然释放。布朗王子是个老人了，他的白发，与火塘散发的温暖的光辉映着，温暖而安然。

品尝着王子亲自冲泡的布朗普洱茶，默默看着窗外被夕阳恣意涂抹的群山，远远近近的布朗村落就镶嵌在无边起伏的森林和古茶林中。“千年万亩”，这里是茶树的世界、茶树的海洋、茶的故乡。

4
布朗族包烧鲜鱼

晚上住在布朗山，木制的小屋子，隐藏在原始森林中，很布朗。晚饭吃的是很有布朗特色的包烧鲜鱼。漂亮的布朗姑娘，头上戴着满是鲜花的头饰，将鲜美的鱼，用芭蕉叶包着，扔到火塘里烧。火塘边，布朗姑娘先将鲜鱼剖杀洗净，用刀在鱼身上裂出一道道细纹以便入味。然后，将一个个柠檬剖开，将柠檬汁挤出，撒到鱼身上。感觉布朗族真的很爱吃酸，很多菜都要放大量的柠檬。再将鲜红辣椒、姜蒜以及其他本地调味的鲜菜剁碎，加入盐巴，揉撒到整个鱼身上，剩下的全部塞进鱼肚中。用芭蕉叶，层层包裹，用香茅草捆扎，扔进火塘中，埋进火塘的灰烬中。火塘的灰烬，比直接烧烤温度低，慢慢地烧焖更入味。看外层包裹的芭蕉叶慢慢烧焖得变成灰褐色，戴着满头鲜花的美丽布朗姑娘把鱼肉包从火塘里夹出来，小心翼翼地将层层芭蕉叶撕开，里面的芭蕉叶还是翠绿的，冒着热气。当全部芭蕉叶撕开后，热气腾腾、香气扑鼻的包烧鲜鱼就露出来了。

跑了一天的路，大家都很饿，吃着包烧鲜鱼，就感到格外鲜香嫩滑。Tom先生竟然不忙着吃鱼，还有精力仔细打量美貌的布朗族姑娘，看得目不转睛。男人都是大猪蹄子呀。我提醒Tom先生，赶快吃美味的包烧鲜鱼，不要老盯着美貌的姑娘看，家里还有夫人等着呢。Tom先生很不好意思地笑了，低下头开始品尝美味的包烧鲜鱼。后来，我去澳大利亚Tom先生家做客的时候，很不厚道地把Tom先生盯着美貌的布朗族姑娘看以至于都忘了吃包烧鲜鱼的事情，告密给Tom先生的夫人了。她哈哈大笑，说道，这说明Tom先生仍然青春盎然呀。她说，她也喜欢看英俊的帅哥，画画的人，对美的事物都敏感，那么美的帅哥、美女，都会忍不住多看几眼呢？真是不是一家人不进一家门呀，我终于也领受了Tom夫人的魅力，美丽的性格、美丽的人生。

5
布朗民族文化对古茶树的保护

在布朗山，我们感受到少数民族文化对当地生态环境的保护作用，这种千余年的人类与自然生态的和谐共处是由当地特殊的少数民族文化保护形成的。布朗族对森林存在天然的敬畏之情，认为森林中的神灵是保护和守卫布朗族的，所以，村寨附近必然形成原始的灵山森林。布朗文化规定，这些灵山森林以及森林中的神灵，包括动植物，都是上天派来守卫布朗族人民的，所以，一定不可以砍伐，也不可以在森林里狩猎。进入龙山森林，不可以佩戴刀、弓箭等具有暴力的器械，不然就会冲撞森林保护神。而且，布朗族也相信，祖先去世后，也将化作神灵，保佑后人。所以，龙山森林文化之外，又发展出坟山森林文化，规定坟山森林也不允许砍伐，坟山森林中的动植物都与祖先神灵有密切联系，所以不允许在坟山森林狩猎。

俗语说，“布朗族待过的地方就有千年古茶树”。布朗族生活在深山中，古茶树蕴含着重要的人文意义，布朗人视它为圣物珍品，一直保持着祭献古茶树与茶祖的文化。传说布朗族先民在迁徙中发生了严重的瘟疫，人口伤亡过半。到达布朗山后，他们实在走不动了，头顶火辣辣的太阳，充满了绝望。一路上还不断有人死去，能继续前进的人也越来越少。在头人的带领下，他们决定在丛林里稍事休息。很多人感到四肢无力，眼睛发黑，死亡也许就在转瞬之间。有一个先民扑倒在一棵树下，顺手采了一片树叶含在嘴里，然后沉沉睡去。可是等他醒过来，顿觉全身轻松，眼睛看得清了，浑身也有了力气。难道是神仙帮助了自己？他立即将这一消息报告了当时的头人帕艾冷。头人很兴奋，问他吃的是哪棵树的叶子，并号召大家都来采这种树叶吃，并拜这种树为救命神树。这就是古茶树。

在以后的迁徙途中，布朗人把寻找发现新的茶树作为族人的一种历史使命来对待。但是茶树很稀少，不容易见到，因此，每当他们发现一棵，都要在树上打上一个特别的记号，并记住其地理位置。为了把茶树与其他植物区分开来，帕艾冷将其命名为“腊”。经过漫长的迁徙，最后布朗人在布朗山上定居下来，因为这里森林茂盛、野兽繁多，远离其他族群，而且山上有很多布朗人到处寻找的茶树（腊）。布朗人辛勤劳作，上山狩猎，采集野果野菜，寻找茶树。为了便于采摘，保证供给，当他们看到茶树的幼苗时，就拔回来在房前屋后种起来，看到饱满的茶果也采回来种下。

就这样，茶树从一棵到数棵，从一座山种植到几座山种植，经数代人辛勤劳动，终于形成了今天的古茶园。古茶树带动了布朗山经济的发展，也引起了山下傣王的关注。为了傣族和布朗族的团结，当时的傣王把他最宠爱的七公主嫁给了帕艾冷，而帕艾冷则用茶叶进贡傣王，使茶文化也传播到山下的傣族。

帕艾冷与七公主情投意合，彼此相爱。两人结婚后，布朗族部落与傣族部落化干戈为玉帛。为了布朗族与傣族部落的和平，七公主舍弃了山下坝区和皇宫的生活，登上布朗山，与帕艾冷同甘共苦。七公主为布朗人带来了傣族先进的农田耕作技术，也带来了先进的文化，使布朗人逐步学会开挖梯田，种植水稻。她还为布朗人带来了纺织技术，使布朗人从用树叶兽皮遮身防寒，到逐步穿上了衣裙。她深受布朗人民的爱戴和尊敬，被布朗族人尊称为“族母”。现在，在布朗山，布朗人说，七公主就是布朗山的文成公主。据说，现在布朗山上的傣族，就是七公主带上山的随从的后代。

帕艾冷临终前给布朗人留下遗训：“我给你们留下牛马，怕遭自然灾害死光；要给你们留下金银财宝，你们也会吃完用光。就给你们留下茶树吧，让子孙后代取之不尽、用之不竭。你们要像爱护眼睛一样爱护茶树，一代传给一代，决不能让其遗失。”据说，帕艾冷死后，他的灵魂一直守护着他牵挂的茶园和族人。

1000多年来，布朗族文化中这种对森林的敬畏和保护，使我们看到，在钢筋混凝土的现代都市之外，还幸存着如此完好的原始森林。布朗族文化中对古茶树作为神树的供奉，才使我们今天能品尝到美好到极致的千年古树普洱茶。布朗族《祖先歌》唱道：帕艾冷是我们的英雄，帕艾冷是我们的祖先，是他给我们留下了竹棚与茶树，是他给我们留下了生存的拐杖。这些千年古茶树能保存至今，首先源于布朗文化对自然的敬畏、尊重和爱护，源于淳朴的人与自然和谐共生的理想。

当我静静地漫步在幽静的原始森林，走过一棵棵有着千年历史的大树古茶，不禁担心：走出大山接受了现代文明的布朗族新一代，他们还会像他们的先祖那样敬畏森林吗？逐渐失去布朗传统文化庇护的大树古茶森林，怎么能在现代文明中安然幸存呢？

绿色金融与贵州高山冷凉蔬菜

当我赤着脚站在贵州高山森林里的菜地，感受蚯蚓在我的足下蠕动，听着林间的鸟鸣，心情是激动的。现在还有多少土地可以感受到蚯蚓的蠕动？现代文明在给我们带来极度繁荣的同时，也在飞速地毁灭着我们的原生态环境。神奇的贵州，神奇的贵州高山蔬菜瓜果，神奇的原生态文化和食材，在我走过千山万水，从最原始地区走到最发达地区，我可以看到，多少现代人对原生态食材和文化的强烈渴望，多少原生态文明和食材却在追逐现代市场文明中逐渐毁灭了自己极具生态价值的食材和种植文明。绿色金融，从其产生那天，就是连接着生态与现代，就是为了在保护原始生态文明和环境的前提下，引入现代市场体系，将“青山绿水”转化为“金山银山”。

1
贵州高山冷凉蔬菜

贵州，给我印象最深的就是高山蔬菜系列了。所谓云贵高原，海拔高，山多，很难有平原地区一望无垠的大面积菜地。所有菜地都是高山森林间的小块儿地。所以，贵州的蔬菜种植没有大规模的集约优势，平均种植成本要比平原地区高，因为无法进行机械化种植。因此，很多商家不愿意选择贵州的蔬菜，连贵州自己的品牌“老干妈”，都不愿意用贵州自己的辣椒。但是，这只是从成本的角度考虑，而不是从口感和感受考虑。到贵州工作，首先惊艳我的，就是贵州的蔬菜。贵州的高山蔬菜，可以像陕西的面食、新疆的羊肉一样，成为一个区域美食的主角。

第一次吃贵州的蔬菜，是吃贵州的清水蔬菜，就是把瓜果蔬菜用清水煮，连油盐都不放，用一个洁白的瓷盆端上来。我很吃惊，蔬菜这样煮好吃吗？什么都不放，贵州对他们蔬菜瓜果的自信要比得上新疆对羊肉的自信了。但吃过之后，真的非常清甜，我把那盆水煮蔬菜瓜果吃得一点儿不剩，连汤都喝光了，其他的贵州名菜，如辣子鸡等，都觉得太俗艳，实在无法和清水煮蔬菜瓜果的清纯甘甜相比。

回北京的时候，也尝试用北京的蔬菜瓜果清煮，不放油盐，但味道苦涩，终于放弃，也认识到贵州高山蔬菜瓜果的魅力，绝不是烹调技术的问题，而是来自其本地的气候水土精华。

贵州高山蔬菜瓜果，都生长在云贵高原高山区域。那样的高山区域，很少有大块平地，只能在森林间开辟小块儿菜地。这也使这小块儿菜地土地肥沃，周边森林落叶、鸟粪、各种腐化的动植物，因雨水的漫流，融入菜地，给菜地提供了丰富的养料。这样的菜地，是不需要施用化肥的。高山区域虫害较少，也不需要多少农药杀虫。高原气候，昼夜温差较大，蔬菜瓜果糖分储存较高，口感就格外甘甜。而且，高原区域，蔬菜瓜果生长缓慢，需要较长时间才能长成，储存的各种营养成分就比较充裕。所以，贵州的高山蔬菜瓜果味道就与平原地区的非常不同。每次朋友到贵州，我都要殷勤推荐，到贵州，别的不吃就罢了，可是，高山蔬菜瓜果，那是一定要吃的。

清水煮高山蔬菜瓜果，用非常纯净的清水白煮的方式，验证着贵州高山蔬菜瓜果的清纯魅力。清蒸的高山玉米、高山土豆、高山红薯，粉糯甜润。高山、高原、清冷、甘甜，那种原生态的甘美清香，就是贵州印象。很多的贵州美食，都是基于高原蔬菜瓜果这种原生态的甘美，令人欲罢不能。

比如，贵州酸汤鱼，大家没吃过时，目光和关注点都集中于鱼。但吃过后，会觉得作为配菜的高山蔬菜瓜果更惊艳。酸汤鱼里的鱼，一般是原生态的鲤鱼或草鱼。贵州高原高山，大部分的田都是常年蓄水的梯田。梯田里顺便就养着鲤鱼和草鱼。劳作之后，贵州侗族和苗族的人们，就顺便从梯田里捞一条鲤鱼或草鱼，从田埂拔一把青草串起，拎着回家。用大陶罐汲了清水在火塘煮沸腾，舀一勺用高山西红柿发酵而成的红酸汤，把鱼剖好洗净，在鱼身上切出一道道刀口好入味，扔进陶罐里。这样原生态的鱼肉确实很鲜美。汤也因为鱼的加入而鲜润，这时候，高山蔬菜瓜果就上场了。吃着鱼肉，涮着高山蔬菜瓜果，大片的菜瓜土豆，青翠欲滴的各种青菜，沾着鱼肉酸汤的鲜润，更加甘甜爽口。高山蔬菜瓜果都用清水洗净，在鱼肉酸汤的热气中，装在竹子编制的大簸箕里端上来。大家齐下筷子，吃几碗烫制的青菜，真是生态火锅，令人浑身都是顺畅的清爽。吃了鱼肉，烫了青菜瓜果，最后，热热地舀一碗热汤喝，身上微微冒汗，湿气就缓缓从身体里排出，只留下湿润滋养。

贵州属于云贵高原，气候潮湿，经常是雨季，但高山蔬菜瓜果配合着酸汤鱼的热闹，清润地冲刷着身体中的湿气，给人一种refresh（重新充满活力）的感觉。所以，虽然清贫，但贵州的百岁老人还是很多的。

2
抓心、抓胃的豆花和高山辣椒

贵州有一种美食也很有名，就是豆花。其实，豆花在别的地方也有，但因为贵州的豆子是种在高山之上，昼夜温差大，生长期长，所以，以贵州高山豆子为原料做的豆花和豆腐，味道就与别的地方的不同，非常甘甜鲜美。贵州的侗族还留有很多母系氏族的痕迹，女人在家里地位很高，男人多少都有些妻管严。问侗族男人为什么怕妻子，他会告诉你，妻子会做酸汤鱼，会做豆花，得罪了妻子就没有好吃的了，所以一定要听话。看来各族男人都有大猪蹄子的特征，贪吃，所以，才有谚语：要抓住男人的心，就要抓住男人的胃。贵州以高山蔬菜瓜果为代表的一系列美食，真的非常抓心、抓胃。

贵州高山冷凉蔬菜的代表性产品，辣椒肯定是其中重要的一员。我对贵州辣椒的印象，首先来自“老干妈”。山区人爱吃辣，“老干妈”那种特别不一样的辣香，吃起来真的感觉很好。我记得刚到美国的时候，面对铺天盖地的汉堡三明治，在最初的狂吃之后，终于陷入无法忍受的愤怒和厌倦。但是，要吃中餐，需要去中国城， 平时吃不到。于是，惊喜地在中国城找到“老干妈”，还是很贵的，要5美元，相当于30多元人民币，而1磅排骨只要1美元。但还是很开心地买回来，依靠着“老干妈”辣酱，我开启了很多美食之旅。

首先是在汉堡三明治中加“老干妈”。朋友们嫌弃不已——这是什么吃法？可是，在汉堡三明治中间加“老干妈”，确实味道很好呀。我还把“老干妈”加到意大利面、比萨等里面。后面，又开发出更多“老干妈”系列美食。获得了一定知名度的是蓝氏红烧肉，就是用五花肉，一定是带皮的五花肉，用开水烫过后，下油锅，加姜、大蒜，然后，是一整瓶“老干妈”，不用再加盐和其他调料了。然后，微火焖3小时，直到汤汁都焖煮得全收入肉中了。我这道蓝氏红烧肉，当时在留学生中非常有名，因为确实好吃，最好吃的是肉皮和肥肉，绵润，肥而不腻，因为焖炖的时间长达3小时，“老干妈”的味道全部进入肉里了。

这道菜，我觉得之所以创新成功，是因为舍得放大量“老干妈”辣酱。有钱就是任性呀，买不起游艇什么的，可我们可以大瓶放“老干妈”，另类富豪。美国人，无论多有钱，都很节俭，看我眼睛都不眨地把一整瓶“老干妈”放进去，立即以看富豪的眼神看我。我是做生态环保绿色金融的，也曾经自责，有没有浪费地球资源？可是，放入肉里，肉都被我和我的朋友吃了呀，从来没有剩下过，因此，觉得自己并没有浪费，也就心安理得地土豪下去。经常大手笔烹调红烧肉，然后送人。虽然厨艺不是太好，但仰仗着“老干妈”独特的辣香，从来没有失手过。

后来，又把“老干妈”用到做海鱼上了。将各种海鱼片，比如鳕鱼，放在烤盘里，刷一层“老干妈”，刷一层黄油，再撒点迷迭香，放点洋葱丝，放到烤箱里烤，很好吃，从来没有失手过。关键是“老干妈”的味道独特呀，只要舍得大量刷“老干妈”，只要没有刷到太咸，总是味道不错的，有美味的“老干妈”在撑着呀。

所以，我是贵州“老干妈”的粉丝。虽然有各种各样的辣酱，还有“饭扫光”“饭遭殃”什么的，还尝试过据说是香港最著名的辣椒酱，但我感觉都没有贵州“老干妈”特殊的辣香。但回国后，逐渐发现贵州“老干妈”变了味道。毕竟是十几年的粉丝，能坚持十几年，那肯定是真爱粉了，味道的改变肯定会让我很敏感。我感觉已经吃不出贵州“老干妈”特殊的辣香了，它已经混同于普通辣酱了。我一直不知道是为什么。按说，一个已经存在了这么长时间的品牌，配方应该是稳定的。

一直到我来贵州挂职，吃到了贵州本地的辣椒，也到贵州山区辣椒地去考察，才知道“老干妈”辣酱好吃的原因。配方并不是最重要的，最重要的是贵州高山冷凉辣椒，以及云贵高原一些特殊的辣椒品种。

现在的“老干妈”，很遗憾，不好吃了。据说，是原料换了，不再用贵州本地的高山冷凉辣椒，而改用河南的辣椒。一马平川的河南，是可以使用机器栽种和收获辣椒的，所以，劳动力便宜，价格就低。而贵州高山辣椒，高山地区，拖拉机等机械根本用不上，只能全部靠人工，所以价格贵。为了降低价格，就更换了河南辣椒。觉得很遗憾，市场没有错，但定价机制没有完善。生态食材的定价机制没有完善。

想起美国弗吉尼亚蓝岭山区的生态葡萄园。虽然在山区种葡萄肯定比在一马平川的加利福尼亚州种葡萄价格贵，但山区特殊的气候和地理条件，让蓝岭山区的葡萄有着非常不一样的味道，酿出的葡萄酒味道也更特别。蓝岭山区坚持较高价格的葡萄酒销售，以生态葡萄酒庄园做宣传打开销路，在目前全球都追逐生态食品的潮流中，终于找到了自己的定位，成为美国第三大葡萄酒生产基地。蓝岭山区生产的葡萄酒，在有着贵族意蕴文化的欧洲，销路比加利福尼亚州葡萄酒更好。

云贵高原的辣椒为什么可以辣得香得这么过瘾呢？首先，贵州气候是湿润的，天无3日晴，这样湿润的气候，可以刺激辣椒素的生成。其次，山区高原，昼夜温差大，加上山区高原无法开展辣椒大面积种植，只能是山林间的小块辣椒地，四周山林腐殖物质输送给辣椒地各种养分，所以，贵州的辣椒不仅辣椒素含量高，而且辣椒肉质丰润，做出的辣椒酱，才有一种润润的辣香。特别是这里的糍粑辣酱，那种软糯缠绵，却又辣如烈火，非常诱人。

3
绿色金融还金融以本源

贵州原生态的各种食材受到现代文明的冲击，受到市场定价的影响，正在逐渐消失。农民开始使用农药化肥，期待农药化肥可以在高山区也发挥在平原区增产的神奇功效。当我站在这一块块神奇的原生态菜地，看着这些原生态的菜地被现代的农药化肥覆盖，心里是痛惜的感觉，就好像看见一个清纯甜美的青嫩小姑娘，已经美到不可方物，却去按照俗艳的模式整容。但是，贵州的农民没有错，错的是市场引导机制。多少城市人在向往着原生态食材，即使花高价也买不到，而市场定价机制并没有给贵州高山蔬菜瓜果以合理定价。

神奇的贵州，神奇的贵州高山蔬菜瓜果，神奇的原生态文化和食材，在我走过千山万水，从最原始地区走到最发达地区，我可以看到，多少现代人对原生态食材和文化的强烈渴望，多少原生态文明和食材却在追逐现代市场文明中，逐渐毁灭了自己极具生态价值的食材和种植文明。习近平总书记说，“绿水青山就是金山银山”。怎样让如此纯粹的绿水青山，这样清纯甘美的生态食材，转化为贵州民众致富的源泉？这是绿色金融的使命。绿色金融，从它产生那天起，就是连接着生态与现代，就是为了在保护原始生态文明和环境的前提下，引入现代市场体系，将“绿水青山”转化为“金山银山”。

当我赤着脚站在贵州高山森林里的菜地，感受蚯蚓在我的足下蠕动，听着林间的鸟鸣，心情是激动的。现在还有多少土地可以感受到蚯蚓的蠕动？现代文明在给我们带来极度繁荣的同时，也在飞速地毁灭着我们的原生态环境。而在原生态环境的毁灭中，金融发挥着巨大的作用。在环境危机步步逼近中，金融是有原罪的，大量热带雨林消失，大型水坝大规模改变水道，大量濒危物种消失。在联合国的演讲中，一个小女孩的演讲令人动容。她说，“你们成年人总是说你们爱孩子，可是，看着让我们可以依赖生存的生态环境发生危机，你们却不采取行动。你们不关心我们70岁时，世界会是什么样子”。绿色金融，是还金融以本源，金融当然是要追逐利益的，但金融更要以人为本。

绿色金融与生物多样性的故事

2022年“两会”期间，云南绿孔雀案作为“促进人与自然和谐共生”的明星案例出现于最高人民法院工作报告中。绿孔雀案经过一审、二审，最后红河（元江）干流戛洒江一级水电项目停建，以挽救濒危物种绿孔雀最后的完整栖息地。在这场大型水电项目与濒危物种绿孔雀的较量中，绿孔雀终于赢了。

气候变化导致生物多样性退化加剧，越来越多的物种和野生亲缘种群在灭绝和消失。但是，气候变化导致的自然灾害的增加，又要求有更多的野生物种和亲缘种群帮我们抵御这些自然灾害的影响。所以，生物多样性保护与碳中和是互相关联、紧密结合的。生物多样性中的野生物种和亲缘种群，帮助我们更好地适应气候变化，而其栖息地，森林、湿地、海洋，又是吸纳二氧化碳的三大碳库。

生物多样性保护必须得到绿色金融的支持，首先是弥补巨大的资金缺口。其次，因为金融机构尽职调查是其常规业务运作，如果将生物多样性保护内容纳入金融机构的尽职调查，金融机构拒绝为破坏生物多样性的项目贷款，那就杜绝了破坏性项目的资金来源。像云南绿孔雀案，就会在金融机构尽职调查阶段被遏制。

金融机构也必须将生物多样性保护纳入尽职调查，云南绿孔雀案、俄罗斯西部灰鲸案等故事，都在告诉金融机构，如果不把生物多样性保护纳入尽职调查，将会承受转型风险和真金白银的资金损失。

1
为什么绿孔雀赢了大型水电项目？

最近，央行和中国金融学会绿色金融专业委员会启动了“金融支持生物多样性”研究，我们承担了案例研究。所谓案例研究，其实就是讲故事，通过一个个具体实践的故事告诉大家，如金融机构为什么要保护生物多样性，金融机构可以怎样保护生物多样性，以及金融机构保护生物多样性可以起到怎样的作用。

我很喜欢讲故事，休闲的时候，我还经常写散文。散文，我自己感觉，就是讲故事。所以，我就想用散文的形式讲一讲绿色金融与生物多样性相关的故事，我觉得这会比写专业论文更生动有趣一些，可以让很多不是我们这个专业领域的朋友，通过一些具体有趣的故事，了解绿色金融推动生物多样性的原因、做法与作用。

很多人觉得，生物多样性是很抽象的概念，为什么会给金融机构带来风险呢？这里有一系列的故事。比如，欧洲复兴开发银行银团贷款的200亿萨哈林2号油气开发项目和濒危物种西部灰鲸的较量，巴克莱银行冰岛水电开发项目和濒危物种粉腿鹅的较量，还有，我国最近广受关注的濒危物种绿孔雀与云南水电项目的较量，等等。

特别是我国近期的绿孔雀案，经过一审、二审，最后红河（元江）干流戛洒江一级水电项目停建，以挽救濒危物种绿孔雀最后的完整栖息地。在这场大型水电项目与濒危物种绿孔雀的较量中，绿孔雀终于赢了。

我国绿孔雀案，二审宣判是2021年12月31日，非常引人注目的时间点。这天，备受关注的上诉人北京市朝阳区自然之友环境研究所、上诉人中国水电顾问集团新平开发有限公司与被上诉人中国电建集团昆明勘测设计研究院有限公司环境污染责任纠纷一案二审在云南省高级人民法院宣判，判决驳回上诉，维持原判。

那么原判是什么呢？2020年3月，昆明市中级人民法院对“云南绿孔雀”公益诉讼案一审判决：中国水电顾问集团新平开发有限公司立即停止基于现有环境影响评价下的戛洒江一级水电站建设项目，不得截流蓄水，不得对该水电站淹没区内植被进行砍伐。

所以，这一大型水电项目与濒危物种绿孔雀的较量，绿孔雀大获全胜。而且这一判决，获得了我国政府的高度肯定和支持，2022年“两会”期间，云南绿孔雀案作为“促进人与自然和谐共生”的明星案例，出现于最高人民法院工作报告中。

为什么绿孔雀会赢呢？为什么我们即使牺牲暂时的经济利益，也要保护这些濒危物种呢？绿色金融可以在生物多样性保护中发挥怎样的作用呢？

全球共有3种孔雀——绿孔雀、蓝孔雀和刚果孔雀，头顶直立冠羽、身背绚丽覆羽的绿孔雀是我国唯一的本土原生孔雀种类，被列入《国家重点保护野生动物名录》，属于极度濒危物种，是国家一级重点保护动物；被列入《世界自然保护联盟濒危物种红色名录》（*The IUCN Red List*），级别是濒危物种（EN）。

1991—1993年，由多位鸟类学者经过3年调查发表的《绿孔雀在中国的分布现状调查》中记录，在20世纪60年代前，云南绿孔雀种群在云南还有较多数量。1995年，云南全省绿孔雀群体数量为800～1100只。

1994年，西双版纳自然保护区研究所副所长、野生绿孔雀研究项目负责人罗爱东等对云南南部景洪、勐腊、勐海3个地区的绿孔雀分布进行了调查，在1990年后，上述三个地区绿孔雀已经绝迹。

1995—1996年，昆明动物研究所的鸟类专家杨晓君等对云南东南部和西北部绿孔雀的分布现状又进行了调查，蒙自、金平、绿春3个地区的绿孔雀也已绝迹。

2007年，开始了对云南绿孔雀生存状况的新一轮调查，新增了保山、南涧、澜沧3个绿孔雀分布地区。其中，保山在2005年之前仍能听见绿孔雀的鸣叫，有村民曾拾到绿孔雀脱落的尾羽，还有村民甚至收藏了整张绿孔雀的羽衣。2004年，有人在大箐山里还能捡到绿孔雀的尾羽。但最近几年，据当地村民反映，已听不到绿孔雀的鸣叫；南涧地区状况为偶尔见到，数量不清楚。2014年，还有绿孔雀分布的区域已经是凤毛麟角。

2017年3月，环保组织 “野性中国” 在云南恐龙河自然保护区附近进行野外调查时发现绿孔雀，其栖息地恰好位于正在建设的红河（元江）干流戛洒江一级水电站的淹没区，该水电站的建设将毁掉绿孔雀最后一片完整的栖息地。为此，环保组织 “自然之友”“山水自然保护中心”和“野性中国”向原环保部发出紧急建议函，建议暂停红河流域水电项目，挽救濒危物种绿孔雀最后的完整栖息地。

2017年5月，环保部环评司组织环保公益机构、科研院所、水电集团等单位座谈，就水电站建设与绿孔雀保护问题展开交流讨论。

由于水电站项目已开始建设，“自然之友”于2017年7月12日向云南省楚雄彝族自治州中级人民法院提起公益诉讼，请求判令中国水电顾问集团新平开发有限公司和中国电建集团昆明勘测设计研究院有限公司共同消除云南省红河（元江）干流戛洒江水电站建设对绿孔雀、苏铁等珍稀濒危野生动植物以及热带季雨林和热带雨林侵害的危险，立即停止该水电站建设，不得截流蓄水，不得对该水电站淹没区域植被进行砍伐等。该案立案受理之后，经云南省高级人民法院裁定，由昆明市中级人民法院环境资源审判庭审理。

2018年3月7日，开庭审理前，在昆明市中级人民法院的主持下，原告与被告进行了证据交换。2018年6月29日，云南省人民政府发布了《云南省生态保护红线》，将绿孔雀等26种珍稀物种的栖息地划入生态保护红线。2018年8月27日，原告与被告又进行了长达6个半小时的庭前会议。2018年8月28日，绿孔雀栖息地保护案在昆明市中级人民法院环境资源审判庭开庭。

原告认为，被告水电工程淹没区所涉及的楚雄彝族自治州双柏县和玉溪市新平县区域，是濒危野生动物绿孔雀在中国现有种群数量最大、密度最高的重要栖息地，电站建设对绿孔雀关键性栖息地具有重大环境损害风险，极可能导致绿孔雀种群区域性灭绝。2018年8月29日，令人担忧的戛洒江一级水电站已经暂停施工。

2020年3月20日，经过原告、被告以及社会各界一年多的争论和辩论，昆明市中级人民法院对“云南绿孔雀”公益诉讼案做出一审判决：被告新平公司立即停止基于现有环境影响评价下的戛洒江一级水电站建设项目，不得截流蓄水，不得对该水电站淹没区内植被进行砍伐。全国首例濒危野生动物保护预防性公益诉讼“云南绿孔雀”案一审胜诉。

这是一场里程碑式的胜利。这是我国第一个在珍稀物种栖息地遭到实质的破坏之前，就预判到结果，并通过法律手段去保护它的胜利果实。甚至可以说，这场预防性诉讼的成功，是我国环保观念转变的一个重要象征。这也是一场孤绝且艰难的战役，从2017年开始，到一审里程碑式的胜利。

宣判后，双方均提起上诉。云南高级人民法院经审理后认为，戛洒江一级水电站淹没区对绿孔雀栖息地及热带雨林整体生态系统存在重大风险，原审判决并无不当，应予维持。在二审期间，建设方向其上级公司请示停建案涉项目并获批复同意。至此，该项目在各方努力下，最终停建，终于保下了我国最后一块绿孔雀栖息地。

案件审理结果使该项目最终停建。该项目投资30多亿元，停建的结果使提供资金的金融机构承受巨大损失。该贷款银行其实在之前的绿色金融推进中成绩很好，所以，肯定不是不重视环境风险，很大的可能是对生物多样性这种新型环境风险还比较陌生。

特别是，这场公益诉讼案是预防性环境公益诉讼，突破了“无损害即无救济”的诉讼救济理念，是环境保护法“保护优先，预防为主”原则在环境司法中的具体落实与体现。预防性环境公益诉讼的核心要素是具有重大风险，重大风险是指对“环境”可能造成重大损害危险的一系列行为。在本案中，自然之友研究所已举证证明戛洒江一级水电站如果继续建设，则案涉工程淹没区势必导致国家一级保护动物绿孔雀的栖息地及国家一级保护植物陈氏苏铁的生境被淹没，生物生境面临重大风险的可能性毋庸置疑。

此外，从损害后果的严重性来看，戛洒江一级水电站下游淹没区动植物种类丰富，生物多样性价值及遗传资源价值可观，该区域不仅是绿孔雀及陈氏苏铁等珍稀物种赖以生存的栖息地，也是各类生物与大面积原始雨林、热带雨林片段共同构成的一个完整生态系统。若水电站继续建设，所产生的损害将是可以直观估计预测且不可逆转的。可以认定，戛洒江一级水电站继续建设将对绿孔雀栖息地、陈氏苏铁生境以及整个生态系统生物多样性和生物安全构成重大风险。

此前，司法审判更多侧重于对环境发生损害事实之后的重建与修复，而较少考虑如何对事前的风险进行防控与预判。生物多样性破坏、生物物种的濒危或灭绝、外来物种入侵，往往具有不可逆转性，预防性保护是环境资源审判的特点之一，也是生物多样性司法保护必须采取的重要措施。

绿孔雀案树立了“人与自然和谐共生”的新时代环境司法理念，将濒危物种及栖息地放在优先保护的位置，保护了绿孔雀、陈氏苏铁濒危物种及其赖以生存的热带雨林、季雨林完整生态空间，对可能灭绝的物种进行了有效的司法保护。

但是，对金融机构来说，这就意味着，生物多样性风险的发生，在其物理风险还没出现之前，司法风险就会给金融机构带来实质性经济损失。比如，绿孔雀案，因为已经开始建设，贷款银行的30多亿元资金已经投入。司法审判导致的项目停建，使戛洒江一级水电站这个巨大的项目成为搁浅资产，贷款银行将可能失去还款来源。

但是，我们同时也应该认识到，这种预防性环境公益诉讼，也在一定程度上帮助金融机构减轻了环境风险。如果没有预防性环境公益诉讼，导致生物多样性风险和危害已经发生，不仅已经投入的资金收不回来，修复成本和赔偿成本将更加巨大。

另外，我国的绿孔雀案，引起我们对绿色金融的反思。我们会发现，绿色金融总是在不断演进的，因为总是有新的环境危机和风险的出现，需要我们不断熟悉、发展和突破。想想看，如果我国金融机构提前熟悉和了解生物多样性风险，在贷款银行的尽职调查环节，就可以把这个项目挡住。这是更加前沿、更加系统的预防制度。毕竟，预防性环境公益诉讼需要依托环境公益组织的发现，但银行贷前尽职调查和贷中贷后的监督监管，是银行管理贷款的必须流程和程序。如果我国银行可以普遍了解生物多样性风险的严重危害，将生物多样性风险纳入贷前尽职调查的主要内容之一，并在贷中和贷后加强监管，就可以大范围制度性地预防生物多样性危机的发生，我国像绿孔雀这样极度濒危的物种就可以得到来自金融机构的常规性保护。

2
萨哈林2号油气项目与俄国西部灰鲸的较量

萨哈林2号油气项目位于俄罗斯远东的萨哈林岛，包括3个海上石油平台、海上和陆地输油管道，1个陆地炼油工厂，1个液化天然气厂和天然气出口设施。该项目的主要平台位于极度濒危动物西部灰鲸唯一的产卵和捕食海域；长达800千米的项目管线计划穿越200多条河流及其支流，这些流域是野生大马哈鱼的产卵地。

其中，对生物多样性极为重要的指标性生物是西部灰鲸。它是世界著名的十大濒危物种之一。目前，全球仅存100多头灰鲸，其中只有23头是具有生育能力的雌鲸。俄罗斯萨哈林岛东部沿岸是目前人类所知道的西部灰鲸唯一产卵和捕食区域。然而，它们唯一的生存空间也面临被石油公司占领的威胁。石油公司的勘探和采油行为会将这种体重达30吨的哺乳动物逼入绝境。高密度的地震勘测、海底钻探、重量级船舶航行和空中运输、石油外泄对于西部灰鲸来说，都是致命的打击。如果不保护，随时都可能从地球上彻底消失。所以，它们是世界十大极度濒危物种之一。

在这样的背景下，投资220亿美元的俄远东萨哈林（Sakhalin）2号油气项目启动了。从这个项目的名称就知道，它位于西部灰鲸唯一的产卵地带萨哈林岛。如果这个项目长期运行，西部灰鲸必然会灭绝。这个项目是以项目融资的模式开展融资的，项目建设方为天然气巨头壳牌集团以及日本三井有限公司、三菱公司共同投资组建的“萨哈林能源”，其中壳牌公司持股55%。为萨哈林2号油气项目提供融资的贷款银行主要包括欧洲复兴开发银行、瑞士信贷银行、摩根大通银行等6家银行和2家出口信用保险机构。

为了阻止和叫停这个对世界极度濒危物种西部灰鲸造成严重威胁的项目，2003年1月，由50个俄罗斯民间团体和国际非政府组织组成的联盟，向项目执行机构之一壳牌公司提出严重抗议，但是并没有得到壳牌公司的充分回应。

2003年12月，32个民间组织写信给为该项目提供融资的商业银行，表示该项目有严重的环境影响。这些抗议行动引起了世界各国对该项目的强烈关注。2004年，国际社会呼吁项目执行机构采取措施规避风险。比如，改变项目设计方案，将平台转移至其他海域等。但项目执行机构仍然没有给予积极的回应。

2004年6月，来自15个国家的39个民间团体劝告各商业银行不要对该项目提供融资，并警告因该项目导致西部灰鲸灭绝，所有提供融资的商业银行都将负有不可推卸的责任。2015年4月，国际NGO雨林行动网络和太平洋环境共同发布报告，批评某赤道银行担任该项目的融资顾问，而该项目显然违反了赤道原则，并呼吁和组织众多抗议者断绝与该银行和该项目的财务关系。

但项目执行机构仍然没有接受采取规避措施的建议，并没有将平台转移出灰鲸捕食区。对该项目提供融资的金融机构也没有对项目建设运营机构进行规劝和制止，仍然按照计划提供融资支持。金融机构的资金支持使这个项目，即使面临国际社会的反复抗议，仍然启动和推进。

壳牌公司和金融机构之所以忽视那么多国际NGO的警告，是因为，这个项目当时已经获得了俄罗斯自然资源部颁发的环评许可。为此，非政府组织将俄罗斯联邦自然资源部作为被告人，将该项目公司“萨哈林能源”作为第三方，提出了法律诉讼，指出萨哈林2号项目由于威胁到濒危物种而违反了俄罗斯环境法，要求停止该项目。2004年3月，莫斯科法院同意审查该诉讼。2006年9月，俄罗斯自然资源部根据俄总检察院的要求，撤销了先前对该项目做出的国家环境鉴定结果。2007年1月，俄罗斯负责工业安全和环境保护的机构叫停了该项目的建设。

从1994年签署协议，2003年启动开工建设，到2007年项目被叫停。此时，萨哈林2号项目已经完成了80%的投资，原定于2008年完成所有基建并投产，但由于法律诉讼和判决，被迫停止。由于该项目的融资方式是项目融资，其有限追索的特性使贷款银行损失惨重。

为萨哈林2号油气开发项目提供融资的是欧洲复兴开发银行、 瑞士信贷银行、 摩根大通银行、 瑞穗银行和荷兰银行等金融机构。这些金融机构同时又是自愿接受赤道原则约束的赤道银行，它们在对萨哈林2号油气项目发放贷款和进行融资时，理应考虑到该项目对周边自然环境的不利影响和环境风险控制问题，但上述金融机构却事先未对项目的生物多样性影响进行评价而发放贷款， 违反了赤道原则的基本要求。在当时金融机构的理解中，环境影响评估主要是废水、废气、废渣等污染物问题，并没有理解生物多样性保护的重要性，因此，在其环境影响评价中，没有把生物多样性纳入进去。结果，生物多样性风险，给银行带来了严重损失。

但这场西部灰鲸保卫战是卓有成效的。通过这场持续数年的全球西部灰鲸保卫战，在西太平洋地区，特别是俄罗斯萨哈林岛附近，灰鲸数量明显增加。而且，随后，全球西部灰鲸主要栖息地——日本、俄罗斯、韩国、美国和墨西哥等国家签署了关于保护西部灰鲸种群的合作备忘录，有效减少了油气开发以及商业捕捞等工业活动对灰鲸种群生存的威胁。

这是200亿美元的大型油气开发项目与极度濒危物种西部灰鲸之间的较量。作为地球统治者的人类，已经习惯了，地球所有生物都为人类开道。为什么在这场人类经济利益和西部灰鲸的生存较量中，西部灰鲸会赢呢?

3
巴克莱银行冰岛水电大坝项目与粉腿鹅

欧洲复兴银行银团贷款的萨哈林2号油气项目与西部灰鲸的较量只是金融机构遭遇的众多生物多样性案件之一，很多银行都遇到了这样的诉讼和挑战。比如，巴克莱银行投资的冰岛水电大坝项目，就遭遇了濒危物种粉腿鹅的挑战。

近日，2021年“无人机摄影奖”的最佳照片公布，摄影师 Terje Kolaas 拍摄的《粉腿鹅迎接冬天》获总冠军。这张照片描绘了粉腿鹅向北极斯瓦尔巴群岛迁徙的壮丽画面。这张照片能获奖，不仅是画面壮观，还体现了生物多样性保护中粉腿鹅保护的成绩。

粉腿鹅身长60～75厘米，翼展145～160厘米，体重2200～2700克，寿命22年。头颈部深暗，鹅嘴黄色，有黑色斑块，腿粉红色是其最明显的标志。粉腿鹅列入世界自然保护联盟（IUCN）国际鸟类红皮书。

巴克莱银行曾经作为领头银行，在冰岛投资了一座大坝进行水力发电，水电产生的温室气体排放为零，也不需要大规模的人口迁移，还能解决就业问题。这个项目看起来是对环境和社会有益的。但这个项目受到了大批NGO的批判和指责，它们发起了对该项目的强烈抵制运动，因为它们认为，这个大坝的建设导致了冰岛上濒危动物粉腿鹅的减少。很多NGO和国际动物保护组织宣称：水库大坝破坏了7000对粉腿鹅的夏季栖息地，而且还影响到驯鹿的迁徙路线。一些报纸发表文章：“巴克莱银行煮了自己的鹅。”

在英国，煮了自己的鹅，意思是，自己破坏了自己制定的规则。文章的意思是，巴克莱银行是赤道原则的发起银行之一，但它自己却违背了赤道原则。

尽管按照冰岛的监管要求，巴克莱银行已经要求项目发起方提供了大量和广泛的环境影响评价研究，也获得了政府许可，可是国际社会强烈的抵制使项目无法顺利开展。为了答复国际组织对该项目的质疑，巴克莱银行不得不对该项目与粉腿鹅之间的联系展开了细致的调查和研究，聘请了大量的专家从10年以上的相关研究成果中收集环境影响评价数据。调查研究结果表明，导致粉腿鹅减少的原因并不是大坝的建设，而是岛上人口的扩张已经超过了粉腿鹅的越冬条件。

为了消除民众对冰岛大坝项目的质疑，巴克莱银行进行了以下工作：编写了一份立场声明，在声明中提供了相关事实，并且发布给了参与运动的团体和组织；为银行的公共关系团队提供了可能的“问题与答案”，以处理媒体的询问；编写了相关标准体系，以应对公众的查询等。巴克莱银行处理粉腿鹅事件显示了巴克莱银行极强的公关能力和应对能力。但这个项目同时也说明，当对和濒危物种相关的项目进行融资时，项目比较容易陷入争议，银行很容易成为攻击的目标。所以，银行所面对的生物多样性风险是非常大的。

虽然在巴克莱银行的认真应对下，项目最终得以开展，但巴克莱银行增加了项目尽职调查难度，增加了成本和投入，延缓了项目的开展，同时也对巴克莱银行的声誉带来了一定的危机。

4
为什么我们要保护生物多样性？

我们人类，作为地球霸主，在很长一段时间是唯我独尊的，各种生态环境资源，无论植物还是动物，都是为我所用。但是，从生物多样性保护的这些案例中很明显地看出，我们向大自然妥协了，我们从人定胜天的豪迈，走向了人与自然和谐共生的融合。因为，司法法律代表的是一个国家最基本的行为准则和态度，代表的是绝大多数民众的想法和思考。从这些生物多样性典型案例中，我们看到了，在国家管理和司法管理中，管理原则已经逐渐从单纯的以人为中心，转向以人与自然和谐发展为中心。

我们为什么要保护生物多样性呢？什么是生物多样性呢？

生物多样性是指地球上所有植物、动物、微生物及其变异体以及生态系统和生态过程的总和，它分为三个层次：一是遗传多样性，也叫基因多样性；二是物种多样性；三是生态系统多样性。

所谓物种多样性，就是我们地球碳基生命是由非常多的物种构成的，而这些物种，又通过食物链，或者其他互相依托关联的方式，形成我们稳定的生物物种多样性。例如，植物通过光合作用，将无机碳合成有机碳，也就是葡萄糖和碳水化合物等，植物通过吸收这些葡萄糖和碳水化合物而获得成长，当食草动物，如昆虫、兔子、鹿、野猪、大象等，通过吃植物的根叶茎果实等获得能量，就将有机碳从植物转移到了动物。而食肉动物，如狮、虎、豹、狼等，通过捕杀食草动物获得能量，实际上是实现了再次的有机碳转移。这个食物链的顶端是人类，人类不仅以食肉动物为食，也以食草动物和植物为食。在这些食物链中，任何一个环节的物种发生大范围灭绝，都可能引发其他物种的多米诺骨牌似的连锁反应，从而导致食物链的断裂，甚至生态系统的崩溃。

基因多样性代表生物种群之内和种群之间的遗传结构的变异。每一个物种包括由若干个体组成的若干种群。各种群由于突变、自然选择或其他因素，往往在遗传上不同。因此，某些种群具有在另一些种群中没有的基因突变（等位基因），或者在一个种群中很稀少的等位基因可能在另一个种群中出现很多。这些遗传差别使得有机体能在局部环境中的特定条件下更加成功地繁殖和适应。不仅同一个种的不同种群遗传特征有所不同，即存在种群之间的基因多样性，而且在同一个种群之内也有基因多样性——在一个种群中，某些个体常常具有基因突变。这种种群之内的基因多样性就是进化材料。具有较高基因多样性的种群，可能有某些个体能忍受环境的不利改变，并把它们的基因传递给后代。气候危机导致环境的加速改变，使得基因多样性的保护在生物多样性保护中占据着十分重要的地位。基因多样性提供了栽培植物和家养动物的育种材料，使人们能够选育具有符合人们要求的性状的个体和种群。

生态系统多样性既存在于生态系统之间，也存在于一个生态系统之内。在前一种情况下，在各地区不同背景中形成多样的生境，分布着不同的生态系统；在后一种情况下，一个生态系统其群落由不同的种组成，它们的结构关系（包括垂直和水平的空间结构、营养结构中的关系，如捕食者与被捕食者、草食动物与植物、寄生物与寄主等）多样，执行的功能不同，因而在生态系统中的作用也不一样。

物种多样性是生物多样性最直观的体现，是生物多样性概念的中心；基因多样性是生物多样性的内在形式，一个物种就是一个独特的基因库，可以说每一个物种就是基因多样性的载体；生态系统的多样性是生物多样性的外在形式，保护生物多样性，最有效的形式是保护生态系统的多样性。

自工业革命以来，人类活动不断破坏森林、草地、湿地和其他重要的生态系统，导致生态环境退化，人类福祉也因此受到威胁。人类已经显著改变了地球75%的无冰地表，污染了大多数海洋并且导致85%的湿地丧失。

过去几十年，陆地系统生物多样性丧失的最重要原因是土地用途的变化，主要是原始自然栖息地被改造成农业用地；与此同时，人类在大量海域过度捕捞。气候变化目前并不是全球生物多样性丧失的最重要原因，但是在未来几十年，气候变化带来的影响会越来越大，甚至成为影响生物多样性的首要因素。

根据WWF《地球生命力报告2020》，2020年地球生命力指数表明，监测的哺乳类、鸟类、两栖类、爬行类和鱼类的种群数量在1970—2016年平均减少了68%。2021年9月，世界自然保护联盟在大会期间更新了濒危物种红色名录，评估了全球138374个物种受到威胁的风险，其中902个物种已经确认灭绝，38543个物种面临不同程度的灭绝风险，占评估总数的30%。其中，80个物种确认野外灭绝（只存在于人类保护区），8404个物种处于极危状态，14647个物种处于濒危状态，易危和近危的物种也分别有15492种和8127种。

生物多样性丧失已不单纯是环境问题，更是发展、经济、全球安全和道德伦理问题。2019年发布的《生物多样性和生态系统服务全球评估报告》显示，目前全球物种灭绝速度比过去1000万年的平均值高数十倍至数百倍，在地球上大约800万个动植物物种中，有多达100万个面临灭绝威胁，其中许多物种将在未来数十年内消失。

保护生物多样性也是保护人类自己。生物多样性确保我们获得食物、纤维、水、能源、药物和其他遗传物质，并且在调节气候、净化水质、减少污染、授粉、管控洪涝和风暴潮等方面发挥关键作用。除此之外，大自然支撑着人类健康的众多方面，并且在非物质层面帮助人类汲取灵感和知识、积累身心体验并形成身份认同，而这些非物质层面的作用也是生活品质和文化完整性的核心所在。生物多样性是人类社会生存、发展的基础，如果生物多样性遭到破坏，必然会对人类、社会和大自然产生极大的影响和危害。

生物多样性丧失的影响和后果主要包括以下几个方面：

（1）直接影响未来食物来源和工农业资源。生物多样性为我们人类提供了大量的食物、纤维、木材、药材等多种工农业资源和材料。随着生物多样性的丧失，会直接或间接地导致上述资源和材料的供应紧张，严重影响人类的生产和生活，不利于人们生活质量的提高。从医药学角度而言，现阶段发展中国家几乎有80%的人口主要依赖传统药物如中药等保障身体健康，而在西药中也有超过40%的药物成分是提取自野生动植物。

（2）自然生态系统平衡受到影响。生态系统是千万年以来地理、气候、生物交互作用而演化形成的相对稳定、平衡的系统，其中每一种生物都有其独特的作用，都与其他生物和物种形成了稳定的生物链条，一旦其中的某一物种灭绝，将深刻地影响生态系统的平衡，甚至直接引发生态系统的退化，而这更可能形成其他物种灭绝的“多米诺骨牌”效应。

（3）基因多样性代表生物种群之内和种群之间的遗传结构的变异。每一个物种包括由若干个体组成的若干种群。各种群由于基因突变、自然选择或其他因素，往往在遗传上不同。这些遗传差别使得有机体能在局部环境中的特定条件下更加成功地繁殖和适应。基因多样性是进化材料，具有较高基因多样性的种群，可能有某些个体能忍受环境的不利改变，并把它们的基因传递给后代。环境的加速改变，使得基因多样性的保护在生物多样性保护中占据着十分重要的地位。基因多样性提供了育种材料，使人们能够选育具有符合人们要求的性状的个体和种群。

我们必须维持我们生活的碳基世界的生物多样性稳定，否则就会导致生态系统的崩溃，危及人类的生存。

5
全球生物多样性典型案例与绿色金融挑战

2021年全球生物多样性典型案例充分体现了，不论是哪个国家，都开始重视人与自然的和谐共生，开始尊重自然，尊重生态系统千万年乃至上亿年演进后的安排。而这些生物多样性保护的创新和突破，在一定程度上会给金融机构带来新的生物多样性风险，需要金融机构与此对应的创新和突破。但同时，这些生物多样性典型案例也在提示我们，金融机构可以在生物多样性保护中发挥更大的作用。

2021年10月，联合国生物多样性大会在昆明召开，会议发布主旨宣言，呼吁各方采取行动，响应共建地球生命共同体号召，遏制生物多样性丧失，增进人类福祉，实现可持续发展。生物多样性保护已成为构建人类命运共同体、推动未来全球生物多样性治理的重要议题。实施一个有效的2020年后框架，需要雄心勃勃和广泛地使用生物多样性政策工具和其他措施，以促进可持续的生产和消费模式。它还要求各国政府和私营部门扩大生物多样性融资规模，并减少损害生物多样性的资金流动。

生物多样性作为全球环境治理的重要议题，在长达数十年的时间里不断被关注，主要是因为其对于人类社会发展具有重要的影响，并且对人类活动产生了重要的影响。许多人对全球生物多样性投资不足表示担忧。《生物多样性公约》（CBD）对全球进行评估，实施《生物多样性公约》生物多样性战略计划（2011—2020年）所需的资金为，每年1500亿～4400亿美元（2020年为178亿～5240亿美元）。但我们目前每年对生物多样性的投资仅为520亿美元（2020年为580亿美元），与估计的需求比只有$\frac{1}{8}$～$\frac{1}{3}$。

联合国开发计划署（UNDP）指出，据估算，为维护生物多样性，全世界每年需要8240亿美元的资金，而目前的投资只有1240亿美元，存在着接近7000亿美元的缺口。与1992—2002年投入的144亿美元相比，如今的投资金额已经有了大幅增加，但与实际需求相比，资金缺口依然巨大。生物多样性丧失形势严峻，但应对危机的行动却严重滞后。尽管联合国通过了《生物多样性公约》，但仅有1/3的国家和地区有望实现既定目标，约一半的国家进展速度不足以实现目标。当前，全球每年生物多样性保护资金缺口达数千亿美元，20项爱知生物多样性保护目标没有一项完全实现，仅有6个部分实现。巨大的资金缺口导致项目无法落地，生物多样性危机更加严峻。

世界各国央行将生物多样性危机作为重大环境危机之一，生物多样性丧失已被联合国环境规划署列为与气候变化、环境污染并列的三大全球性环境危机之一。联合国2019年5月发布的《生物多样性和生态系统服务全球评估报告》显示，如今在全世界800万个物种中，有100万个正因人类活动而遭受灭绝威胁，全球物种灭绝的平均速度已经大大高于1000万年前。生物多样性是地球生命共同体的血脉和根基，不仅能为人类提供丰富的自然资源，满足经济社会发展对食品、药品、燃料、工业原料、游憩等的直接需求，还能维持生态系统的能量流动、物质循环和信息传递，有效调节气候、涵养水源、保持土壤肥力、净化环境，从而间接支持人类的其他生产生活活动。世界经济论坛的研究报告指出，全球超过一半的国内生产总值（GDP）中度或高度依赖自然，各行各业直接或间接依赖生物多样性。荷兰央行行长指出，很多经济行业都与生物多样性密切相关，生物多样性的丧失会引起很多经济行业的衰退，从而给金融机构带来风险。

金融机构面临的生物多样性风险有以下两个方面：

一方面，金融机构参与的投融资项目有可能对生物多样性造成负面影响。从金融角度来看，由于大量资金投入到与生物多样性相关的产业，生物多样性丧失对经济的影响必然会波及金融稳定性。在上述的行业中，其投资价值可能会因生物多样性的丧失而变低，或出现估值下降。某些贷款也会由于生物多样性丧失而变成坏账。

另一方面，生物多样性损失反过来也会增加金融风险。与气候风险一样，生物多样性风险也可分为物理风险和转型风险。物理风险是指生态失衡引发重大破坏（如物种入侵给农林业带来严重危害），造成直接的经济损失。转型风险则是指保护生物多样性可能带来政策、法规、技术和市场的变革，催生新的商业模式、增加经营成本、导致资产价值重估等，给企业带来转型压力，甚至触发金融风险。

金融机构本身的安全，生物多样性危机会给金融机构本身的资产和业务运作带来风险，而且，当生物多样性危机广泛地影响到社会经济的时候，会给金融系统带来系统性金融危险，从而影响金融稳定。

金融部门与生物多样性具有双向影响性，生物多样性损失通过物理风险、转型风险影响金融部门，生物多样性保护依赖金融部门融资功能。同时，金融部门通过自身经营活动直接影响投资决策，从而间接影响生物多样性，生物多样性保护也为金融部门带来更多投资机会。2020年之后，世界各国的央行对于环境风险对金融机构的影响更加关注，主要是气候风险和生物多样性风险。生物多样性下降可以通过不同渠道影响金融资产、金融机构和金融体系，这些风险不仅是企业面临的风险，还包括家庭和公共部门以及主权债务风险，它可能会削弱各国管理财务运作、长期偿债、货币体系运作的能力。也就是说，在这个过程中，生物多样性风险有可能给各国的金融机构带来系统性的金融风险。

从生物多样性对经济活动的影响来看，农业、林业和渔业等行业直接依赖于生物多样性。许多制药业的原材料也来自大自然及生物多样性。其他很多行业间接依赖于生物多样性，典型的是以生物多样性和青山绿水为支撑的旅游业。与旅游业相关的零售业、房地产、交通等行业在生物多样性丧失的背景下也会遭到打击。

生物多样性风险对金融稳定性具有重大影响。首先，从金融角度来看，由于大量资金投入到与生物多样性相关的产业，在产业发展过程中需要通过项目资金流转形成闭环。当生物多样性丧失时，其产生的风险会导致收益普遍降低，行业投资价值会相应变低，或由于外界因素对生物多样性的影响，导致抵质押品的价值下跌，在项目开展过程中对金融机构产生信用风险，某些贷款也会因生物多样性丧失变成呆账、坏账，必然会波及金融稳定性，对经济产生冲击和影响。对于金融机构来说，其运营风险、市场风险和信贷风险会因为生物多样性丧失而显著增加。此外，生物多样性丧失对经济与金融的影响也是非线性的，即当生物多样性丧失达到某个拐点，对经济及金融稳定性的影响将会出现迅速的、非线性的上升，从而对金融系统带来系统性风险。同时，由于金融机构在资金配置过程中起着决定性作用，当金融机构通过投资、承保或贷款等方式对为生物多样性带来风险的行业进行资金配置时，又会加剧生物多样性风险发生的概率，提高风险等级。这些问题往往会发生在东南亚、拉丁美洲、非洲等地，而当地大多数是发展中国家或欠发达国家，其政治、经济发展落后，往往会因为环境政策及管理执行力较差导致生物多样性风险加剧。荷兰中央银行、金融监管机构——荷兰银行与荷兰环境评估局就此开展了广泛的研究，并于2020年6月发布报告《自然之债——荷兰金融行业中的生物多样性风险》。报告认为，生物多样性损失对许多金融机构产生重大财务风险，包括：物理风险，如融资企业对生态系统依赖较高（渔业或木材行业）；转型风险，如融资企业的产品会被法律禁止或失去盈利能力（煤矿）；声誉风险，如向不环保的行业或项目提供融资；诉讼风险，如生物多样性相关损失补偿诉讼；系统性风险，如债权公司、被投资的公司或投保公司同时出现损失，导致损失向银行、资产管理公司或保险公司蔓延。

6

巴西保卫亚马孙雨林行动

2017—2020年，巴西联邦检察官先后提起了3500多起和亚马孙毁林相关的案件。2021年2月，巴西最高法院做出判决，土地所有者应对这片土地上近年来发生的毁林行为负责，不论毁林发生时，该土地是否在其名下。本案的重大意义在于，这个判决让恢复森林并进行赔偿的义务落到了土地当下所有者的身上。

“保卫亚马孙”行动办理的标志性案件于2020年年底开庭审理。在这起案件中，联邦检察官办公室针对67公顷被砍伐的森林，对“一位身份不明、下落不明的禁运区业主”提起了民事公益诉讼，要求其在森林退化地区开展植树造林活动，并赔偿物质和精神环境损害。

本案为“保卫亚马孙”行动创下了先例，案件的关键点在于，让恢复森林并进行赔偿的义务落到了土地当下所有者的身上。在广阔而偏远的亚马孙雨林地区，由于无人居住，毁林行为时有发生。多年来在同一地区拍摄的卫星照片记录了森林砍伐和木材加工活动，而这些卫星照片和运输文件都是可以证明非法侵入的证据。砍伐森林在有些地区还成为了一种将非法侵入行为合法化的策略，他们通过公证或登记的形式，比如为购买清空树木的土地申请贷款，并将其改作为牧场，或者通过私人或公共银行贷款，在这些土地上发展农业。然而根据该判决，植树造林的责任和赔偿责任就得落实给土地当前的所有人或持有人。

本案最重要的法律意义在于，即使土地当前的所有者或持有人不是直接从事非法砍伐行为的主体，法律依然要追究土地所有人或持有人的责任。如此一来，针对非法侵入者、毁林者，或从侵入者手中取得土地权者而言，其将毁林区域合法化的非法行为链被打破了。

巴西的这一审判，很可能成为世界各国保护重要生物多样性栖息地法律诉讼的样本。这将给金融机构生物多样性风险管理带来新的挑战。例如，将目前存在的原始森林砍伐为空地，以发展农业项目，很多金融机构都知道，这肯定是具有巨大环境风险的，会拒绝贷款。但是已经被砍伐完的空地，如果金融机构不对这块空地追根溯源，很容易忽视其潜在的生物多样性风险，甚至有可能将这块空地作为贷款抵押品。一旦项目所有人因为生物多样性损害追责而破产，贷款银行将会成为这块具有生物多样性危害历史的空地的所有人。

按照巴西这一判例，即使土地当前的所有者或持有人不是直接从事非法砍伐行为的主体，法律依然要追究土地所有人或持有人的责任。贷款银行虽然没有砍伐森林，也没有运营这个项目，但如果因抵押权的取消或者其他的金融运作，成为这块土地当前的所有人和持有人，不仅贷款无法收回，还会被要求在砍伐森林的空地开展植树造林活动，恢复和修复森林，并赔偿物质和精神环境损害。这就要求贷款银行在针对生物多样性风险的尽职调查中，注意对与生物多样性相关的项目资产，特别是土地，进行追根溯源，否则，项目方就有可能将这种生物多样性风险转嫁给贷款银行。

7
哥斯达黎加禁用损害蜜蜂农药案

根据联合国数据，包括蜜蜂和蝴蝶在内，近35%无脊椎授粉动物正面临灭绝风险。随着城市化和农业发展，蜜蜂所需的鲜花、筑巢地等自然资源越来越少。与此同时，杀虫剂的滥用也在严重威胁着它们的生存。蜜蜂对人类的生存非常重要。联合国粮食及农业组织公布的调查数据显示，全球范围内，90%的野生植物自然授粉都会不同程度上通过昆虫进行，还有75%粮食作物，35%的农田，都需要通过昆虫授粉。而在这些昆虫中，像蜜蜂、蜂鸟、蝴蝶等以花蜜为食的动物最重要，其中蜜蜂的占比最高。如果蜜蜂灭绝，地球就会失去蜜蜂传播花粉这一通道，就将影响到自然界中许多植物难以繁殖，导致大批量的植物死亡和灭绝。

为了保护蜜蜂，2021年，哥斯达黎加最高法院判决要求该国农畜牧业部开展科学研究，对新烟碱类杀虫剂展开分析，研究这种杀虫剂作为全球使用最广泛的农药之一，对蜜蜂、环境和公共健康的影响，研究结果促使哥斯达黎加出台禁止使用损害授粉昆虫的杀虫药剂禁令。

新烟碱类杀虫剂占据全球逾25%的杀虫剂市场份额，几乎各类主要作物都会施用此类杀虫剂。这类杀虫剂效力很强，不仅可以通过直接接触消灭昆虫，还会渗入作物组织，导致昆虫在食用作物后死亡。因此，非目标昆虫也会受到影响。例如蜜蜂，它们会通过花蜜和花粉受到新烟碱类杀虫剂的损害。

长期以来，科学家一直认为蜜蜂种群数量的下降和新烟碱类杀虫剂的使用相关。这类化学品会破坏蜜蜂的神经系统，影响蜜蜂的学习和记忆能力——这种能力对于蜜蜂这种群居昆虫至关重要，因为他们主要依靠这些能力和同类沟通食物的方位信息。当前，全球授粉昆虫数量的下降敲响了生态危机的警钟。因此，欧盟已于2015年禁止了三类新烟碱类杀虫剂的使用。

为了规避新烟碱类农药直接损害蜜蜂的科学证据，哥斯达黎加农畜牧业部辩称，这种损害仅出现于实验室条件下，尚没有证据证明在自然条件下这些影响依然存在，且无法证明这类农药对蜜蜂种群数量及对环境的间接影响。

但是，哥斯达黎加最高法院则判决称，新烟碱类农药存在对环境和公众健康造成损害的风险，因此应该采取预防性措施。法院判决农畜牧业部开展科学研究，分析含有新烟碱物质的农用化学品对哥斯达黎加的环境、生物多样性和公众健康产生的影响，并采取相应的措施，保障这些可能受到损害或受到重大威胁的宪法权益。

环境保护中的预防性原则和预警原则作为宪法性原则在本案中得到进一步发展，法院肯定了国家必须采取行动预防生物多样性和环境面临的风险。例如，如果一项活动可能对环境产生负面影响，且其造成的风险或环境损害存在一定的确定性，则应采用预防性原则，即必须在开展任何活动之前对该潜在的环境损害进行充分的评估和检查。另外，如果一项活动对环境可持续性的影响在科学上无法完全确认，则应采用预警原则，要求国家不得以缺乏科学确定性为由，推迟采取有效措施，以预防环境退化或生物多样性受损。

这一判决给金融机构防范生物多样性风险提供的警示是，在以往的环境风险防范中，我们习惯于以确定的环境损害作为风险判断的依据。但是司法的预警原则在生物多样性保护中的运用，要求金融机构在做生物多样性尽职调查时，只要可能存在伤害，就要停止和拒绝该类项目的贷款申请。否则，司法的预警原则一旦叫停该类项目，金融机构就将遭受金融损失。

8
芬兰非法猎狼案：敦促芬兰政府遵守欧盟生境指令

狼作为食物链中重要的组成部分，是维护生态平衡的一部分，尤其是在欧洲森林这类缺乏虎豹这类大型捕食者的生态环境里面，狼作为为数不多的大型捕食者，所发挥的作用更大，因为能够替代它们生态位的捕食者，几乎不存在。 在亚洲的一些森林里面，狼如果消失了，还有虎豹豺等能在一定程度上弥补缺失的这一环，顶替其部分生态位。因此，狼是《欧盟生境指令（理事会指令92/42/ EEC 1992）》附件四所列物种之一，属于受严格保护的物种。除极个别原因，猎杀狼群是被严格禁止的。

1973年，芬兰加入欧盟，这也意味着芬兰必须在国家层面执行欧盟的指令。然而，芬兰通过谈判争取到了豁免条件，把国内某些地区的狼列入了对猎杀限制较少的附件五中，以便芬兰政府“名正言顺”地签发狩猎许可证。

芬兰政府曾辩称，狩猎许可有助于消除非法偷猎，实际上是在保护狼群，但政府并未开展任何评估来证明这一点。

芬兰东部有一片与俄罗斯接壤的野狼栖息地，为了保护狼群免遭灭绝，当地的三名妇女（一名生物学家和两名猎人）专门成立了一个非政府组织，把多个签发猎狼许可的地方政府告上了法庭。作为《奥尔胡斯公约》缔约方，芬兰允许环保组织提起公益诉讼。但针对狩猎许可证提起的诉讼仍然属于《狩猎法》的监管范围，只有地方和地区协会才有起诉资格。所以三名当地妇女不得不注册一个小型非政府组织Tapiola，并保证其活动范围覆盖芬兰的大部分地区，从而针对不同行政区政府颁发的狩猎许可证提起诉讼。Tapiola请求芬兰法院：（1）对这些许可证颁发禁令；（2）将案件移交欧洲法院，因为芬兰的国家法律与欧盟层面的法律相悖。

欧洲法院于2019年对此案做出裁决，设定了严格的猎狼限制条件，几乎在所有争议问题上都支持了原告的主张。法院强调，《欧盟生境指令》的主要目的是“通过保护自然生境和野生动植物保障生物多样性”，法院因此认定：

（1）所谓“狩猎许可能减少非法偷猎”的论断并没有明确和准确的证据，政府未能证明允许猎杀可以实现保护狼群免遭偷猎的目标，未能提供任何严谨的科学数据支撑这一说法；（2）政府未能确定不存在其他令人满意的替代方案；（3）政府未能保证狩猎许可不会伤害自然范围内处于良好保育状态的狼群；（4）在发放狩猎许可时，没有对狼群的保育状态进行影响评估；（5）政府发放许可时，并没有满足第16条（1）款（e）项规定的所有法定条件，尤其是必须考虑狼群种群数量、其保育状态和生物特征。

因此，尽管欧洲法院在先行裁决中不需要对事实性问题做出裁定，但法院仍然认定，芬兰备受争议的猎杀许可证不符合欧盟的法律规定，且许可证的签发缺乏正当理由。本质上，法院将举证责任分配给了政府，并要求政府的举证必须具有严谨性和科学性。在欧盟法院做出先行裁决后，芬兰最高行政法院也做出了相应的裁决，并宣布狩猎许可证非法。

这个司法案例告诉金融机构，为了防范生物多样性风险，需要尽可能避免所有相关的法律风险。特别是我国银行已经纷纷走出国门，在面对项目所在地地方法律和更高层级法律有不同规定的情况下，一定要以更严格的法律要求作为风险防范的标准。列出项目相关的所有生物多样性法律法规，按照最严格的标准来分析和执行，才能规避生物多样性风险。

9
澳大利亚布尔加煤矿案

澳大利亚新南威尔士州是个生物多样性敏感区域，1996年至今，濒危物种数量增加超过了60%。近年来，澳大利亚新南威尔士州的生物多样性危机还在加剧，有更多的野生物种濒临灭绝。但是，就在这种背景下，2020年，澳大利亚规划和基础设施部部长批准了沃克沃斯矿业有限公司的露天煤矿扩建项目。

这个行政决定引起了煤矿所在的布尔加村民的不满，他们向新南威尔士州土地环境庭提出申请，要求法院对该决定进行外部优劣性审查（external merits review）。村民主张驳回批准项目的决定，因为煤矿的扩建会对生物多样性产生严重影响，此外还会造成噪声、扬尘以及其他不可接受的社会影响。

根据案件事实以及专家证人提供的大量报告，在综合考虑所有相关因素后，法院判定，项目延期可能对濒危生态群落和动物物种的主要栖息地产生重大影响。法院还认为，项目补偿方案、直接补偿措施以及其他赔偿方案不足以弥补濒危生态群落所遭受的重大影响。法院权衡了项目所带来的消极影响和积极影响，尤其是经济效益，最终驳回了煤矿项目的延期和扩建申请。

对于金融机构来说，本案的审理警示了有海外投资的金融机构，在环境风险管理中，一定不能仅依靠东道国政府的环境审批，一定要有自己的绿色金融专门部门，有可以自己做环评的专家；对于重大投资项目，在所在国政府已经批准的基础上，要站在贷款银行业务安全的角度，再次进行生物多样性风险分析，并出具管理方案。本案的重大意义在于，法院出于保护生物多样性的考虑撤销了政府已经批准煤矿项目延期的申请。说明，因为生物多样性危险的全球性影响特征，即使是政府批准的项目，如果危害了生物多样性，为了维护国家利益和国际声誉，法院也会判决撤销已经通过的行政审批，以再次增加生物多样性管理的防线。

10
坦桑尼亚塞伦盖蒂公路案

2010年，一家总部位于肯尼亚的小型非政府组织——非洲动物福利网络（ANAW）向东非法院提起诉讼，主张永久性叫停坦桑尼亚政府的道路工程。该工程计划修建的一条长达53千米的高速公路，横穿塞伦盖蒂国家公园，该国家公园已经被联合国教科文组织列为世界遗产。原告认为，道路工程可能导致环境损害，并严重扰乱每年的角马迁徙。但被告坦桑尼亚政府则主张，这条公路将成为连接西北地区和全国其他地区的纽带，促进国内经济的长足发展。

基于条约成立的东非法院旨在保证 1999 年《东非共同体条约》（以下简称《条约》）得到有效遵守。非洲动物福利网络认为，该道路工程违反了

《条约》规定。根据《条约》的要求，所有缔约方（包括坦桑尼亚）均有义务保护和管理环境与自然资源。2014年，法院一审审判庭裁定，坦桑尼亚政府计划修建横穿塞伦盖蒂国家公园的决策是违法的。

本案对保护世界上最重要的生物多样性热点地区之一——塞伦盖蒂国家公园意义重大。本案还确立了东非法院可以就环境问题向缔约国下达禁令的司法实践。

如何平衡经济发展和环境保护将是一场永不休止的争论，而本案再次凸显了这一点。本案意义重大。在权衡了经济利益和保护生物多样性之后，法院下令永久叫停了所有在塞伦盖蒂修建公路的计划，而这些计划将会侵占野生动物的自然栖息地，并给寻找食物和水源的迁徙动物造成巨大的生存压力。

本案对海外投资的金融机构的警示是，生物多样性风险的复杂性，甚至已经超越了主权国家的界限。《条约》并未赋予法院颁布禁令的权力。而法院则认为，下达禁令，包括永久性地禁止缔约国政府实施任何有悖于《条约》精神的行为，是法院固有的内在权力。这项权力能够保证法院正确有效地履行其职责。法院签发禁令的权力并非源自任何成文法，而是属于法院固有的内在权力，它使法院能够确保法律得到遵守与服从。所以，金融机构在进行生物多样性风险管理的时候，一定要以目前存在的最严格条例作为尽职调查的依据。

11
菲律宾保护海洋哺乳动物案

2007年11月，菲律宾一家石油勘探公司JAPEX开始进行海上石油和天然气勘探，并在塔尼翁海峡钻井。针对这一行为，当地律师和一家非政府组织以海豚等海洋哺乳动物的名义提起了诉讼。菲律宾最高法院受理了此案，并叫停了塔尼翁海峡的石油勘探活动。

JAPEX称其勘探活动得到了总统令的支持。但塔尼翁海峡属于环境脆弱区，并已被划为保护地。因此，在该地区开展的任何开发活动都必须符合保护地相关法律。所以，就算是总统令，如果其与相关法律法规相悖，也应被视为无效。当地居民称，石油勘探活动对环境造成了不利影响，相关地震勘探活动还造成了海峡中可捕捞鱼类数量的减少。居民还称，JAPEX在开展油气勘探活动之前，并没有与当地利益相关方进行协商或讨论。法院最终做出了有利于当地海洋哺乳动物和居民的判决，并认定塔尼翁海峡的石油勘探活动违法。

这是一个利用法律手段保护海洋生物多样性的典型案例，对全球都有启发意义。海洋覆盖了地球2/3以上的面积，自1970年以来，海洋生物多样性以惊人的速度下降了40%。

本案真正的原告是居住在塔尼翁海峡及其周围海域的海洋哺乳动物，包括齿鲸、海豚、鼠海豚和其他鲸目动物物种，而它们的“法定监护人和朋友”（统称为管理者）以及一家旨在保护渔民福利的社会组织只是代表这些物种，提起了诉讼。所以，本案实际上有三方原告：海洋哺乳动物、自然管理者和捍卫世代渔民生计的环境组织。

菲律宾最高法院应用了《关于环境案件程序规定》，认为，“任何代表他人的菲律宾公民，包括未成年人或尚未出生的公民，都可以提起诉讼，要求强制执行环境法规定的权利或义务”。在解释这项原则时，最高法院评论说，“为了进一步促进环境保护工作，允许以公民诉讼的形式促进环境法律的执行。这一规定放开了对原告适格地位的限制，允许所有人提起诉讼，促进了环境法的执行和实施，打破了必须是直接利益相关方才能起诉的传统限制，确立了人类是自然的管理者的原则”。

这个案例给金融机构的警示是，针对生物多样性等环境问题，在很多国家的法律中，任何一个公民都可以作为原告，而且是在实质性伤害和损害出现之前，涉及的项目就有可能被叫停。例如，菲律宾的这个海洋哺乳动物案，海上石油和天然气勘探行动，甚至得到了总统令的支持，但因为涉及生物多样性风险，还是被法院叫停了。预警原则在本案中发挥了非常重要的作用，它的应用有效阻止了近海钻探和其他破坏性项目（如填海）对海洋生态系统造成的进一步破坏，保护了岌岌可危的海洋环境。塔尼翁海峡案的判决是司法机关做出的明确声明，强调了动物的重要权利，并重申环境保护是国家不可推卸的首要职责。

12
印度亚洲狮案

亚洲狮属濒危物种，现存野外种群数量只有约500只。为保护亚洲狮，2021年两家非政府组织把印度政府告上法庭并胜诉。最高法院判决，将库诺国家公园作为第二个栖息地，重新引入亚洲狮。

亚洲狮在20世纪初近乎灭绝，但在加强保护和保育后，其种群数量在一定程度上得到恢复。根据历史文献记载，亚洲狮曾广泛活跃于西亚、中东和印度北部的大部分地区。目前，亚洲狮活动范围仅限于印度古吉拉特邦的吉尔国家公园及周边地区。

1990年，印度政府下属单位提议，建立第二个野生亚洲狮栖息地，以保障在吉尔国家公园的亚洲狮种群数量免受灾害影响。专家在深入调查研究后发现，库诺野生动物保护区是重新引入亚洲狮的最佳地点。当地政府随即开展了一系列的准备工作，包括村庄搬迁等。然而2004年，古吉拉特邦政府拒绝将部分亚洲狮种群迁到新的栖息地。

两家环保组织——印度环境法中心和世界自然基金会印度分会因此将政府告上法庭，以便通过法律手段敦促政府重新引进亚洲狮。2013年，印度最高法院判决原告胜诉，古吉拉特邦政府不满，上诉，随即被驳回。

该案件在全球范围内都具有启发意义，因为本案涉及在之前的栖息地重新引入顶级掠食物种，来防止掠食物种灭绝的保护方法，而且本案展示了政府干预对壮大濒危物种种群数量的重要性。

这个案件对金融机构的警示作用在于：在这个案件的审理中，法院摒弃了人类中心法（人类需求优先，必须在人类利益得到满足的情况下，再探讨人类对非人类物种的责任），采纳了生态/自然中心法（人类属于自然，且非人类物种有其内在价值）。最高法院认为，印度宪法第21条关于生命权的规定不仅保护人权，“还规定了人类保护濒危物种的义务，保护环境与保障生命权密不可分”。根据这一原则，法院认为，“人类有责任防止物种灭绝，必须倡导有效的物种保护制度”。

法院采用了以生态为中心的方法，而不是以人类为中心的方法。在审理过程中，法院从现有的人类生命权中推断出自然界的权利，并将其扩展到古吉拉特邦政府保护亚洲狮物种的责任，要求政府在库诺野生动物保护区重新引入亚洲狮，防止其灭绝。

这个案例告诉我们，金融机构在重大投资项目的生物多样性管理中，对待重大生态危机和生物多样性危机态度，要秉持以生态为中心而不是以人类为中心的原则，是非常重要的。

绿色金融与蒙特利尔联合国生物多样性大会

终于起程去加拿大蒙特利尔了。对于这次在加拿大蒙特利尔召开的联合国生物多样性公约第十五次缔约方大会第二阶段会议，大家都很期待。因为我们连续奋战了几个月的《金融机构生物多样性风险管理标准》要在这次会议的边会发布。

1
金融机构为什么要进行生物多样性管理?

这几个月，整个团队都在为这个标准努力。朋友芳芳是在银行工作的，她问我，为什么金融机构要进行生物多样性风险管理呢？我说，因为生物多样性正在以前所未有的速度下降。由于人类活动，多达100万种动植物面临灭绝，灭绝速度比过去1000万年的平均值高数十倍至数百倍。我看了看她困惑的眼神，说，我知道咱们金融是以人为本的，可是，你知道吗？这样飞速的动植物灭绝速度，是会给人类带来灾难的，甚至是灭顶之灾。

我给她讲袁隆平教授的“野败”，“野败”是水稻的野生稻种，因为是自然演进，所以具有比较强大的抗病毒、抗极端气候的能力，袁教授将其与我们驯养的水稻稻种嫁接，才形成了我们现在的高产稻种。如果野生稻种都灭绝了，即使袁教授技术和学术能力再高超，也没有办法培育出高产杂交水稻。人工驯养的粮食作物和家禽家畜等，都会因为人类长期精心照顾和相对近亲的繁殖而产生退化，如果没有各种野生动植物“亲戚”的存在，我们赖以生存的粮食和家畜等，就会大量减产，我们就要面对饥饿甚至死亡的威胁，毕竟，人类只是生态系统中的一种生物，必须依托其他动植物的存在才能生存。所以，保护生物多样性，就是以人为本。

我看芳芳点点头，接着说，其实，不仅是为了人类命运共同体，就是狭义地说，为了我们金融机构自己，也是必须进行生物多样性风险管理的。越来越多的证据表明，生物多样性危机已经给金融机构带来风险。当生物多样性危机广泛影响社会经济时，甚至会给金融系统带来系统性金融风险，从而影响金融稳定。生物多样性风险，对金融机构来说，包括物理风险和转型风险。物理风险是因为生物多样性资源本身维持着相关的金融活动，一旦生物多样性资源遭到损失，将直接引发金融、投资标的物的损失，从而引发金融风险。例如，坎昆是墨西哥的度假胜地，拥有世界第二大珊瑚礁，是墨西哥旅游业收入的重要来源。但近年来，人为破坏和气候变化使珊瑚状况恶化，威胁到数十亿美元的旅游业。旅游业的这些经济损失被转移到金融机构，导致金融资产的严重损失。金融机构的生物多样性转型风险往往与相关法律、法规或政策密切相关。例如，法律、法规针对投资项目具有生物多样性的保护条款或相关规定，而相关企业未尽保护责任而造成生物多样性损失，违反了相关的法律、法规，从而导致投资损失。

我对芳芳说，目前，转型风险是金融机构面临的主要风险。由于生物多样性保护往往具有高度专业性，由于金融机构常常在投资项目时缺乏对项目可能的生物多样性风险的识别、计量和防范能力，从而在投资项目启动后因为相关违法、违规行为引发项目中止，导致金融机构的投资损失。在我国，云南绿孔雀案就是最典型的转型风险。

2020年12月31日，云南省高级人民法院对绿孔雀案件进行了二审宣判，该案件称红河干流戛洒江上的水电站建于国家法律保护的濒危物种绿孔雀的栖息地。北京朝阳区一家环境研究机构发起诉讼，称这座水电站将导致绿孔雀灭绝。云南省高级人民法院经审理后认为，戛洒江一级水电站淹没区确实会对绿孔雀栖息地和热带雨林整体生态系统构成重大风险。按照我国2014年修订的《环境保护法》，濒危物种栖息地被纳入生态红线，该大型水电站的建设和运营，将会侵犯到濒危物种绿孔雀的栖息地，因此，违反了《环境保护法》，项目因此被叫停。但是，该项目的投资已经超过30亿元人民币，项目的中止给提供资金的金融机构造成了巨大损失。

2
参加联合国生物多样性大会

带着终于完成的《金融机构生物多样性风险管理标准》，我们兴奋和期待地坐上了从北京飞往加拿大蒙特利尔的飞机。我们是2022年12月6日早上8点离开北京的飞机，飞了3个多小时到达东京，在东京停留了6个多小时，再从东京飞了8个多小时到达温哥华。可是，我们到达温哥华的时候，是12月6日早上9点。时差让我们都有些恍惚，这样十几个小时的长途飞行，好像只是短短1小时，时间去哪了呀。我们是中午12点的飞机，从温哥华飞蒙特利尔，只飞了5小时，想着还能赶上蒙特利尔的晚饭，没想到，到蒙特利尔，已经是晚上9点多了。时差呀时差，就这样让我们恍恍惚惚。不过，终于和先期到达部队会合，我们还是很高兴的。

蒙特利尔之夜，很安静。大会安排很贴心，提供了离会场很近的一些酒店和公寓，公寓可以做饭，所以我们选择了公寓。会议从6日到20日，要进行近半个月。可以做饭的公寓，大家觉得，一边可以努力工作，一边还可以安慰自己的中国胃，挺好的。窗外的蒙特利尔，非常安静，大家都在沉睡中，可是，我的时差没有调整过来，即使周围一片黑夜，可是大脑仍顽强地告诉我，这是白天工作时间，我应该干活儿，于是，我精神抖擞地准备会议材料，一直到第二天早上，晨光初起，霭黎催我去会场报到和参会，我却恍恍惚惚地瞌睡不已，但参会的激动，让我又重新抖擞精神，冒着纷纷的细雨去会场注册并参加会议。

我们住的公寓离会场很近，会议中心周围的一些街道已经被关闭，公车改道。加拿大皇家骑警、魁北克省警局和蒙特利尔市警局联合成立了一个特别安保团队。其发言人亚当斯（Tasha Adams）表示，像这样与会者人数超过15000人的会议，它的安保工作的规模也远超过对国家领导人的保护。来自196个国家和地区的代表将在今后十几天里进行讨论和谈判，以达成一项关于保护全球生态环境和生物多样性的国际协定。这个国际协议，聚焦在目标和资金两大方面。在目标方面，大家希望这个协议可以将2030目标写入，就是在2030年以前把全球30%的陆地和海洋划为自然保护区，以延缓越来越严重的生物灭绝和气候变暖。而资金机制，则是这次会议的重要主题。在会场上，我们不断听到的争论和讨论的是，金融机构怎么参与，金融机构怎么在生物多样性保护中发挥作用。生物多样性保护非常缺乏资金，资金瓶颈已经成为主要障碍，所以，金融机构的行动就至关重要。

大会主席、中国生态环境部部长黄润秋说："我鼓励各缔约方做出积极的政治承诺，继续加大国际资金投入，为推进磋商进程创造有利条件。我欢迎缔约方部长、国际组织和机构负责人等高级别代表能够聚焦解决难点问题，凝聚最大共识，为推动达成会议标志性成果——'框架'文件注入强大政治推动力。"

联合国秘书长古特雷斯呼吁发达国家应当为发展中国家提供大量的资金支持，金融机构应当确保其投资能够促进生物多样性的保护和可持续利用。古特雷斯说："我相信各缔约方和利益攸关方都同我一样，迫切希望扭转全球生物多样性丧失趋势，迫切希望制止这场与自然的战争。我们需要各国政府制订雄心勃勃的国家行动计划，保护和保存我们的自然礼物，让我们的星球走上治愈之路。"

而金融机构，作为生物多样性保护最重要的利益攸关方，如何行动，就成为这次会议非常令人关注的议题。而且，这次会议，也让我感觉到，中国的绿色金融对全球的影响力。之前，国际上是没有绿色金融这一提法的，欧洲等国一般是叫可持续金融，美国叫环境金融。绿色金融的提法是出自我国2016年人民银行等七部委联合发布的《关于构建绿色金融体系的指导意见》，应该是我国对支持绿色经济转型的金融体系的特有称呼。但是，这次在加拿大蒙特利尔召开的联合国生物多样性大会，好像代表们都在谈论绿色金融，都在呼吁绿色金融支持生物多样性保护的行动，可见我国的绿色金融，已经成为全球生物多样性融资的总称呼了。在会议期间，我遇到很多来自非洲的代表和欧盟的代表，和我一起探讨，如何在他们国家推进绿色金融，以支持生物多样性保护。

我们带去的《金融机构生物多样性风险管理标准》，因为已经通过了衢州金融办和人民银行衢州中心支行的审核，在当地发布和运用，所以，显然，已经不仅是一份研究成果，而且是地方金融监管机构实际的行动，因此，在会议期间获得了各国代表的关注。除了参加主会，我们还有三个边会的任务，但这也意味着，我们获得了三次在联合国生物多样性大会边会中宣讲《金融机构生物多样性风险管理标准》的机会，非常激动和兴奋。我们白天参加主会，晚上准备三次边会的资料和演讲材料，几乎是无休无眠地工作着，但大家都非常开心。因为会议要求无纸化，所以，我们只带了20份标准在会场供代表们阅读和收藏，但另外我们准备了60个小U盘，将英文版的标准拷进U盘，以便大家电子阅读。

3
在边会发布和介绍《金融机构生物多样性风险管理标准》

金融机构怎样在生物多样性保护中发挥更大作用，是联合国《生物多样性公约》第十五次缔约方大会（COP15）第二阶段会议的主题之一。因为金融机构的生物多样性风险管理既有利于自身金融业务的稳定发展，也可以通过将生物多样性风险纳入金融机构的风险管理和投资决策流程，引导金融资金投入生物多样性友好的项目，所以，在COP15大会上，金融机构生物多样性风险管理得到广泛重视。

在银行业自然与气候行动主题边会上，COP15主席国代表、中国生态环境部副部长赵英民指出，中国高度重视生物多样性保护工作并已取得显著成效，银行业金融机构在生物多样性保护中扮演着非常重要且独特的作用，希望通过投资风险管理及创新推动金融资源向生物多样性保护领域和基于自然的解决方案倾斜，为保护生物多样性注入更多金融动力。

《生物多样性公约》秘书处执行秘书穆雷玛呼吁金融机构将生物多样性

风险纳入其财务决策流程，号召各相关方协同行动，共商共建有效机制。

因此，由中国人民大学牵头，联合中国人民银行衢州中心支行、开化县政府、世界野生生物保护学会编制的《金融机构生物多样性风险管理标准》，在会议上获得了广泛的关注。

12月13日下午，在激动中，迎来了我们参加的第一次边会：《生物多样性保护在中国矿业投资和实践中的主流化》边会。边会时间是18点开始，可是，我们14点就到了会场准备。为了缓解紧张气氛，我们聊起了昨天闯入会场的仿真恐龙，地球的上一任霸主。是呀，我们人类都以为我们可以成为自然的主人，但其实，我们始终只是大自然的一部分。看看地球上一任的霸主。我看很多宣传稿都提出，我们要拯救自然，我和朋友说，自然哪里需要我们去拯救，你看，恐龙灭绝了，自然还是好好的，我们人类登场，生命的繁衍，积小流而成江海，最终浩浩荡荡奔流向前。自然，它始终安然无恙，消失和灭绝的，是地球上一轮轮的生命。我们现在的努力，也只是希望我们人类在地球上的存在可以久远一些，最好是永远。

朋友的眼神就有些停滞，叹息说，久远是多久，永远是多远。蓝教授，我们都是做可持续发展的，看看这世界的变化，20年前，我们担心的还是我们的子孙后代，所以，我们提出代际公平，而现在，我们已经要担心我们自己这代人了，气候危机、粮食危机、疫情危机、极端气候灾害、生物多样性危机……我们聚集在这里，哪里是拯救自然，我们只不过是在自救罢了。气候大会也好，生物多样性大会也好，我们都是极力想让自然的状态，可以维持在我们人类适宜生存的维度。

时间转眼就到，我们在会上介绍了《金融机构生物多样性风险管理标准》。这个标准最大的特点是详细给出每个行业每个生物多样性风险的管理方法，引导金融机构通过有效的风险管理办法和手段，降低风险管理的成本。

为了降低金融机构管理生物多样性风险的成本，提高精准性，我们在编制标准时首先识别了具有较高生物多样性风险的行业，包括采矿、能源、水利、旅游、农林牧渔、公路铁路等交通设施的建设和运营、药物和生物技术制造业等21个行业。因为不同行业生物多样性风险的来源和表现是不一样的，所以按照每个行业的生物多样性主要来源，给出了金融机构对该行业项目的审核要点。但是，金融机构生物多样性风险管理的重点不仅是识别有哪些生物多样性风险，更为重要的是，如何管理这些风险。因此，我们专门在每个审核要点后面给出了管理办法。审核要点是为了帮助金融机构识别项目中的生物多样性风险，而第三级目录的管理办法，则是帮助金融机构如何管理该生物多样性风险。

在会上，我反复强调，金融机构生物多样性风险管理，绝对不是发现风险后就拒绝，更重要的是要进行风险管理，毕竟，这些具有高生物多样性风险的行业，都是国家需求的，如采矿、能源等。其实，大部分项目的生物多样性风险都是可以管理的。例如，即使是著名的绿孔雀案例，其风险本来也是可以管理的。该案例的主要风险是项目地点在极度濒危物种绿孔雀的栖息地，如果是在项目向金融机构申请融资的阶段，金融机构就在尽职调查中发现了风险，可以提出重新选址的替代方案，只要项目选址避开了绿孔雀等极度濒危物种的栖息地，风险就可以降下来。对金融机构来说，在项目审核阶段，也就是钱还没投下去之前，认真审核项目的生物多样性风险，不仅有益于金融机构，也有益于客户。

而且，对生物多样性风险进行管理，还可以化风险为机遇。我专门列举了江西寻乌稀土矿区进行生物多样性风险管理后还获得盈利的案例。寻乌县位于东江源头，稀土的开采和冶炼对东江源头造成了一系列的环境破坏，稀土开采和冶炼产生的废水和废渣通过地表地下水进入东江源头，导致水中重金属和放射性元素超标，对东江水生态系统造成严重破坏，造成周边土壤不适合种植，大量鱼类死亡。通过管理稀土矿区生物多样性风险一系列方法，东江源头的水质得到了恢复，风险管理也带来了收益。一是生态补偿收入。根据江西省与广东省政府签署的《东江流域上下游横向生态补偿协议》，江西省和广东省每年各出资1亿元设立东江流域生态补偿基金。由于东江源头大部分位于寻乌县，因此生物多样性风险管理导致的水质改善每年能够给寻乌县带来6000万元的生态补偿基金。二是油菜、猕猴桃等农业种植收入。三是矿山旅游业收入。这些收入使该项目的税后内部收益率（IRR）为16.74%，年平均利润总额为7121万元，税后净利润为6053万元。

13日下午的边会获得了很大的成功，我们的信心立即充足起来。本来想晚上去吃饭庆贺一下，但是，想到第二天上午还有《银行业自然与气候行动》边会，匆匆吃了个会场的三明治，就赶回公寓准备了。

真是越紧张就越容易出错，14日上午我赶到会场的时候，发现自己的胸卡忘带了，会议是9点开始，再回公寓去取肯定来不及。我有点着急，会场工作人员马上安抚我，问我是否带了邀请函和护照，他们可以立即给我重新办一张胸卡。这个难题就这样解决了。

在这次边会上，120余家银行业金融机构及国际组织发布了《银行业金融机构支持生物多样性保护共同行动方案》，中国人民大学也是签约机构之一。该行动方案指出，要聚焦共建地球生命共同体，充分发挥金融手段在生物多样性保护中的作用；要推进绿色低碳经济全球进程，将支持生物多样性保护与应对气候变化纳入治理架构、战略目标和业务中；要增进绿色金融惠企、惠民全球福祉，加大生物多样性保护和应对气候变化领域资金投放力度；要推动生物多样性、气候全球合作，在气候相关披露、自然相关披露等领域发出金融声音。

在这次边会上，世界自然基金会（WWF）和其他NGO组织呼吁银行业为实现应对气候变化、保护生物多样性和防止土地退化的目标，迅速采取如下行动：第一、确保金融行业、金融机构减少最终杜绝对自然资本有负面影响的投资，并增加有积极影响的投资；第二、银行业应当调整和甄别与“自然向好”这一宗旨相悖的激励政策，停止激励消耗自然资本的投资行为；第三，制订和实施国家生物多样性融资计划；第四，引领和撬动私营资本对基于自然的解决方案（NBS）的投入，弥补NBS方面的缺口。而这些行动，都要以生物多样性风险管理为基础，在风险管理的基础上，化风险为机遇，从风险管理走向机遇管理，形成银行支持生物多样性的系统业务流程。

在这次边会上，我再次介绍和讲解了我们的《金融机构生物多样性风险管理标准》，引起了很多国际金融机构和国际组织的兴趣，他们评价说，我们的标准具有很强的实操性，纷纷与我交流和讨论。我把该标准送给了联合国生物多样性公约秘书处执行秘书穆雷玛女士，她一直在呼吁金融机构将生物多样性风险纳入财务决策流程，而我们的标准，就是对她的呼吁最好的呼应和落地，所以，她非常高兴。

中国银行加拿大分行行长邓军是会议主持人，为了更好地与会议融合，我在会前就将该标准发给了邓行长，没想到，邓行长看得很仔细，他说，这个标准最大的特点是可操作性比较强，清晰地给出了风险管理方法。而且，金融机构的人也能看懂，涉及相关领域的生物多样性风险，只要在管理标准中检索就能识别，并在管理办法下找到进行管理的办法。他说，随着国际生物多样性公约谈判的推进，各国肯定会在法律法规上加强生物多样性管理，这必然会加强金融机构对生物多样性风险的关注，所以，银行都在寻求可操作的生物多样性风险管理方案。我们的这个标准，应该是非常符合当下银行的需求。

邓行长的鼓励让我们更加充满了信心。会后，邓行长还请我们吃了非常具有加拿大风味的西餐，里面的羊油奶酪沙拉很好吃。在西餐里，羊肉的地位是很高的，因为他们认为羊吃草，很洁净。邓行长还说，他准备在加拿大联合加拿大本地银行举办一个绿色金融大会，说到时请我去讲这个标准，我眼睛都发亮了，很期待呀！

12月16日，我们迎来了最后一场边会——“生物多样性与能源革命论坛”。在这次边会上，我专门以能源行业中电力转移和传输子行业为例，介绍了该标准的架构和使用方法。针对电力转移和传输子行业，我们列出了金融机构的六大审核要点，包括：电力运输系统建设是否对陆地生态系统产生了不利影响？在电力运输区域进行植物维护的时候是否会对濒危动植物带来不利影响？电力运输系统是否经过森林，是否会导致森林火灾？电力运输系统是否会导致濒危鸟类筑巢困难甚至死亡？电力运输系统是否对水生生态系统造成了不利影响？等等。通过给出这个分支行业关键的生物多样性风险，引导和帮助金融机构进行风险判断。

“如果判断某一关键生物多样性风险确实存在，在这一审核要点之后，我们的标准给出了系统完整的管理方法，帮助金融机构审核客户的可研报告，对客户提出规避和管理生物多样性风险的方案，并纳入与客户签署的协议。例如，该标准指出，如果项目的电力传输系统确实存在对陆地生态系统损害的可能，那么可以按项目的实际情况，选择性地使用以下的风险规避和管理方法：第一，建立生态廊道，防止电力运输系统割裂森林生态系统。第二，在现有植被上修建输电线路，不清理土地以保证土壤和地表植物不受到侵害。第三，避免在动物的繁殖季节和其他敏感季节进行施工活动，特别是，应避开濒危野生动物物种的繁殖期和筑巢季节。第四，在受干扰地区重新种植当地植物。第五，在日常植被维护中，清除入侵植物物种。第六，优化电网布局，将防鸟、驱鸟改为对鸟的引导和保护，在电力线路杆塔上安装人工鸟巢，积极引导鸟类在安全区域生活。第七，在野外设置观鸟站和红外摄像机，更换绝缘导线，记录和检测鸟类的繁殖情况。第八，除草剂的选择应避免持久性有机污染物。第九，调整电力传输路径，以避开重要的生态区，例如，濒危野生动物筑巢地、群居地和迁移走廊。第十，考虑在极度敏感地区安装地下输配电线路，如在濒危或者极危野生动物栖息地。

其实，现在很多企业已经自发地进行和实施了这些生物多样性风险规避和管理措施，绿色金融应该识别这些有效管理措施，及时给予金融支持，这样，就可以引导客户形成管理生物多样性风险的习惯并变成日常业务。例如，在三江源地区，电能的引入可以有效支撑当地经济发展和民生改善。但是，当地也是世界高海拔地区生物多样性分布重要区域，生活着近300种珍稀鸟类，还有金雕、猎隼等20多种濒危猛禽。大型鸟类喜欢居高而栖，但如果它们在输电杆塔上筑巢，有可能引发电击，不仅威胁鸟类安全，也影响输电线路安全。为了解决这一问题，国家电网在输电杆塔上搭建了人工鸟巢，为鸟类提供固定居所，同时对大型猛禽频繁活动区域的输电线路进行绝缘改造，既方便了鸟类活动，也确保了电力线路安全运行。这个故事也叫生命鸟巢的故事。

从生物多样性保护绩效来看，2016—2021年，‘生命鸟巢’已成功吸引鸟类筑巢2300多个，共抚育574只幼鸟，猎鹰等濒危猛禽数量也大幅增加。通过保护鸟类和猛禽，还增强了当地草原生态系统食物链的稳定性，将老鼠和兔子的数量控制在合理范围内，并用生物方法保持了草原生态平衡。从当地社区经济发展来看，因为风险管理方法解决了生态敏感区的社区经济发展和生物多样性保护的矛盾，实现了三江源地区原生鸟类与新生电网的和谐共处，提升了三江源配电容量，为三江源社区开展生物多样性友好的产业，如生态旅游等，提供了电力基础。

这个故事告诉我们，通过对生物多样性风险进行有效管理，可以降低保护成本，化解矛盾，实现生物多样性保护和当地社区经济发展的和谐统一。”

第二天，我看很多国内媒体，如青海日报、国网浙江电力等，都纷纷对我在“生物多样性与能源革命论坛”上的发言进行了报道。

那几天，蒙特利尔下起了纷飞的大雪，外面一片白色的世界，可是，16

日晚上，我们还是坚持去外面庆贺了。找了一家酒吧，叫了好几种口味的生蚝，还有蒙特利尔本地的红酒。酒吧昏暗恍惚的灯光，室内温暖如春，轻柔的音乐，窗外是飘着的大雪，白皑皑的一片，蒙特利尔之夜呀。

4
昆明-蒙特利尔全球生物多样性框架与金融支持

蒙特利尔的冬天是寒冷的，风雪交加，而我们的心，也随着会议谈判的进展，紧张、激动和不安，因为，我们都希望看到一个雄心勃勃的行动框架，但是，会议中很多参会代表还是有很多疑问。例如，严格的生物多样性保护措施会不会影响经济发展？是否可以寻找到经济发展与生物多样性保护共赢的模式？另外，目前，生物多样性资源主要分布在发展中国家，所以导致大部分生物多样性保护的成本是由发展中国家承担的，但生物多样性保护的收益却是全球性的，发达国家没有付出很多成本却享受着生物多样性保护的收益，这使一些发展中国家极为不满，希望发达国家可以在资金、技术等方面承担责任。

非洲国家抱怨资金支持力度不够，欧盟希望提高保护目标力度，印度、巴西、印度尼西亚等国也有不同主张，各方唇枪舌剑，参会的各国政府官员、环保人士、科学家们都卷入其中，到处都可以听到激烈的争论、辩论和讨论，而坐在主席台上的黄润秋部长和其技术支撑团队，几乎是在无休止地处理着雪片般的诉求，他们坐在主席台上，却如同行走在雪后的蒙特利尔大街上，每一步都异常小心。

在这个关键时刻，12月15日晚，习近平主席以视频方式发来了致辞，向世界阐述了中国的生态观。在致辞中，习近平主席对生物多样性保护提出了四点中国主张并阐述了中国行动方案，为未来全球生物多样性治理指明了方向。习近平主席提出的四点中国主张：一是我们要凝聚生物多样性保护全球共识，共同推动制定“2020年后全球生物多样性框架”，为全球生物多样性保护设定目标、明确路径。二是我们要推进生物多样性保护全球进程，将雄心转化为行动，支持发展中国家提升能力，协同应对气候变化、生物多样性丧失等全球性挑战。三是我们要通过生物多样性保护推动绿色发展，加快推动发展方式和生活方式绿色转型，以全球发展倡议为引领，给各国人民带来更多实惠。四是我们要维护公平合理的生物多样性保护全球秩序，坚定捍卫真正的多边主义，坚定支持以联合国为核心的国际体系和以国际法为基础的国际秩序，形成保护地球家园的强大合力。

习近平主席介绍的中国行动方案：一是中国特色的生物多样性保护之路，中国积极推进生态文明建设和生物多样性保护，不断强化生物多样性主流化，实施生态保护红线制度，建立以国家公园为主体的自然保护地体系，实施生物多样性保护重大工程，实施最严格执法监管，一大批珍稀濒危物种得到有效保护，生态系统多样性、稳定性和可持续性不断增强，走出了一条中国特色的生物多样性保护之路。二是中国将持续加强生态文明建设，响应联合国生态系统恢复十年行动计划，实施一大批生物多样性保护修复重大工程。三是深化国际交流合作，研究支持举办生物多样性国际论坛。四是依托“一带一路”绿色发展国际联盟，发挥好昆明生物多样性基金作用，向发展中国家提供力所能及的支持和帮助。“万物并育而不相害，道并行而不相悖。”习近平主席在致辞中呼吁，“让我们共同开启构建地球生命共同体的新篇章，书写人与自然和谐共生的美好画卷”。

习近平主席的讲话，推动了会议谈判的深入和各方的理解融合。12月19日深夜，随着大会主席、中国生态环境部部长黄润秋的清脆落槌，宣布《昆明–蒙特利尔全球生物多样性框架》通过了。

《昆明–蒙特利尔全球生物多样性框架》包括23个2030年要实现的环境目标和4个2050年目标。最关键的目标是规定至少保护30%的海洋区域和30%的陆地区域。这个目标是非常具有雄心的，因为之前的草案仅承诺保护30%的海洋和陆地，这是这次会议谈判很大的收获。

但是，实现雄心勃勃的目标是需要资金支持的，因为目前全球仅有约17%的陆地和8%的海洋受到保护，要实现“30×30”的目标，需要采取很多行动，这些都是需要资金的，所以资金问题是关键。

《昆明–蒙特利尔全球生物多样性框架》要求每年募集2 000亿美元用于生物多样性保护，这一目标被视为成功落实框架协议目标的关键。发展中国家要求其中的一半，即每年1000亿美元，从发达国家流向较为贫困的国家，以支持这些贫困国家的生物多样性保护。大会主席国针对此问题反复与重要捐资国进行磋商，力图说服这些国家接受每年为发展中国家提供200亿～300亿美元的目标，最后，这一目标写入了框架协议。法国表示将把用于生物多样性的国际资金增加一倍，到2025年前达到每年10亿美元以上，加拿大则承诺提供2.57亿美元，其他一些重要捐资国也做出了承诺。

然而，每年200亿～300亿美元的捐助，相较于每年2000亿美元的资金目标，还有巨大的差距，所以，如何引导金融资金流向生物多样性保护，就成为落实框架协议的重要内容和基础。

如何运用金融工具和手段，形成发达国家向发展中国家提供资金支持的资金机制，也成为框架协议落实的重要内容之一。因为，发展中国家拥有全球最丰富的生物多样性，却缺少恢复生态系统、改革农业、渔业和林业以及保护受威胁物种的财政资源。世界自然基金会的一份报告称：1970—2018年，拉丁美洲野生动物种群数量平均下降了94%，是全球降幅最大的地区。

为此，框架协议呼吁全球金融体系进行根本性转型，并要求像埃及

COP27气候大会达成的协议那样，对多边开发银行和国际金融机构进行改革。

会议期间，代表们纷纷讨论，现有的金融机构，如银行，在审核项目时，并没有把生物多样性成本纳入其审核范围。而作为客户的企业，也没有将自然资本和生物多样性保护成本纳入公司的资产负债表，这些做法导致了资金没有流向生物多样性友好的项目。代表们纷纷指出，联合国、欧盟委员会、联合国粮食及农业组织、经济合作与发展组织、国际货币基金组织和世界银行集团开发的环境经济核算体系，提供了生态系统变化和服务的评估工具，金融机构应该开发自己的评估工具，将生物多样性保护的收益和成本纳入审核中。

很多代表还讨论了生物多样性保护的绿色债券目录和信息披露，以引导金融机构和金融资金流入生物多样性保护项目。绿色金融这个词，已经成为会议经常提及的词汇，如何运用绿色金融支持生物多样性保护，帮助实现《昆明-蒙特利尔全球生物多样性框架》目标，成为大会以及会后代表们十分关注的议题。

5
债权-自然置换

在这次边会上，哥伦比亚等国还要求启动债权-自然置换，虽然其没能最终写入协议，但引起了参会金融界人士的极大关注。债权-自然置换（Debt Swap for Nature）是由债权方与债务国之间达成的协议，在自愿前提下通过部分免除、降低利率、延长偿债期限等金融手段，优化、减免债务国的债务

（或利率）。通过此项协议，债务国的债务得以重组而作为交换，债务国则承诺保护其自然环境，将重组方案中的一部分债务等值置换，投入到生态保护项目上。债权-自然置换可以根据债权方的性质分成两类：一类是双边交易，主要是由债权国国家政府主导并决定减免债务；一类是商业债权交易，通常是由第三方商业或私立机构，如银行或信托，以低于债券票面价值的价格，从债权方手中购买下其所有的债务国外债。

"只需要我们每年债务偿还金额的10%，我们就可以实现气候和生物多样性目标。"哥伦比亚环境部部长苏珊娜·穆罕默德在全体大会上说。

债权-自然置换作为新型金融工具和手段，确实在生态环境保护中发挥着较好的作用。塞舌尔债权-自然置换是世界首例以海洋保护和应对气候变化为目标的债权-自然置换项目。

塞舌尔共和国位于距东非海岸约1 600千米的西印度洋中，由115个岛屿组成，是生物多样性热点区域。很多濒临灭绝的海洋物种在这里生存、繁殖和迁徙。在塞舌尔群岛生活的200种动植物物种中，大约80种是岛屿独有的。世界上独一无二的原始椰林无疑是岛上最引人注目的野生植物，这种罕见的原始椰子树被当地人称为"海椰子"。这种椰子树生命力极强，活1 000多年完全没有问题，而且雌雄异株，雄椰树的果实呈长棒形，长达1米多，雌椰树的果实则大如面盆，一颗重达30千克，在塞舌尔的公厕门上通常以雌雄椰子果的形象来区别男女厕所。在茂密椰林的树荫下，巨大的阿尔达布拉象龟在缓缓地爬行。岛上的象龟大多超过200岁，有的身长2米，体重200多千克，是塞舌尔岛上的标志性动物，也是塞舌尔历史无声的见证者。塞舌尔的生物多样性形成了美丽的自然景观和旅游资源，成为了全球著名的旅游景点。比如，英国王储威廉和凯特王妃的蜜月就是在这个美丽的岛屿度过的。

塞舌尔所在的海域是全球生物多样性最丰富的海域之一，但其高度依赖海洋资源，非常容易受到气候变化的影响。气候变化使得海面温度上升，使海洋物种的分布格局发生变化。例如，以珊瑚礁为主的热带海岸生态系统富饶而美丽，是塞舌尔最为重要的财富，支撑着这个国家最重要的旅游业和金枪鱼捕捞两个产业。但是气候变化、强厄尔尼诺事件导致了海水持续升高，在塞舌尔海域造成50%～90%的珊瑚白化和珊瑚礁退化。很多濒危物种，受到海水变暖、酸化等影响，导致了不可逆的后果。

塞舌尔同时也是一个背负着高额国家债务的发展中国家，其公共债务总额甚至超过了其国内生产总值的150%。政府偿还债务能力面临严重挑战。在这种情况下，如何帮助塞舌尔政府化解债务，变债务为生物多样性保护投资的机遇，就成为重要议题。

2016年，世界首例以海洋生物多样性保护和应对气候变化为目标的“债权–自然置换”交易签署成功。这个交易的债权方是巴黎俱乐部。巴黎俱乐部（Paris Club）成立于1961年11月，主要是由来自工业国的官方债权人组成的非正式集团，其宗旨是为面临支付困难的债务人寻求协调和可持续的解决方案。其核心成员是经济合作与发展组织中的工业化国家，即美国、英国、法国、德国、意大利、日本、荷兰、加拿大、比利时、瑞典、瑞士等。专门为债务国和债权国提供债务安排，如债务重组、债务减免，甚至债务撤销。在国际上，随着主权债务问题的日益突出，巴黎俱乐部在世界上的影响力也变得越来越大。

国际环保组织大自然保护协会发起组织和筹集了2020万美元，其中500万美元是通过慈善部门筹集资金形成的赠款，另外1520万美元为有影响力的融资贷款，成立了塞舌尔自然保护和气候适应信托。以该信托为依托，向巴黎俱乐部购买了塞舌尔国家债权。经过磋商，债权方巴黎俱乐部以93.5%的折扣和价格出售其所持有的债权，减免了140万美元，最终塞舌尔自然保护和气候适应信托获得了2160万美元的塞舌尔国家债权。

通过这项“债权–自然置换”交易，塞舌尔政府得以以更低的利率、更长还款期限以及更优惠的汇率组成偿还债务。为达成协议，塞舌尔政府承诺于2020年之前，成立40万平方千米的海洋保护区，将受到保护的海洋面积，从仅占其海域面积的0.04%提高到30%，而且承诺发展塞舌尔蓝色经济，保护海洋生物多样性和开展气候变化适应工作。该项目取得了显著的成效，截至2020年3月，塞舌尔按时偿还了所有债务相关款项，并完成了对其32%海域的保护。

塞舌尔债权–自然置换交易证实了这一创新金融模式在生物多样性保护领域能够帮助生物多样性保护融资，获得经济发展和生物多样性保护的双赢结果。既可为债务国提供支持生物多样性保护项目的绿色融资，又可缓解债务压力。

债权–自然置换的关键是营利性生物多样性保护模式的推进。也就是说，是把债权转化为投资，投向了盈利性生物多样性保护项目，这是一种有效的化解债务方式，既化解了债务，又保障了债权人利益，还促进了生物多样性保护。但其基础是营利性生物多样性保护产业的开拓。

6
营利性生物多样性保护

营利性生物多样性保护产业和模式的设计和开拓，不仅是“债权–自然置换”的基础，其实，也是一切生物多样性金融发展的基础。因为，金融是要盈利的，只有设计拓展营利性生物多样性保护产业和模式，金融才能广泛运用于生物多样性保护，生物多样性保护金融才能形成。目前，商业、金融部门、环境保护组织，金融学者和环境经济学者，正在努力合作，致力于生态环境保护的金融化，包括生物多样性保护的金融化，因为，金融是解决生态环境保护资金短缺重要的可行途径，没有金融的介入和支持，仅仅靠财政和捐款，很明显，根本无法满足资金需求。虽然学者们通过生态价值核算预测生物多样性保护市场利润丰厚。例如，欧盟发布的一份报告指出，预计到2050年，生物多样性和生态系统服务所带来的全球商机累计可达2万亿美元至6万亿美元，但我们必须承认，营利性生物多样性保护才刚刚被推开大门，如何进行项目设计以获得回报预期至关重要。

现在很多生物多样性保护项目，通过增加生态康养、生态旅游、碳汇交易等方式实现生态价值的市场化，但我们必须认识到，生物多样性价值市场化，我们刚起步，还有很远的路要走。例如，被认为在营利性生物多样性保护方面取得较大成就的塞舌尔债权-自然置换交易，根据环境经济学的生态价值核算方法，塞舌尔30%的被保护海域生态系统服务价值达到了1.05亿美元，但这次以这些海域生态价值市场化为基础实现5250万美元的债务重组，仍然是克服了巨大困难。

生物多样性保护是充满情怀的，而盈利的追逐，给人非常世俗的感觉。作为畲族人，我们是从几乎原始的大山中走出来的，原有的公有制母系氏族的影响，使我们对盈利和金钱有着天生的羞涩。但是，投身于绿色金融，这种在大山草原间的实践奔波，让我深深理解，要想可持续地保护生态环境，保护生物多样性，推进生物多样性金融化，设计寻找这些项目的盈利模式是至关重要的。这次参加联合国生物多样性大会，我遇见了很多和我有着同样思考和想法的朋友，我发现几乎全球的生物多样性保护者，都在试图寻找生物多样性保护和盈利双赢的模式，以打通生物多样性保护项目和金融对接的通道和路径。

一位巴西的朋友跟我说了一个故事。巴西境内的亚马孙雨林是全世界生物种类最丰富的地区之一，面积达到约500万平方千米，全球流量最丰富的亚马孙河流经此处，多达数百万的物种在这里栖息。巴西美妆巨头纳图拉公司，推出了“亚马孙计划”，将开发利用亚马孙生物多样性与可持续发展战略相结合。通过这项计划，纳图拉与8300个农户开展合作，其中7000多个农户生活在亚马孙雨林地区。公司派出技术人员指导他们如何识别、种植及收获可用作公司产品原材料的亚马孙植物，鼓励他们在不破坏当地生态环境的条件下为公司供货，如不得乱砍滥伐、不得毁林开荒等。公司还联合其他合作伙伴一起着手规划生态保护区，目前总面积已达到200万公顷，预计2025年将达到300万公顷，在保护区内将实现林木零砍伐。纳图拉公司成功开发了多达38种亚马孙生物原材料，应用到香波、香皂、护手霜等产品中。项目启动10年来，公司向参与的农户和当地社区直接返还了超过1000万美元利润，直接和间接获利者达到约3万人，为当地间接创造的国内生产总值超过4亿美元，在很大程度上改善了当地的经济和民生条件。我默默地听着，这是一个典型的营利性生物多样性保护项目呀，实现了当地社区经济发展和生物多样性保护的双赢，这种充满着原始森林芬芳的金钱的味道，真是太好闻了。

我对这位巴西朋友说，我也有中国故事呢，这次参加会议，我还带去了中国绿色金融支持生物多样性的十个案例，而每个案例，其基础，都是营利性生物多样性保护项目的设计和打造，打通了金融与生物多样性之间的连通关系。例如鄱阳湖国家级自然保护区的候鸟小镇项目。鄱阳湖国家级自然保护区是候鸟聚集的胜地，生物多样性极其丰富，特别是鸟类，每年来吴城镇越冬的鸿雁达3万只，占世界总数的55%以上；白枕鹤超过2500只，占世界总数的50%以上；东方白鹤2000只，占世界总数的80%；白额雁3万只，占世界总数的60%以上。属国家一级保护的有白鹤、白头鹤、大鸨、白鹳、黑鹳等10余种；属国家二级保护的有天鹅、白枕鹤等44种；有13种鸟类被国家鸟类保护组织列为濒危鸟类；属中日保护协定的鸟类有153种，占该协定中鸟类总数227种的67.4%；属中澳保护协定的鸟类有46种，占该协定中鸟类总数的56.8%。

《世界自然保护联盟濒危物种红色名录》受胁物种23种，包括极危物种2种，即青头潜鸭和白鹤；濒危物种5种，分别是东方白鹳、黑脸琵鹭、红胸黑雁、中华秋沙鸭和黄胸鹀；易危物种16种，如鸿雁、白枕鹤和白头鹤等。

这么多濒危珍稀的鸟类要保护，但当地社区农户的经济收益和福利增进也是必须保障的，要实现双赢，就必须寻找营利性生物多样性保护模式。因此，项目依托核心保护区以外的原生态湿地，打造大面积人工湿地，形成服务于科研、旅游、教育、科普的综合性湿地公园；利用吉山岛、松门山岛特有的冲击沙形成的“江南沙漠”元素，植入集装箱酒店、渔夫酒吧、沙漠越野等业态，打造特色休闲产业，形成消费聚集；对周边的鄱阳湖候鸟保护站进行功能提升，打造专注湿地候鸟研究的科研基地。项目的收益主要来自观鸟点门票收入、景区摆渡车收入、停车场广告位租赁收入、商铺及门店出租收入、观鸟设备租赁收入、停车场收入等。项目净收益达到了9%以上呢。

巴西的朋友听得不断点头，但是，也有担忧，这么多娱乐性消费项目聚合，即使不在保护区核心区，会不会影响鸟类生活呢。我说，项目在设计的时候，就是按照自然向好的生物多样性友好型项目设计的，这些娱乐项目的选择，都是幽静的，严禁噪声、灯光等因素对候鸟的影响，不破坏一寸湿地，不毁坏一片林地，不发展夜间经济。我说，当营利性生物多样性保护项目被设计出来，各种绿色金融工具都可以根据项目特点创新使用，因为横亘在生物多样性保护和金融之间的障碍已经被打通。

这位巴西朋友问我，中国现在这种营利性生物多样性保护项目多吗？我说，目前还在设计推进，随着我国的绿色金融发展，促进这种营利性生物多样性保护项目将会不断被推出。我有点骄傲地告诉巴西朋友，我不仅是个学者，还曾在贵州担任过绿色金融管委会主任，在一线操盘推动绿色金融。我说，那时央行每个季度都要检查绿色金融工作推进情况，可是，很多生态环保项目，包括生物多样性项目，因为收益的外部性公益性特征，金融没办法支持，就必须设计呀。生物多样性项目的生态价值核算是好做的，收益核算总共几十亿元，可是，金融机构要的是真金白银的收益，于是，一点点地设计，真是把什么可卖的都设计卖了。例如，流域治理中，掏出的沙子可以卖钱，而且还可以卖很多钱，有一个流域治理项目，掏出的沙子卖了几千万元；治理好的Ⅱ类水，进入水库后，也可以卖钱。湿地治理，湿地公园照相馆、咖啡馆等的租赁、广告设计可以收钱，湿地的植物花卉、幼苗培育可以卖钱，净化好的湿地中的鱼可以卖钱，增加的湿地碳汇可以卖钱，湿地可以提高水质，如果水入了水库也可以卖钱。

我对我的巴西朋友说，我是畲族人，本来是最羞于谈钱的，可是，自从做了绿色金融，我感觉自己和葛朗台没什么区别，我心里、眼里全是钱呀，看见花，看见水，看见山，看见树，别人看到的是美，而我立即想到的是怎么换钱。惹得我的巴西朋友哈哈大笑。

我告诉她，我正在设计钱江源国家公园营利性生物多样性保护项目，她想了想，对我说，生态康养非常好。因为各类动物都害怕人类的嘈杂和太闪亮的光，一般性旅游其实并不太适宜生物多样性保护，但是老年人的生态康养非常适合。因为老年人都爱安静，也不喜欢太光亮，喜欢幽静安然的环境，这也正是动物们喜欢的，而鸟鸣、鹿鸣，也可以给老人们带来一种融入大自然、回归大自然的安然宁静。所以，老年生态康养，是最适宜生物多样性保护的产业了。我想了想说，是呀，钱江源国家公园还背靠上海、杭州，有很多有支付意愿和支付能力的老人呢。

我说，碳汇收入也是很好的生物多样性收入，生物多样性保护，按照《生物多样性公约》的要求，采取就地保护的原则，也就是通过栖息地的保护来保护生物多样性的物种、基因和生态系统。而生物多样性栖息地，主要包括森林、湿地、海洋，这些正好是地球碳库，所以，保护生物多样性，其实也保护了地球碳库，因此应该获得碳汇收入。

我给她介绍我们在贵州开发的单株碳汇方法学，告诉她这是专门用于小块林地开发项目的碳汇审核和碳汇交易。核算对象为单株林木，每年核算一次。贵州省山地多，林地分散，这个项目通过单株碳汇方法学设计，能够有效整合当地小块林地进行碳汇核算，有效提高分散型森林的碳汇，较好地保护生物多样性。而且交易碳汇收入是直接打入当地农户账户，现在年交易量达到2000万元，也就意味着，通过单株碳汇交易，可以为这些山区进行小块林地开发和培育的社区农户每年提供2000万元的收入。

7
在蒙特利尔展望土耳其

终于要告别蒙特利尔了，大雪飘飘的城市，我们艰难地在寒风中踏着积雪前行。夜晚，我们漫步在白雪皑皑的蒙特利尔，心里是深深的不舍。全球生物多样性公约缔约方大会COP15，就在我们的依依不舍中结束了，下一届是4年后的COP16，将在土耳其召开。

晚上，大家喝着红酒，吃着蒙特利尔特有的生蚝，在蒙特利尔雪花飘飘的寒夜，展望4年后的土耳其会议。大家讨论下一步的工作，我们要开展《金融机构生物多样性风险管理标准》试点，要设计森林-生物多样性-社区碳汇方法学，要设计生物多样性绿债标准等，要让这些标准和方法学落地，从中国走向“一带一路”，再走向国际。可能是红酒的作用，真的是热烈而又雄心勃勃呀！

深夜，打开房间的窗，看着蒙特利尔的夜景，灯光朦胧，再见了，我们将在4年后相聚土耳其。